Inhaltsverzeichnis

Hinweise

Das Übungsheft dient der Entwicklung grundlegender Kompetenzen beim „hilfsmittelfreien" Lösen von Standardaufgaben der Analysis. Hilfsmittel wie PC, GTR oder CAS sollten also zur Lösung ausgeschlossen sein, die Verwendung eines nicht programmierbaren Taschenrechners ist bei manchen Aufgaben aber durchaus sinnvoll.
Jedem Abschnitt ist ein durchgerechnetes Beispiel oder eine allgemeine Anleitung vorangestellt. Es folgen Aufgaben mit lückenhaft vorgegebenem Lösungsweg und eine Vielzahl weiterer Aufgaben.
Verschiedene Aufgaben mit einem höheren Schwierigkeitsgrad oder einem höheren Rechenaufwand wurden mit einem Stern gesondert gekennzeichnet. Da das angestrebte Niveau im hilfsmittelfreien Arbeiten in den Bundesländern zum Teil unterschiedlich ist, kann diese Kennzeichnung nur eine Orientierung darstellen.
Die Ergebnisse sämtlicher Aufgaben sind dem Arbeitsheft in einem herausnehmbaren Teil beigefügt.

A Differenzialrechnung

1 Funktionen

1.1 Funktionale Zusammenhänge

Bei der Untersuchung funktionaler Zusammenhänge werden verschiedene Klassen von Funktionen unterschieden: Potenzfunktionen, Wurzelfunktionen, Exponentialfunktionen, Logarithmusfunktionen, Trigonometrische Funktionen

Werden mehrere Potenzfunktionen mit natürlichen Exponenten miteinander verknüpft, so erhält man **ganzrationale Funktionen** (auch Polynomfunktionen genannt).

Funktionen, die sich als Quotient zweier ganzrationaler Funktionsterme darstellen lassen, heißen **gebrochenrationale Funktionen.**

Ergänzen Sie Beispiele:

f(x) =

f(x) =

Anmerkungen:

- Anstelle der ausführlichen Formulierung „Die Funktion f mit der Zuordnungsvorschrift $x \mapsto f(x) = \ldots$ bzw. $y = f(x) = \ldots$ und dem Definitionsbereich D_f …" wird die Kurzform „Die Funktion f …" oder „Die Funktion $y = f(x) = \ldots$" verwendet.
- Da der Definitionsbereich oft die Menge $\mathbb{R}$ der reellen Zahlen ist, erfolgt nur dann eine Aussage über D_f, wenn gegenüber $\mathbb{R}$ eine Einschränkung erfolgt.

1 Ordnen Sie die folgenden Funktionen den vorgegebenen Funktionsklassen zu. Geben Sie den jeweiligen Definitionsbereich an.

	Potenzfunktion	Wurzelfunktion	Exponentialfunktion	ganzrationale Funktion	gebrochenrationale Funktion
$f_1(x) = x^{\frac{1}{2}}$					
$f_2(x) = 25$					
$f_3(x) = x^3 + x^2 + x + 1$					
$f_4(x) = x + x^{-1}$					
$f_5(x) = \sqrt{x + 1}$					
$f_6(x) = \sqrt{x^2 + 2x + 1}$					
$f_7(x) = \frac{5x^8 - 3}{x - 1}$					
$f_8(x) = \frac{3^x}{2^x}$					
$f_9(x) = \frac{x^3 + 2x + 1}{x^2 + 1}$					
$f_{10}(x) = \frac{x + 1}{x^{\frac{1}{2}} + 1}$					

2 Geben Sie für die Zuordnungen a) bis d) jeweils *eine* Funktionsgleichung und für die Zuordnungen e) und f) jeweils *drei* Funktionen an.

a) Jeder um drei vermehrten reellen Zahl wird ihr Quadrat vermindert um 5 zugeordnet.
b) Jeder reellen Zahl wird ihre verdoppelte Quadratwurzel vermehrt um 1 zugeordnet.
c) Der Graph einer linearen Funktion f_1 mit dem Anstieg –2 verläuft durch den Punkt P(1; 2).
d) Die geordneten Paare [–3; 1] und [4; 4,5] bestimmen eine lineare Funktion f_2.
e) Die Paare (–2; 0) und (3; 0) gehören zum Graphen der Funktion.
f) Der Graph schneidet die x-Achse im Punkt (2; 0) und die y-Achse im Punkt (0; 1)

3 Gegeben ist die Funktion f mit $y = f(x) = 3x^2 + 2x + 1$

a) Ergänzen Sie die Wertetabelle:

x	–3	0	$\frac{1}{2}$	3	4
f(x)					

b) Berechnen Sie die jeweils fehlenden Koordinaten der Punkte P_i des Graphen von f.

$P_1(2; y_1)$ $y_1 =$ ____ $P_2(x_2; 9)$ $x_{2_1} =$ ____ $P_3(x_3; 57)$ $x_{3_1} =$ ____

$x_{2_2} =$ ____ $x_{3_2} =$ ____

4 Ergänzen Sie folgende Tabelle und skizzieren Sie die Funktionsgraphen:

x \ f(x)	$\frac{1}{2}x^3 - x^2$	$(x-1)^2 - 1$	2^{2x}	$\log_2 x$
–1				
0				
$\frac{1}{2}$				

5 Ergänzen Sie folgende Wertetabellen:

a) $y = f(x) = \lg x$

x	0,1		1	
f(x)		–2		3

b) $y = f(x) = 5^x$

x	–2		$\frac{1}{2}$	
f(x)		1		125

c) $y = f(x) = 2\cos x$ $(0 \le x \le 2\pi)$

x			$\frac{\pi}{2}$	
f(x)	$\sqrt{2}$	1		–2

6 Ergänzen Sie die fehlenden Koordinaten für die Punkte $P_1(3; y_1)$, $P_2(0; y_2)$, $P_3(x_3; 0)$ und $P_4(x_4; 5)$ der Graphen der Funktionen f und g.

a) $y = f(x) = -x^5 + 32$ $y_1 =$ ____ $y_2 =$ ____ $x_3 =$ ____ $x_4 =$ ____

b) $y = g(x) = \frac{x-4}{x+5}$ $y_1 =$ ____ $y_2 =$ ____ $x_3 =$ ____ $x_4 =$ ____

Verknüpfen, Verketten und Umkehren von Funktionen

7 Bilden Sie aus den Funktionen $f(x) = x^2$ und $g(x) = x + 1$ die Funktionen
$s(x) = f(x) + g(x)$, $d(x) = f(x) - g(x)$ $p(x) = f(x) \cdot g(x)$ sowie $q_1(x) = f(x) : g(x)$ und $q_2(x) = g(x) : f(x)$.

Zeichnen Sie die Graphen von $s(x)$, $d(x)$, $p(x)$, $q_1(x)$ und $q_2(x)$ im Intervall [–4; 4] (Wertetabelle).

$f(x) = x^2$ $g(x) = x + 1$

$s(x) =$

$d(x) =$

$p(x) =$

$q_1(x) =$

$q_2(x) =$

x	–4	–3	–2	–1	0	1	2	3	4
s(x)									
d(x)									
p(x)									
$q_1(x)$									
$q_2(x)$									

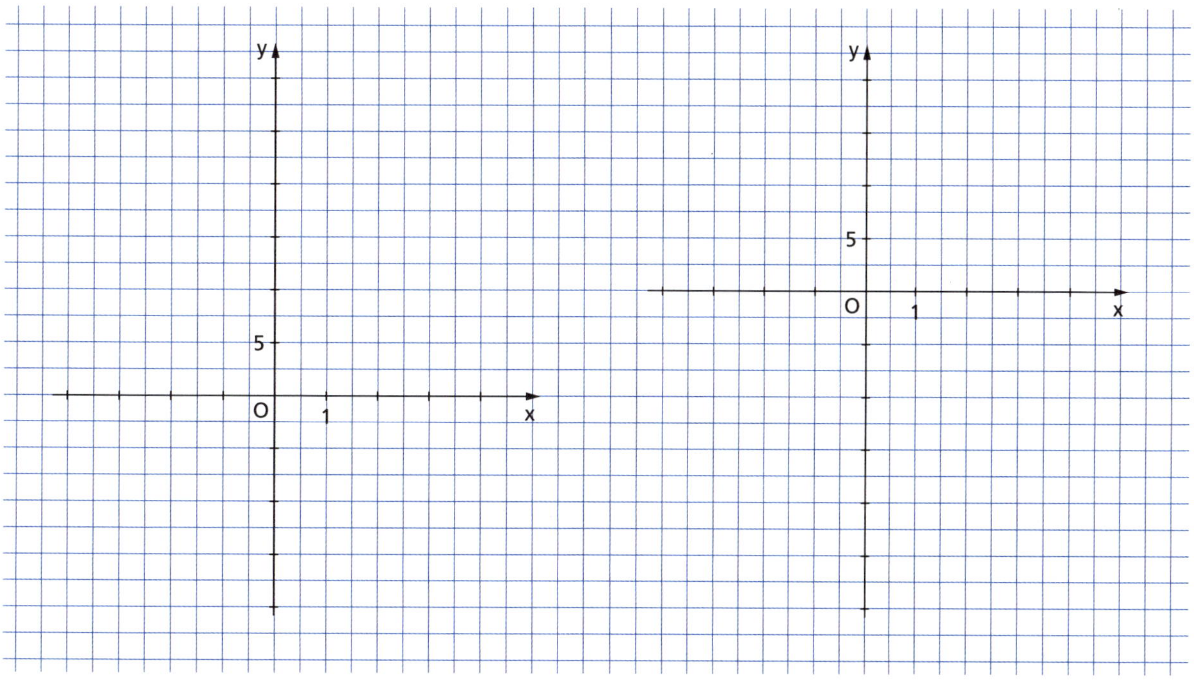

8 Schreiben Sie die nachfolgenden Funktionen als Produkt von zwei Funktionen $u(x)$ und $v(x)$ auf.

a) $f(x) = x^2 + 2x$ b) $f(x) = x^2 - 6x + 9$ c) $f(x) = \frac{x^2 + 1}{x}$

9 Gegeben sind die Funktionen f mit $f(x) = \sin x$ und g mit $g(x) = 2x$.
Bilden Sie die Verkettungen $v_1 = f \circ g$ und $v_2 = g \circ f$.
Geben Sie Definitionsbereich und Wertebereich der verketteten Funktionen an.

a) $v_1 = f \circ g =$ b) $v_2 = g \circ f =$

$D_{v_1} =$ $W_{v_1} =$ $D_{v_2} =$ $W_{v_2} =$

10 Bilden Sie für die Funktionen f und g die Verkettungen $v_1 = f \circ g = f(g(x))$ und $v_2 = g \circ f = g(f(x))$:

a) $f(x) = 2 + x;\ g(x) = 2x + 4$ b) $f(x) = 2 \cdot 3^x;\ g(x) = x + 1$ c) $f(x) = \frac{2}{x};\ g(x) = \frac{1}{2}x^3$

11 Die Funktion v(x) soll eine Verkettung $f \circ g$ von f(x) und g(x) sein. Geben Sie geeignete Funktionen f(x) und g(x) an.

a) $v(x) = (x + 2)^2$ b) $v(x) = \sqrt{x^2 - 2}$ c) $v(x) = \cos^2 x$

d) $v(x) = \sin(2x - 1)$ e) $v(x) = 10^{x - 1}$ f) $v(x) = \frac{1}{(x^2 + 3)^4}$

12 Von der Funktion $y = f(x) = \frac{1}{2}x - 1$ ist die Umkehrfunktion $\bar{f}$ zu bilden. Zeichnen Sie den Graphen von f und $\bar{f}$ in ein und dasselbe Koordinatensystem.

Monotonieverhalten von f(x):

Auflösen der Funktionsgleichung nach x:

x =

Vertauschen der Variablen:

$y = \bar{f}(x) =$

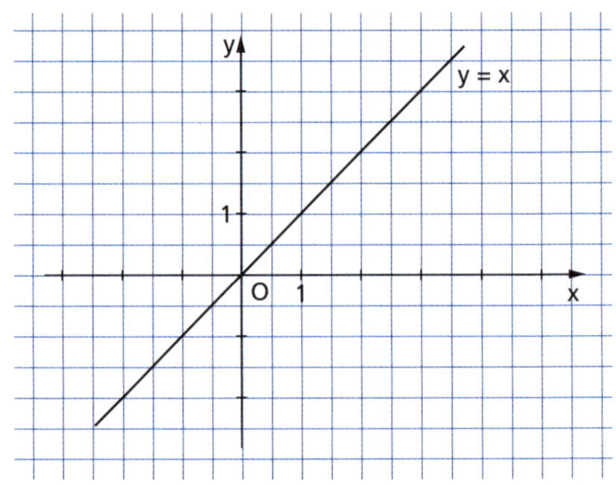

13 Bilden Sie zu den folgenden Funktionen die jeweilige Umkehrfunktion und skizzieren Sie die Graphen der Funktionen f und $\bar{f}$.

a) $f(x) = 3x + 2$ b) $f(x) = \frac{x}{x + 1};\ x \neq -1$ c) $f(x) = \sqrt{x + 1};\ x \geq -1$

d) $f(x) = -\frac{3}{2}x + 1$ e) $f(x) = x^2 + 2$ f) $f(x) = x \cdot \sqrt{x}$

Abschnittsweise definierte Funktionen

14 Beschreiben Sie folgende Funktionsgraphen jeweils durch Gleichung bzw. durch eine Wortvorschrift:

a)

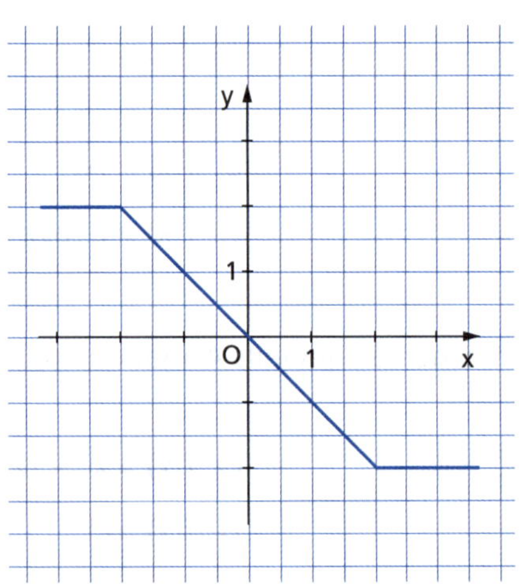

b)

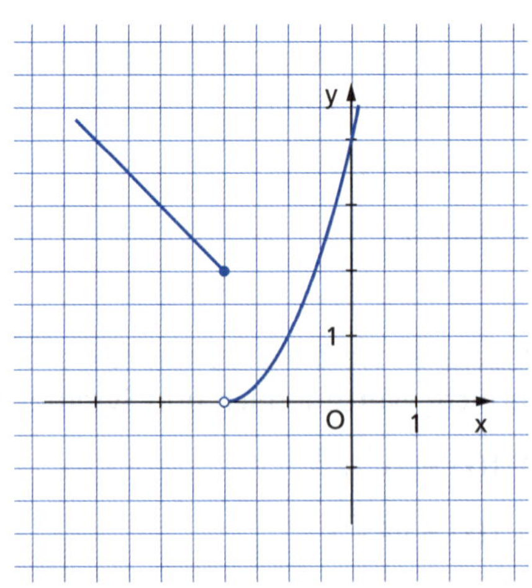

***15** Notieren Sie Gleichungen der Funktionen f ohne Betragszeichen (abschnittsweise definiert).

a) $f(x) = |x| + x$ b) $f(x) = \sin|x|$ c) $f(x) = 10^{|x|}$

1.2 Funktionsuntersuchungen (ohne Zuhilfenahme der Differenzialrechnung)

Monotonie und Symmetrie

Die Funktion f heißt in einem Intervall I von D_f **monoton wachsend (fallend),** wenn für beliebige $x_1, x_2 \in I$ gilt:
$x_1 < x_2 \Rightarrow f(x_1) \leq f(x_2)$ (bzw. $f(x_1) \geq f(x_2)$)

Gilt sogar $x_1 < x_2 \in f(x_1) < f(x_2)$ (bzw. $f(x_1) > f(x_2)$), so heißt f **streng monoton wachsend (fallend).**

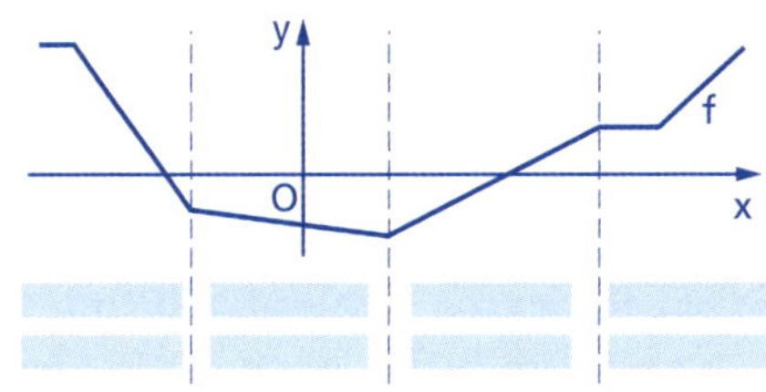

Die Funktion f mit $f(x) = -x^2 + 3$ heißt **gerade,** denn für alle x mit $x \in D_f$ und $-x \in D_f$ gilt:

$f(-x) =$ ______ $=$ ______ $= f(x)$

Der Graph einer geraden Funktion ist ______ zur y-Achse.

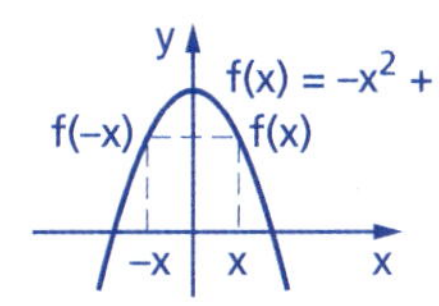

Die Funktion f mit $g(x) = x^3 + x$ heißt **ungerade,** denn für alle x mit $x \in D_f$ und $-x \in D_f$ gilt:

$f(-x) =$ ______ $=$ ______ $= -f(x)$

Der Graph einer ungeraden Funktion ist **punktsymmetrisch** zum Koordinatenursprung O(0; 0).

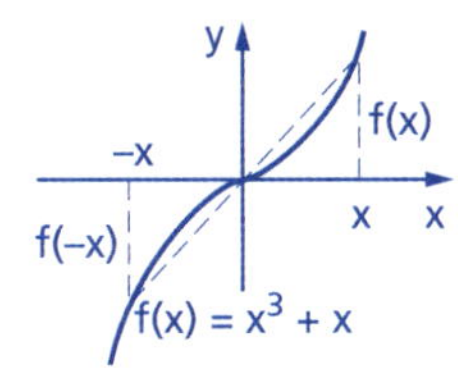

16 a) Beschreiben Sie das Symmetrieverhalten der Funktionen f_1 bis f_4.
Geben Sie gegebenenfalls die Symmetrieachse bzw. den Symmetriepunkt von f an.
b) Beschreiben Sie das Monotonieverhalten der Funktionen f_1 bis f_4.

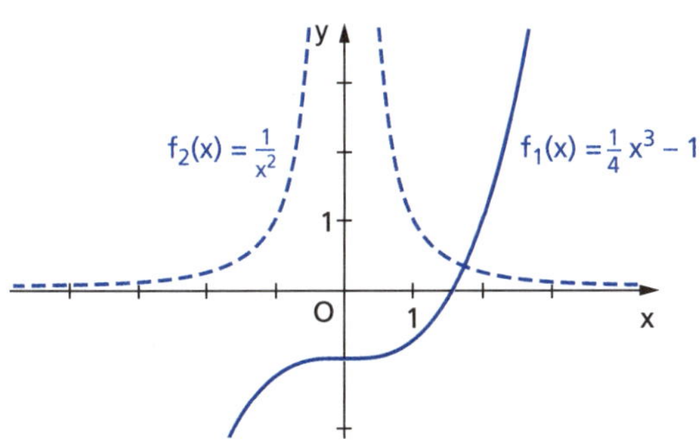

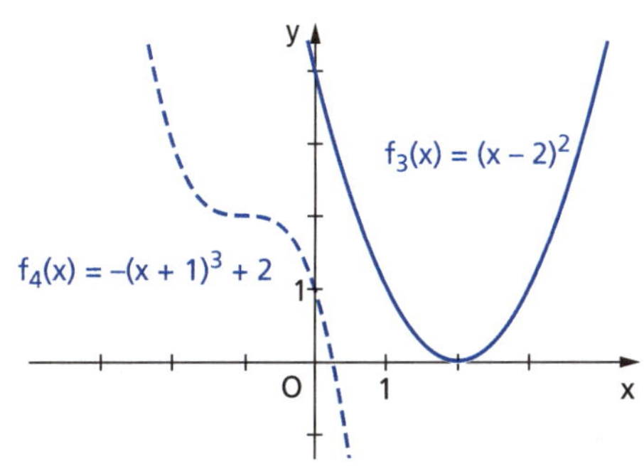

17 Untersuchen Sie, ob die folgenden Funktionen f gerade oder ungerade sind. Skizzieren Sie dazu den Graphen von f.

a) $f(x) = x^2 + 1$ b) $f(x) = \frac{1}{x}$ c) $f(x) = |x|$
d) $f(x) = 2$ e) $f(x) = \sin x$ f) $f(x) = 2\cos x$

18 Skizzieren Sie die Graphen folgender Funktionen und machen Sie jeweils Angaben zu Definitionsbereich, Wertebereich und Symmetrieverhalten:

a) $f(x) = -x^2 + \frac{1}{2}$ b) $f(x) = (x - 1)^2 + \frac{3}{4}$ c) $f(x) = x^3 - 12x$
d) $f(x) = \sqrt{4 - x}$ e) $f(x) = \frac{2}{x}$ f) $f(x) = 2^x$

19 Leiten Sie aus den in Aufgabe 18 skizzierten Funktionsgraphen Aussagen über das Monotonieverhalten und über die Existenz von Extrempunkte der dargestellten Funktionen ab.

Nullstellen und Achsenschnittpunkte

Strategien zum Lösen von Gleichungen

1. Vereinfachen durch Ausmultiplizieren, Ausklammern, Ordnen usw.

2. **Quadratische Gleichungen** lassen sich mithilfe von Lösungsformeln lösen.

   $-2x^2 - 3x + 2 = 0 \quad \Rightarrow x_{1,2} = -b \pm \sqrt{\frac{b^2 - 4ac}{2a}}$

   $x^2 + \frac{3}{2}x - 1 = 0 \quad \Rightarrow x_{1,2} = -\frac{p}{2} \pm \sqrt{\left(\frac{p}{2}\right)^2 - q}$

   $\Rightarrow x_1 =$ … ; $x_2 =$ …

3. **Gleichungen ohne Absolutglied** werden durch Ausklammern umgeformt. Dann wird der Satz vom Nullprodukt angewandt: Ein Produkt ist genau dann null, wenn einer seiner Faktoren null ist.

   $x - x^3 = 0$

   $x($ … $) = 0 \quad \Rightarrow x = 0$ oder (…) = 0

   also $x_1 =$ … ; $x_2 =$ … ; $x_3 =$ …

4. Eine **biquadratische Gleichung** wird durch eine geeignete Substitution in eine quadratische Gleichung umgewandelt.

   $f(x) = x^4 - 3x^2 - 4$

   Substitution: $x^2 = t \quad \Rightarrow$ … $= 0 \quad \Rightarrow t_1 =$ … ; $t_2 =$ …

   Rücksubstitution:

   $t_1 =$ … $= 4 \quad \Rightarrow x_1 =$ … ; $x_2 =$ …

   $t_2 =$ … $= -1 \quad \Rightarrow$ …

5. Ist *eine* Lösung bekannt, kann die Gleichung oftmals durch Polynomdivision vereinfacht werden.

   $x^3 - 6x^2 + 3x + 10 = 0$

   Durch Probieren erhält man die erste Lösung $x_1 = 2$.

   Polynomdivision:

   $(x^3 - 6x^2 + 3x + 10) : (x - 2) = x^2 - 4x - 5$

   $-(x^3 - 2x^2)$

   $\quad -4x^2 + 3x + 10$

   $\quad -($ … $)$

   $\quad$ …

   Aus $x^2 - 4x - 5 = 0$ folgen weitere Nullstellen:

   $x_2 =$ … $\quad x_3 =$ …

6. Eine **Bruchgleichung** kann meist vereinfacht werden, indem beide Seiten der Gleichung mit einem gemeinsamen Nenner multipliziert werden.

   $\frac{2}{3}x - 1 = \frac{x-1}{2} \quad | \cdot 6$ (Hauptnenner)

   … = …

   $x =$ …

7. **Wurzelgleichungen** lassen sich in einfachen Fällen durch Quadrieren in lineare oder quadratische Gleichungen umformen und dann mit den dafür bekannten Methoden lösen. Vor dem Quadrieren ist der Wurzelterm in der Regel zu isolieren. Da das Quadrieren einer Gleichung keine Äquivalenzumformung ist, muss in jedem Fall eine Probe durchgeführt werden.

   $9 - 3\sqrt{2x + 4} = 0$

   Wurzel isolieren $\quad \sqrt{2x + 4} =$ …

   Quadrieren $\quad (\sqrt{2x + 4})^2 =$ … $\Rightarrow$ … = …

   Gleichung lösen $\quad x =$ …

   Probe: …

20 Lösen Sie folgende Gleichungen.

a) $\frac{5}{3r} + \frac{7}{4r} = \frac{41}{60}$

b) $\frac{5}{12x + 1} = \frac{9}{24x - 3}$

c) $(x - 5)(x + 7) = 0$

d) $b^2 - 2b + 1 = 0$

e) $2x^2 + 3x = 27$

f) $x^5 = 2x^3$

***21** Berechnen Sie die Nullstellen folgender Funktionen mittels Zerlegung in Faktoren.

a) $f(x) = \frac{1}{12}x^4 - \frac{1}{6}x^3$

b) $f(x) = (x + 2)\sqrt{x - 1}$

c) $f(x) = x^4 - 9x^3 + 18x^2$

d) $f(x) = x^5 - 2x^3$

e) $f(x) = -x^4 - 7x^3 + 36x$

f) $f(x) = \sin 2x + \sin x$

22 Bestimmen Sie die Nullstellen der Funktion $f(x) = 16x^4 - 33x^2 + 16$ mittels Substitution.

Gleichung zur Nullstellenbestimmung: $16x^4 - 33x^2 + 16 = 0$ (Biquadratische Gleichung)

Substitution $x^2 = t \Rightarrow 0 =$ ______

also $t_1 =$ ______ $t_2 =$ ______

Resubstitution $x^2 =$ ______ $x^2 =$ ______

$x_1 =$ ______ $x_2 =$ ______ $x_3 =$ ______ $x_4 =$ ______

23 Bestimmen Sie die Nullstellen folgender Funktionen mittels Substitution:

a) $f(x) = x^4 - 5x^2 + 4$

b) $f(x) = x^5 - 5x^3 + 4x$

c) $f(x) = x^8 + 2x^4 - 8$

d) $f(x) = 16x^4 - 32x^2 + 16$

e) $f(x) = x^4 + 2{,}6x^2 + 0{,}69$

f) $f(x) = (\lg x^2) - 3\lg x + 2$

24 Bestimmen Sie alle Nullstellen der Funktion $f(x) = x^3 - 6x^2 + 3x + 10$.

Durch Probieren gefundene Nullstelle: $x =$ ______

Zerlegung der Funktion: $(x^3 - 6x^2 + 3x + 10) : (x -$ ___ $) =$

Nullstellenberechnung der Restfunktion: $x_2 =$ ______ $x_3 =$ ______

Ergebnis:
Die Funktion f besitzt ___ Nullstellen: $x_1 =$ ______ $x_2 =$ ______ $x_3 =$ ______

25 Die Funktionen f, g und h haben die Nullstelle $x_1 = -1$.
Geben Sie alle Schnittstellen der Graphen dieser Funktionen mit der x-Achse an.

a) $f(x) = x^3 + 2x^2 - 5x - 6$

b) $g(x) = x^3 + 3x^2 + 3x + 1$

c) $h(x) = x^4 + x^3 - 4x^2 - 4x$

d) $f(x) = x^3 - 6x^2 + 3x + 10$

e) $g(x) = 4x^3 - 23x^2 - 9x + 18$

f) $h(x) = x^4 + 8x^3 + 22x^2 + 24x + 9$

Nullstellen einer gebrochenrationalen Funktion $f(x) = \frac{u(x)}{v(x)}$ sind alle Nullstellen der Zählerfunktion, die nicht auch Nullstellen der Nennerfunktion sind.
Nullstellen der Nennerfunktion, die nicht auch Nullstellen der Zählerfunktion sind, heißen **Polstellen.**

Beispiel
Die Funktion f mit $f(x) = \frac{x^5 - 9x^3}{x^3 - 7x - 6} = \frac{x^3 \cdot (x-3) \cdot (x+3)}{(x-3) \cdot (x+1) \cdot (x+2)}$ besitzt die Nullstellen $x_1 = \square$ und $x_2 = \square$. Die Zahl $\square$ ist zwar Nullstelle der Zählerfunktion, da sie aber auch Nullstelle der Nennerfunktion ist, gehört sie nicht zum Definitionsbereich der betrachteten gebrochenrationalen Funktion.

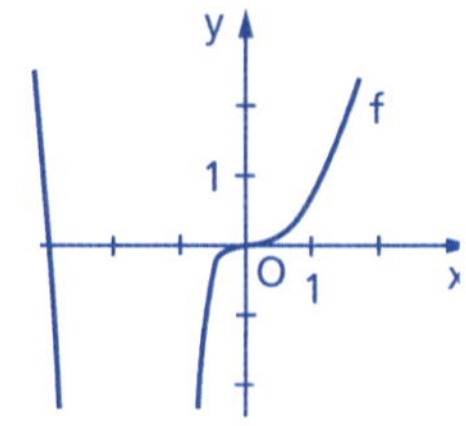

26 Gegeben sind Funktionen f_1 bis f_3 mit der Gleichung $f_1(x) = \frac{x^2 - 2x - 8}{(x-1)^2}$, $f_2(x) = \frac{x^2 + 2x + 4}{3x + 4}$ und $f_3(x) = \frac{x^3 - x^2 - 6x}{x + 2}$.

a) Ermitteln Sie die Schnittpunkte der Funktionsgraphen mit den Koordinatenachsen.
b) Welche Punkte der Graphen von f_1 bis f_3 liegen auf der Geraden $x = -1$?
c) Welche Punkte der Graphen von f_1 bis f_3 liegen auf der Geraden $y = 1$?
d) Untersuchen Sie die drei Funktionen auf Polstellen.

27 Bestimmen Sie Nullstellen und Polstellen der folgenden Funktionen:

a) $f(x) = \frac{x^2 + 6x + 8}{x - 3}$ b) $f(x) = \frac{2 - x^2}{x^2 + 1}$ c) $f(x) = \frac{x^2 + 1}{x^2 - 1}$
d) $f(x) = \frac{x^4 - 4x^2 + 3}{x^3 - x^2 - x + 1}$ e) $f(x) = \frac{1}{1 + x}$ f) $f(x) = \frac{1 - x^3}{1 + x^3}$

28 Berechnen Sie die Nullstelle folgender Wurzelfunktionen.

	$f_1(x) = \sqrt{\frac{1}{4}x + 1} + x$	$f_2(x) = \sqrt{3x - 3} + 4$	$f_3(x) = \sqrt{x^2 - 6x + 9}$
Wurzel isolieren			
Quadrieren			
Gleichung lösen			
Probe			

29 Berechnen Sie die Nullstellen folgender Wurzelfunktionen:

a) $f(x) = \sqrt{0{,}5x + 2} + x$ b) $f(x) = \sqrt{2x + 19} + 5$ c) $f(x) = \sqrt{x^2 - 6x + 8}$

30 Lösen Sie folgende Wurzelgleichungen:

a) $3 - 2\sqrt{x + 1{,}5} = 0$ b) $\sqrt{x + 2} + x = 0$ c) $3 - a + 2\sqrt{a} = 0$

31 Überprüfen Sie zeichnerisch und rechnerisch, ob die Graphen der Funktionen f und g einander schneiden. Geben Sie gegebenenfalls die Koordinaten der Schnittpunkte an.

a) $f(x) = x^2 - 2x + 1$, $g(x) = -2$
b) $f(x) = \sqrt{x + 1}$, $g(x) = 2x - 1$
c) $f(x) = \frac{1}{2}x^3$, $g(x) = x^2$

Beim **Lösen von Exponentialgleichungen** kommen meist folgende Formeln und Techniken zur Anwendung:

Allgemein gilt: Wenn $a^x = b$, so $x = \frac{\ln b}{\ln a}$, wenn $e^x = a$, so $x = \ln a$.

Logarithmieren der Gleichung und anschließendes Isolieren der Variablen

$4^x = 8$

$\ln 4^x = \ln 8$

$x \cdot \ln 4 = \ln 8 \quad \Rightarrow \quad x = \frac{\quad}{\quad} = \frac{3 \ln 2}{2 \ln 2} = \ldots$

Anwenden der Potenzgesetze und anschließendes Isolieren der Variablen

$2^{x+3} + 5 \cdot 2^{x+1} = 144$

$2^x \cdot 2^3 + 5 \cdot 2^x \cdot 2^1 = 144$

$2^x(\quad\quad) = 144$

$2^x = \quad\quad \Rightarrow x = \quad\quad$

Ausklammern und Anwenden des „Nullprodukts“

$3e^{2x} - 2e^x = 0 \Rightarrow e^x(\quad\quad) = 0$

Da $e^x > 0$, folgt $(\quad\quad) = 0$ und $e^x = \quad\quad$.

Also ist $x = \quad\quad$.

Substitution

$e^{2x} + 2e^x - 3 = 0$

Mit $z = e^x$ folgt: $\quad\quad = 0 \Rightarrow z_1 = \quad ; z_2 = \quad$

Aus $z = e^x = \quad\quad$ folgt $x = \quad\quad$,

während $z = e^x = \quad\quad$ unlösbar ist.

32 Ergänzen Sie nachstehende Tabelle.

Funktionsgleichung	Nullstelle	Schnittpunkt mit der x-Achse	Schnittpunkt mit der y-Achse	Schnittpunkt mit der Geraden $y = 2$	Schnittpunkt mit der Geraden $x = -1$
$f_1(x) = 2^x$					
$f_2(x) = 0{,}5^x$					
$f_3(x) = e^x$					
$f_4(x) = \log_2 x$					
$f_5(x) = \ln x$					

33 Lösen Sie die folgenden Gleichungen:

a) $x \cdot e^x = 0$

b) $x^2 \cdot \ln x = 0$

c) $(2x + 1)e^x = 0$

d) $\left(\frac{1}{4}x + 2\right)e^{-2x} = 0$

e) $\frac{1}{2}e^x(x^2 - 6x + 5) = 0$

f) $e^{2x-3} - 1 = 0$

g) $(2 - x) \cdot \ln x = 0$

h) $x^2(\ln x - 2) = 0$

i) $x \cdot \ln x = 0$

34 Bestimmen Sie die Nullstellen folgender Funktionen.

a) $f(x) = (x - 2)e^x$

b) $f(x) = (2x + 3)e^{-x}$

c) $f(x) = x^2 e^x - 2x e^x$

Trigonometrische Funktionen können aufgrund ihrer Periodizität unendlich viele Nullstellen besitzen. Eine erste Nullstelle erhält man aus der Kenntnis spezieller Funktionswerte der Sinus- und Kosinusfunktion. Weitere Nullstellen folgen aus den Symmetrieeigenschaften bzw. Quadrantenbeziehungen der Winkelfunktionen. Winkelfunktionen lassen sich häufig mithilfe einer Doppelwinkelformel, der Beziehungen $\sin^2 x + \cos^2 x = 1$ oder $\tan x = \frac{\sin x}{\cos x}$ oder durch Ausklammern einer Winkelfunktion und Anwenden des „Nullprodukts" umformen.

Ergänzen Sie die Tabelle spezieller Funktionswerte:

x	0			$\frac{\pi}{3}$	$\frac{\pi}{2}$
sin x			$\frac{1}{2}\sqrt{2}$		
cos x		$\frac{1}{2}\sqrt{3}$			

Die Gleichung $\sin x = -0{,}5$ hat die erste Lösung $x_1 =$ ____ .
Wegen $\sin(\pi - x) = \sin x$ ist $x_2 = \pi -$ ____ $=$ ____ .
x_1 und x_2 werden Basislösung genannt.
Weitere Lösungen erhält man durch Addition eines Vielfachen der Periode 2π. So ergeben sich als Gesamtlösung:
$x_1 =$ ____ $+ 2k\pi$; $x_2 =$ ____ $+ 2k\pi$; $k \in \mathbb{Z}$

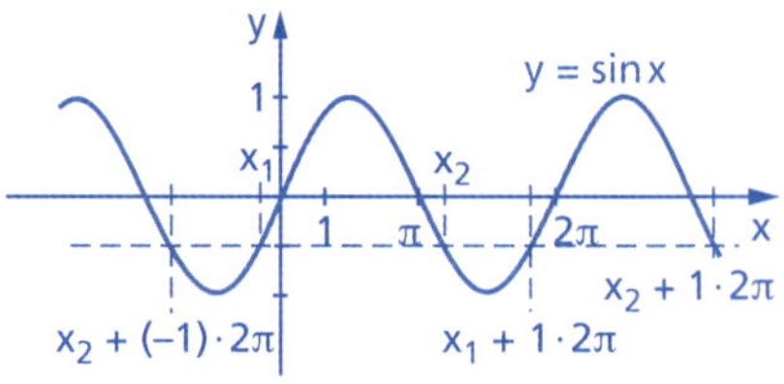

35 Ergänzen Sie die nachstehende Tabelle für das Intervall $0 \le x \le 2\pi$.

Funktionsgleichung	Nullstellen	kleinste Periode	Schnittpunkt mit der y-Achse	Schnittpunkte mit der Geraden $y = 2$	Schnittpunkte mit der Geraden $x = \frac{\pi}{4}$
$f_1(x) = 2\sin x$					
$f_2(x) = \sin 2x$					
$f_3(x) = \sin x + 2$					
$f_4(x) = \sin\left(x + \frac{\pi}{2}\right)$					
$f_5(x) = 4\cos\frac{x}{2}$					

36 Ermitteln Sie den Wertebereich, die kleinste Periode und die Nullstellen der folgenden Funktionen:

a) $f(x) = 3 \cdot \sin 2x$ b) $f(x) = 2 \cdot \sin\frac{x}{3}$ c) $f(x) = 3 \cdot \cos(2x - 1)$

37 Lösen Sie folgende Gleichungen. Es sei $0 \le x \le 2\pi$ bzw. $0° \le \alpha \le 360°$.

a) $\sin^2 x + \frac{1}{2}\sin x - \frac{1}{2} = 0$ b) $\sin\alpha - \sin^2\alpha = 0$ d) $\cos\left(x + \frac{\pi}{3}\right) = 1$

38 Bestimmen Sie für die dargestellten Sinuskurven jeweils eine Funktionsgleichung.

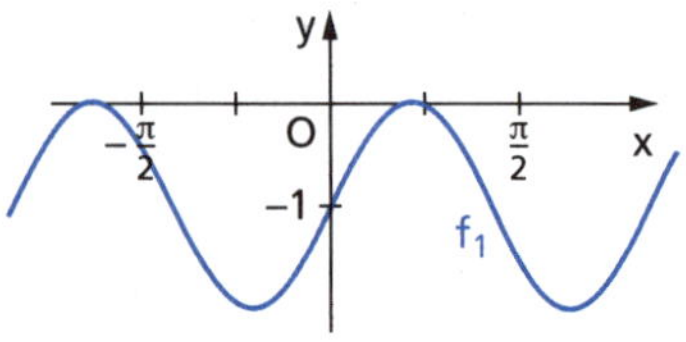

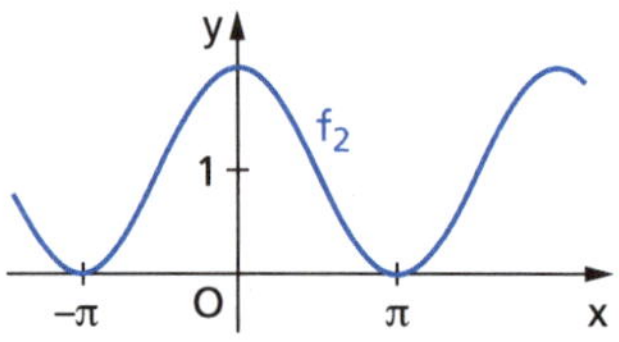

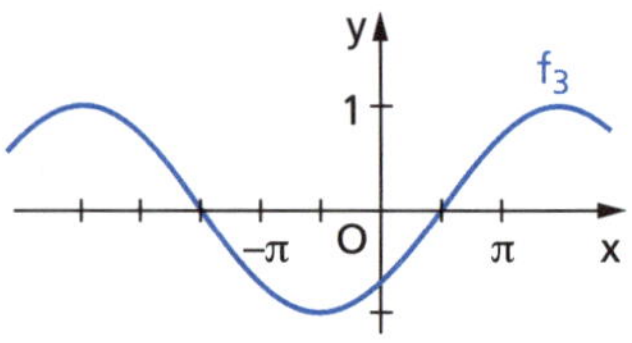

Hilfen zum Skizzieren eines Funktionsgraphen (ohne Differenzialrechnung)

- Um was für eine Funktionsklasse handelt es sich?
  Die Graphen folgender Grundfunktionen sollten bekannt sein:
  $y = x$; $y = x^2$; $y = x^3$; $y = x^4$; $y = \frac{1}{x}$; $y = \frac{1}{x^2}$; $y = \sqrt{x}$; $y = e^x$; $y = \ln x$; $y = \sin x$; $y = \cos x$
- Wie verlaufen die Graphen bei Funktionen der Form $y = x^{\text{gerade Zahl}}$ bzw. $y = x^{\text{ungerade Zahl}}$?
- Ist der Funktionsgraph symmetrisch (punkt- oder axialsymmetrisch)?
- Sind Verschiebungen, Spiegelungen oder Streckungen/Stauchungen zu berücksichtigen?
- Welche Schnittpunkte mit den Koordinatenachsen lassen sich einzeichnen?
- Existieren waagerechte, senkrechte oder schräge Asymptoten?

39 Beschreiben Sie, wie man aus dem Graphen der Funktion f den Graphen der Funktion g erhält.

a) $f(x) = e^x$; $g(x) = e^{-\frac{1}{4}x}$

b) $f(x) = \sin x$; $g(x) = 3\sin 2x + 1$

40 Skizzieren Sie den Graphen von f.

a) $f(x) = \frac{1}{2} \cdot (x - 1)(x + 2)^2$

b) $f(x) = \frac{1}{(x-1)^2} + 1$

c) $f(x) = \frac{1}{2} \cdot e^{-x} - 2$

41 Welche Funktion gehört zu welchem Graphen?

$f_1(x) = x^3 - 2x$; $f_2(x) = |x + 2|$; $f_3(x) = 2 \cdot \sqrt{x - 1}$; $f_4(x) = \ln(x - 1)$; $f_5(x) = \frac{x}{x - 2}$;

$f_6(x) = \frac{x^2}{x + 1}$; $f_7(x) = \frac{5}{x^2 + 1}$; $f_8(x) = x \cdot e^x$; $f_9(x) = \frac{1}{2} \cdot e^{-x}$

①

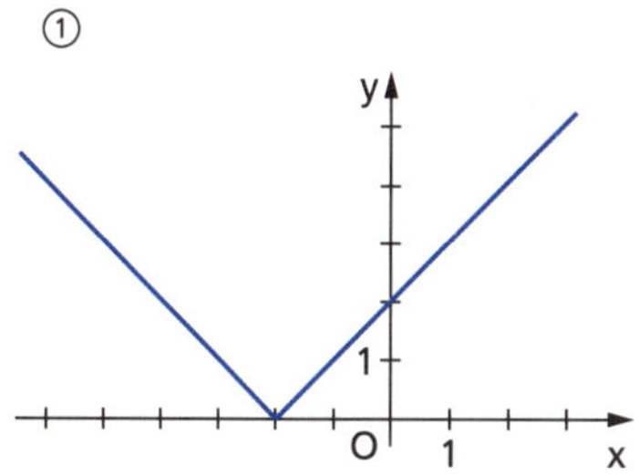

②

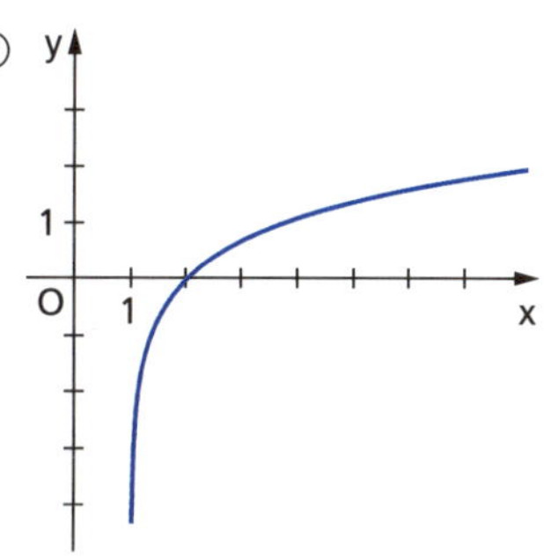

③

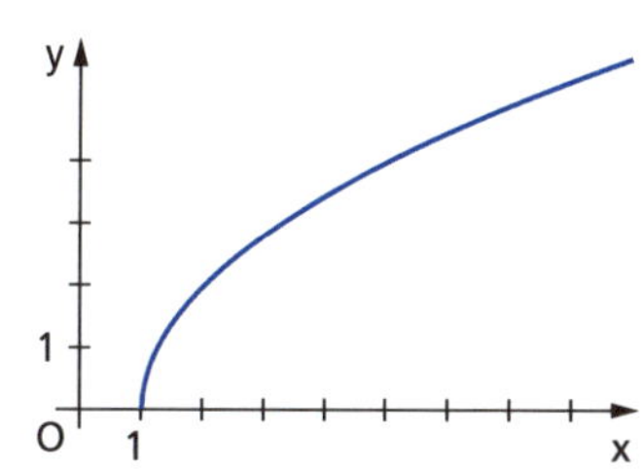

④

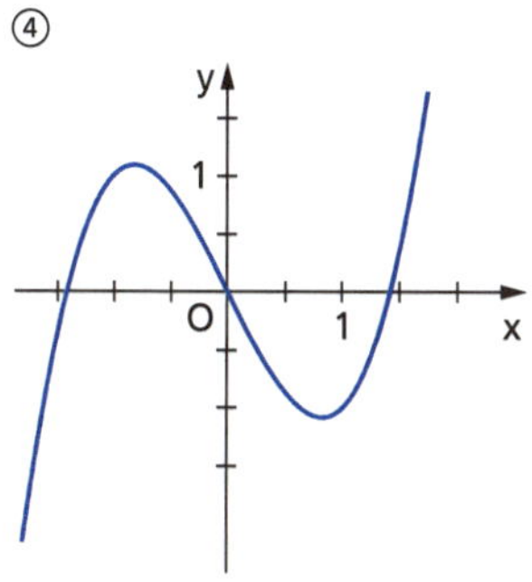

⑤

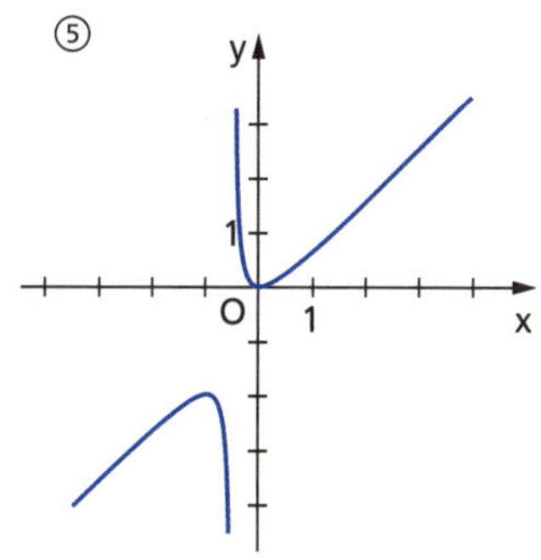

⑥

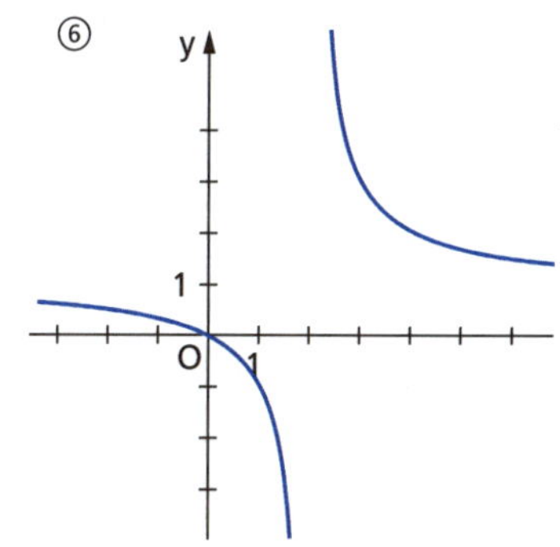

⑦

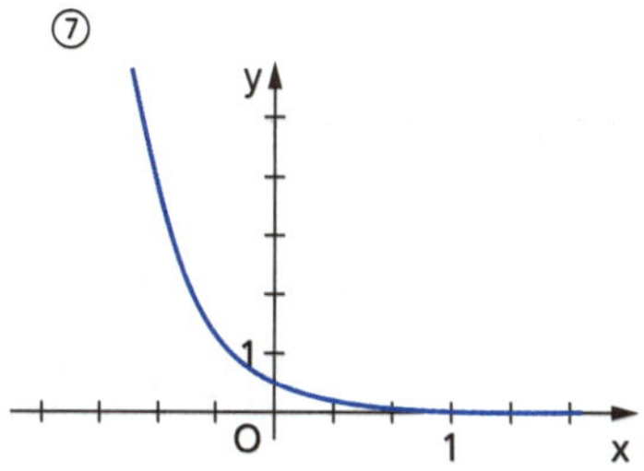

⑧

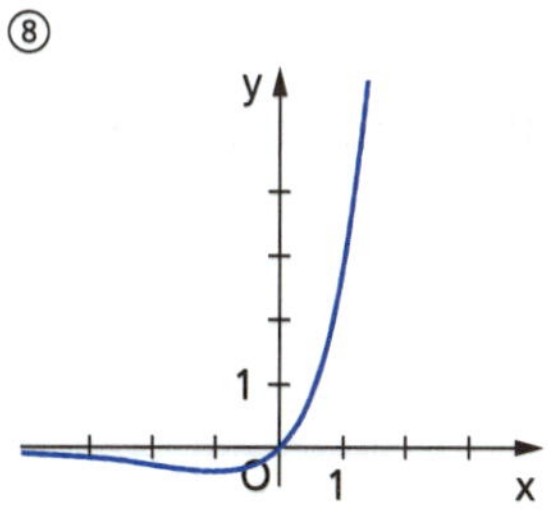

⑨

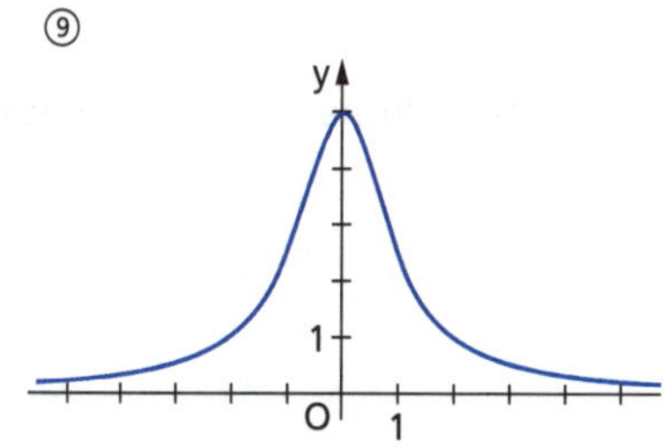

2 Zahlenfolgen

2.1 Eigenschaften von Zahlenfolgen

Für die Beschreibung von Folgen sind zwei Arten der Darstellung von Bedeutung:

Explizite Beschreibung einer Folge (a_n): Eine explizite Bildungsvorschrift ist nur von der Platznummer n eines Folgegliedes a_n abhängig. Durch Einsetzen von n erhält man sofort das n-te Folgenglied.

Rekursive Beschreibung einer Folge (b_n): Eine rekursive Bildungsvorschrift enthält neben einer Rekursionsgleichung auch die Angabe eines oder zweier Anfangsglieder der Folge. Die Glieder der Folge werden ausschließlich aus den vorangehenden Folgengliedern berechnet.

1 Vergleichen Sie eine lineare Funktion und eine Zahlenfolge anhand folgender Beispiele:

lineare Funktion		Zahlenfolge
$f(x) = 3x - 2$	Explizite Zuordnungsvorschrift	$(a_n) = (3n - 2)$
	Definitionsbereich	
	Wertebereich	

Wertetabelle

x	−3	−2	−1	0	1		2
f(x)						2,5	

n	1		3	4	5
a_n		2,5			

weitere Wertepaare

$f(7) =$ ___ $f(15) =$ ___ $f(18{,}5) =$ ___

$a_7 =$ ___ $a_{15} =$ ___ $a_{18} =$ ___

Rekursive Zuordnungsvorschrift

$a_1 = 1$ und $a_{n+1} =$ ___

grafische Darstellung im Koordinatensystem

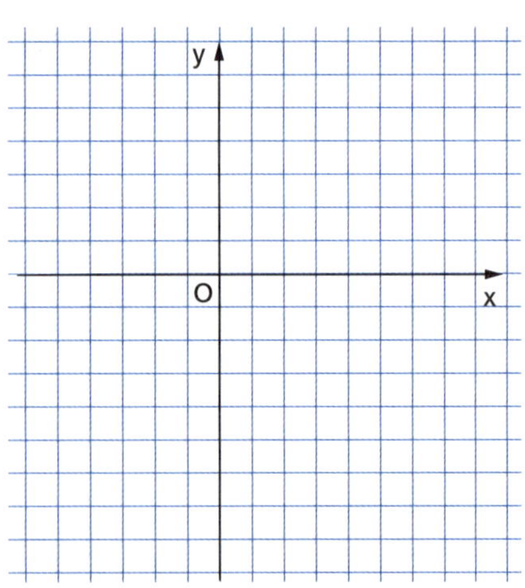

Der Graph der Funktion f ___.

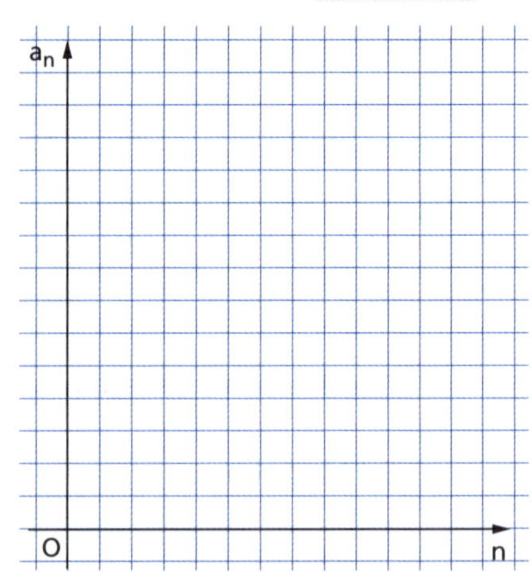

Der Graph der Zahlenfolge (a_n) ___.

2 Bestimmen Sie die ersten fünf Glieder und das allgemeine Glied a_n folgender Zahlenfolgen:

a) Jeder natürlichen Zahl $n > 0$ ist ihre um 2 verminderte Quadratzahl zugeordnet.

b) Jeder natürliche n Zahl wird der Quotient aus ihrem um 5 vermehrten Dreifachen und aus ihrem Doppelten zugeordnet.

c) Jeder natürlichen Zahl $n \geq 2$ wird das Reziproke aus dem Produkt von ihr und ihrem unmittelbaren Vorgänger zugeordnet.

3 Das 1. Glied einer Folge (a_n) sei $a_1 = 2$. Das jeweils folgende Glied erhält man durch Addition von 7.

a) Formulieren Sie für diese Folge eine rekursive Bildungsvorschrift: $a_1 = 2$; $a_{n+1} =$

b) Ermitteln Sie die ersten sechs Glieder dieser Folge:

$a_1 =$ $a_2 =$ $a_3 =$

$a_4 =$ $a_5 =$ $a_6 =$

c) Geben Sie die explizite Bildungsvorschrift der Zahlenfolge (a_n) an: $a_n =$

4 Ergänzen Sie die Tabelle.

	allgemeines Glied der Folge (a_n)	a_1; a_2; a_3; a_4	rekursive Bildungsvorschrift der Folge (a_n)
a)	$a_n = 3n - 5$		
b)		$\frac{1}{2}; \frac{1}{4}; \frac{1}{8}; \frac{1}{16}$	
c)			$a_1 = -5$; $a_{n+1} = -a_n$
d)			$a_1 = 8$ $a_{n+1} = 4a_n$
e)	$a_n = \frac{1}{2}n^2 - \frac{1}{2}n + 1$		

5 Untersuchen Sie das Monotonieverhalten der Zahlenfolge $(a_n) = \left(\frac{1}{2n+5}\right)$ schrittweise.

① Folgenglieder: $a_1 =$ $a_2 =$ $a_3 =$ $a_4 =$ $a_5 =$

② Vermutung: Die Folge (a_n) ist

③ Es ist zu zeigen, dass für alle $n \geq 1$ gilt: $a_{n+1} - a_n$ 0

$a_n =$ $a_{n+1} =$ $a_{n+1} - a_n =$

④ Abschätzen des vereinfachten Terms:

⑤ Schlussfolgerung:

6 Untersuchen Sie wie in Aufgabe 5 die nachstehenden Zahlenfolgen auf Monotonie:

a) $(a_n) = (2n - n^2)$ b) $(a_n) = ((3 + n)^2 - 4n^2)$ c) $(a_n) = ((7 - 2n)^2)$

d) $(a_n) = \left(\frac{n}{n+1}\right)$ e) $(a_n) = \left(-\left(\frac{1}{n}\right)^2\right)$ f) $(a_n) = \left(\frac{3n}{(-2)^n}\right)$

7 Beschreiben Sie, wie man

a) eine Vermutung über die Monotonie einer Zahlenfolge gewinnen kann,
b) eine solche Vermutung beweisen kann,
c) bei a) und b) effektiv elektronische Hilfsmittel (z. B. GTR und CAS) einsetzen kann.

Arbeiten mit Summenzeichen

***8** Schreiben SIe die mittels des Summenzeichens angegebenen Ausdrücke ausführlich:

a) $\sum_{k=1}^{4}(2k+3) =$

b) $\sum_{i=0}^{5}(i^2-2) =$

***9** Drücken Sie folgende Summen mithilfe des Summenzeichens aus.

a) $1+3+5+7+9+11 =$

b) $8+16+32+64+128 =$

c) $2+1+\frac{1}{2}+\frac{1}{4}+\frac{1}{8} =$

d) $-1+\frac{1}{10}-\frac{1}{100}+\frac{1}{1000}-\frac{1}{10\,000} =$

***10** Berechnen Sie folgende Summen.

a) $\sum_{k=1}^{8}(k-3) =$

b) $\sum_{k=2}^{3}3^{-k} =$

c) $\sum_{m=0}^{3}(-1)^m \cdot 2^m =$

d) $\sum_{k=4}^{8}(2k+5) =$

e) $\sum_{k=1}^{3}(3k+3^k) =$

f) $\sum_{k=1}^{1}\frac{k+2}{k} =$

Partialsummen

***11** Gegeben ist die Zahlenfolge $(a_n) = (3n-2)$. Berechnen Sie:

$a_1 =$ $a_2 =$ $a_3 =$ $a_4 =$ $a_5 =$

Berechnen Sie die Partialsummen:

$s_1 = a_1 =$

$s_2 = a_1 + a_2 =$

$s_3 = a_1 + a_2 + a_3 =$

$s_4 = \sum_{i=1}^{4}a_i =$

$s_5 = \sum_{i=1}^{5}a_i =$

$s_{12} =$

Die Partialsummen bilden die zur Folge (a_n) gehörende Partialsummenfolge (s_n):

$(s_n) =$; ; ; ; ; …; ; s_n

Für das allgemeine Folgenglied s_n gilt: $s_n = n \cdot a_1 + \frac{n \cdot (n-1) \cdot d}{2}$

Bestimmen Sie das allgemeine Folgenglied s_n der berechneten Partialsummenfolgen.

$a_1 =$ $d =$

Einsetzen ergibt: $s_n =$

***12** Bearbeiten Sie nachstehende Zahlenfolgen wie in Aufgabe 11.

a) $(a_n) = \left(\frac{3}{2}n+3\right)$

b) $(a_n) = (9-2n)$

c) $(a_n) = (7+3(n-1))$

***13** Die Partialsummenfolge (s_n) einer Zahlenfolge (a_n) sei gegeben durch $(s_n) = (2n^2-5n)$. Berechnen Sie s_1 bis s_5. Bestimmen Sie a_1 bis a_5 und das allgemeine Folgenglied a_n der zugehörigen Folge (a_n).

***14** Berechnen Sie von nachstehenden Zahlenfolgen die Folgenglieder a_1 bis a_5 sowie die Partialsummen s_1 bis s_5 und geben Sie das allgemeine Glied s_n der Partialsummenfolge (s_n) an.

a) $(a_n) = \left(\left(\frac{1}{2}\right)^{n-1}\right)$

b) $(a_n) = \left(\frac{3}{8} \cdot 4^n\right)$

c) $(a_n) = \left(\frac{1}{2^n}\right)$

2.2 Arithmetische und geometrische Zahlenfolgen

15 Gegeben ist die arithmetische Zahlenfolge $(a_n) = (3; 4{,}5; 6; 7{,}5; 9; \ldots)$.
Bestimmen Sie jeweils die Differenz benachbarter Folgenglieder.

Welche Eigenschaften besitzt die Folge (a_n)?

Stellen Sie für die Folge (a_n) eine rekursive Bildungsvorschrift auf und bestimmen Sie damit die Folgenglieder a_6 bis a_{10}. Ermitteln Sie dann eine explizite Bildungsvorschrift für (a_n) und damit a_{15}, a_{23}, a_{38} und a_{50}.

Rekursive Bildungsvorschrift: $a_1 =$ $\qquad a_{n+1} =$ $\qquad (n \geq 1)$

$a_6 =$ $\qquad a_7 =$ $\qquad a_8 =$ $\qquad a_9 =$ $\qquad a_{10} =$

Explizite Bildungsvorschrift: $a_n =$

$a_{15} =$ $\qquad a_{23} =$ $\qquad a_{38} =$ $\qquad a_{50} =$

16 Untersuchen Sie die nachfolgenden Zahlenfolgen wie in Aufgabe 15.

a) $(a_n) = 7; 4; 1; -2; -5; \ldots$

b) $(b_n) = \frac{11}{3}; 4\frac{1}{6}; 4\frac{2}{3}; \frac{31}{6}; 5\frac{4}{6}; \ldots$

c) $(c_n) = -4; -9; -14; -19; -24; \ldots$

d) $(d_n) = -1; \frac{1}{3}; \frac{5}{3}; 3; \frac{13}{3}; \ldots$

e) $(e_n) = -\sqrt{2}; \sqrt{2}; 3\sqrt{2}; 5\sqrt{2}; 7\sqrt{2}; \ldots$

17 Gegeben sei die geometrische Zahlenfolge $(a_n) = \frac{1}{2}; -\frac{3}{2}; \frac{9}{2}; -\frac{27}{2}; \frac{81}{2}; \ldots$

a) Ermitteln Sie a_1 und q: $a_1 =$ $\qquad q =$

b) Wie heißt das Bildungsgesetz $(a_n = a_1 \cdot q^{n-1})$ dieser Zahlenfolge? $\qquad a_n =$

c) Berechnen Sie a_9: $\qquad a_9 =$

d) Berechnen Sie die Summe der ersten 4 Glieder: $\qquad s_4 =$

e) Ermitteln Sie a_1 und q und die ersten 5 Glieder einer anderen geometrischen Zahlenfolge, wenn diese durch $a_2 = 1$ und $a_5 = \frac{1}{27}$ gegeben ist.

$a_2 = a_1 \cdot q$, also:

$a_5 = a_1 \cdot q^4$, also:

18 Setzen Sie die nachstehend geometrischen Zahlenfolgen um drei Glieder fort und geben Sie eine explizite Bildungsvorschrift an:

a) $(a_n) = 1; 3; 9; 27; \ldots$

b) $(b_n) = -2; -1; -\frac{1}{2}; -\frac{1}{4}; \ldots$

c) $(c_n) = 2; -1; \frac{1}{2}; -\frac{1}{4}; \ldots$

d) $(d_n) = \frac{1}{2}; \frac{3}{4}; \frac{9}{8}; \frac{27}{16}; \ldots$

19 Bestimmen Sie die Folgenglieder a_5 und a_{15} der nachfolgend gekennzeichneten geometrischen Zahlenfolgen und geben Sie eine explizite Bildungsvorschrift an:

a) $a_1 = 0{,}7; \quad q = 2$

b) $a_2 = 5; \quad a_4 = 45 \quad (q > 0)$

c) $a_3 = 2; \quad q = -1$

d) $a_3 = -1; \quad a_4 = \frac{1}{4}$

2.3 Konvergenz von Zahlenfolgen

20 Gegeben ist die Zahlenfolge $(a_n) = \left(\frac{3n-2}{n}\right)$.

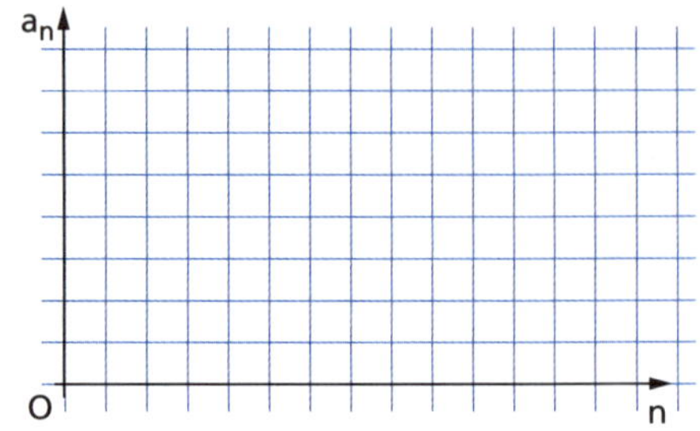

a) Berechnen Sie die Folgenglieder a_1 bis a_8 und veranschaulichen Sie diese in einem Koordinatensystem.

$a_1 =$ ___ $a_2 =$ ___ $a_3 =$ ___ $a_4 =$ ___

$a_5 =$ ___ $a_6 =$ ___ $a_7 =$ ___ $a_8 =$ ___

b) Geben Sie drei Zahlen an, die kleiner oder gleich dem kleinsten Folgenglied sind. Wie nennt man solche Zahlen?

c) Geben Sie drei Zahlen an, die größer oder gleich dem größten Folgenglied sind. Wie nennt man solche Zahlen?

d) Vervollständigen Sie nachstehenden Satz zu einer wahren Aussage.

Die Zahlenfolge a_n ist nach oben ___, weil sie ___

besitzt und sie ist ___, weil ___.

21 Untersuchen Sie die nachfolgenden Zahlenfolgen auf Beschränktheit:

a) $(a_n) = \left(\frac{5+2n}{3n}\right)$ b) $(a_n) = (4 - 7n)$ c) $(a_n) = ((-2)^n)$

22 Geben Sie jeweils ein Beispiel für eine Zahlenfolge (a_n) an, für die gilt:
a) (a_n) ist monoton wachsend und nach oben und unten beschränkt.
b) (a_n) ist monoton fallend und nach unten unbeschränkt.
c) (a_n) ist monoton fallend und nach unten beschränkt.
d) (a_n) ist monoton wachsend und hat die Zahl 3 als obere Grenze.
e) Die Zahl 1 ist untere Grenze der monoton fallenden Zahlenfolge (a_n).
f) (a_n) ist alternierend und in beiden Richtungen beschränkt.

***23** Gegeben ist die Zahlenfolge $(a_n) = \left(2 + \frac{1}{n}\right)$.

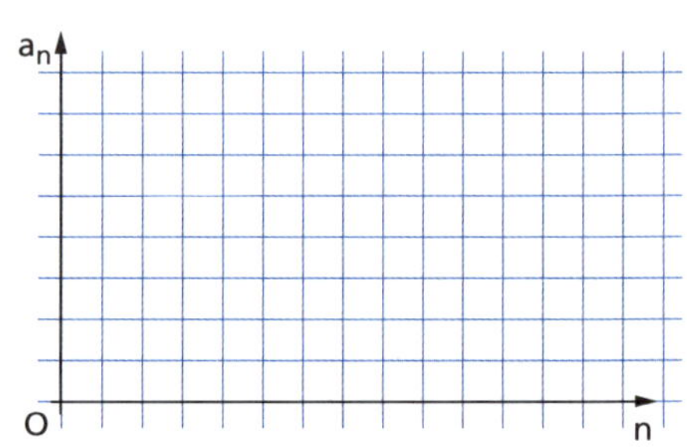

a) Berechnen Sie die Folgenglieder a_1 bis a_{10} und veranschaulichen Sie diese in einem Koordinatensystem.

$a_1 =$ ___ $a_2 =$ ___ $a_3 =$ ___ $a_4 =$ ___ $a_5 =$ ___

$a_6 =$ ___ $a_7 =$ ___ $a_8 =$ ___ $a_9 =$ ___ $a_{10} =$ ___

b) Welcher Zahl nähern sich die Folgenglieder a_n, wenn man n weiter vergrößert?

c) Tragen Sie in das Koordinatensystem die ε-Umgebung dieser Zahl für $\varepsilon = \frac{1}{4}$ $\left(\varepsilon = \frac{1}{10}\right)$ ein und bestimmen Sie die Anzahl der Folgenglieder außerhalb dieser ε-Umgebung.

d) Wie viele Folgenglieder liegen außerhalb der ε-Umgebung dieser Zahl für $\varepsilon = \frac{1}{10\,000}$?

e) Ab welchem n liegen die Folgenglieder in der $\frac{1}{10^6}$-Umgebung dieser Zahl?

f) Zeigen Sie: Die Zahl 2 ist Grenzwert der Zahlenfolge (a_n), d. h., es gilt: $\lim\limits_{n \to \infty}\left(2 + \frac{1}{n}\right) = 2$

***24** Untersuchen Sie nachstehende Zahlenfolgen wie in Aufgabe 23.

a) $(a_n) = \left(\frac{2n-1}{2n}\right)$ b) $(b_n) = \left((-1)^n \cdot \frac{2}{n}\right)$ c) $(c_n) = \left(\frac{4-n}{2n}\right)$

Grenzwertsätze

Es seien (a_n) und (b_n) zwei konvergente Folgen mit $\lim\limits_{n\to\infty} a_n = g_1$ und $\lim\limits_{n\to\infty} b_n = g_2$. Dann gilt:

- $\lim\limits_{n\to\infty} (a_n \pm b_n) = \lim\limits_{n\to\infty} a_n \pm \lim\limits_{n\to\infty} b_n = g_1 \pm g_2$
- $\lim\limits_{n\to\infty} (a_n \cdot b_n) = \lim\limits_{n\to\infty} a_n \cdot \lim\limits_{n\to\infty} b_n = g_1 \cdot g_2$
- $\lim\limits_{n\to\infty} \frac{a_n}{b_n} = \frac{\lim\limits_{n\to\infty} a_n}{\lim\limits_{n\to\infty} b_n} = \frac{g_1}{g_2}$ (sofern $b_n \neq 0$ und $g_2 \neq 0$)

Der Term $\frac{a_n}{b_n}$ ist so umzuformen, dass im Nenner nur noch konstante Folgen oder Nullfolgen auftreten.

Beispiel: $\lim\limits_{n\to\infty} \frac{4n^2+5n+7}{5n^2-n+3}$

Umformen durch Ausklammern und Kürzen: $= \lim\limits_{n\to\infty} \frac{(\quad)}{(\quad)}$

Anwenden der Grenzwertsätze: $= \frac{\lim\limits_{n\to\infty} \quad + \lim\limits_{n\to\infty} \quad + \lim\limits_{n\to\infty} \quad}{\lim\limits_{n\to\infty} \quad - \lim\limits_{n\to\infty} \quad + \lim\limits_{n\to\infty} \quad}$

$= \frac{\quad}{\quad} = \quad$

25 Berechnen Sie die folgenden Grenzwerte.

a) $\lim\limits_{n\to\infty} \frac{1}{n}$ = ___ = ___

b) $\lim\limits_{n\to\infty} \frac{1}{3}$ = ___ = ___

c) $\lim\limits_{n\to\infty} \left(\frac{8n^2}{3n^2+5} - \frac{1\,000}{n}\right)$ = ___ = ___

d) $\lim\limits_{n\to\infty} \frac{n-2}{n}$ = ___ = ___

e) $\lim\limits_{n\to\infty} \frac{5n}{n+1}$ = ___ = ___

f) $\lim\limits_{n\to\infty} \left(8 + \frac{1}{n}\right)$ = ___ = ___

g) $\lim\limits_{n\to\infty} \frac{3n-1}{6n+5}$ = ___ = ___

h) $\lim\limits_{n\to\infty} \frac{2n^2-n+5}{n^2}$ = ___ = ___

i) $\lim\limits_{n\to\infty} \frac{n^2+2n}{4n^3-10}$ = ___ = ___

j) $\lim\limits_{n\to\infty} \frac{n^2-n}{n^2+n}$ = ___ = ___

26 Untersuchen Sie nachstehende Zahlenfolgen auf Konvergenz:

a) $\left(\frac{n^2-3n+1}{2+n-n^2}\right)$ b) $\left(\frac{3n+4}{n-1}\right)$ c) $\left(\frac{1}{2^n}\right)$

d) $\left(\frac{n^2-1}{n+1}\right)$ e) $\left(\frac{(n^2+3)^2}{(2-2n)^2}\right)$ f) $\left(\frac{(n-3)(n^2+1)}{(n+2)(n-4)}\right)$

g) $\left(\frac{8n^5-3n^3+n}{2n^5+n^4-3n}\right)$ h) $\left(\frac{n^2\cdot(2-n)}{n^3\cdot(n-1)}\right)$ i) $\left(\frac{3n}{3^n}\right)$

27 Ergänzen Sie:
Ist bei der Bildungsvorschrift einer Zahlenfolge (a_n) der Grad des Zählerpolynoms größer als der des Nennerpolynoms gilt: $\lim\limits_{n\to\infty} (a_n) =$ ___.

Ist bei der Bildungsvorschrift einer Zahlenfolge (a_n) der Grad des Zählerpolynoms kleiner als der des Nennerpolynoms gilt: $\lim\limits_{n\to\infty} (a_n) =$ ___.

28 Welche Aussage kann nicht zutreffen?

① Die Zahlenfolge (a_n) hat für $n \to \infty$ keinen Grenzwert.
② Die Zahlenfolge (a_n) hat für $n \to \infty$ den Grenzwert –1.
③ Die Zahlenfolge (a_n) hat für $n \to \infty$ die Grenzwerte 0 und –2.
④ Die Zahlenfolge (a_n) hat für $n \to \infty$ einen Grenzwert.

3 Grenzwerte und Stetigkeit von Funktionen

3.1 Verhalten einer Funktion im Unendlichen

1 Untersuchen Sie das Verhalten der Funktionen f und g im Unendlichen.

a) f ist eine ganzrationale Funktion mit

$f(x) = 3x^3 - 4x^2 + 7x$

① Formen Sie den Funktionsterm geeignet um, indem Sie die höchste Potenz von x ausklammern und gegebenenfalls kürzen.

$f(x) =$ ______

② Bestimmen Sie $\lim\limits_{x \to \pm\infty} f(x)$.

$\lim\limits_{x \to \pm\infty} f(x) = \lim\limits_{x \to \pm\infty}$ ______ $\cdot \lim\limits_{x \to \pm\infty}$ (______)

= ______

③ Es gilt: $\lim\limits_{x \to +\infty} f(x) =$ ______

$\lim\limits_{x \to -\infty} f(x) =$ ______

b) g ist eine gebrochenrationale Funktion mit

$g(x) = \frac{2x^3 + 4x^2 - 4}{4x^3 + 6x + 3}$

① $g(x) =$ ______

② Bestimmen Sie $\lim\limits_{x \to \pm\infty} g(x)$.

$\lim\limits_{x \to \pm\infty} g(x) = \lim\limits_{x \to \pm\infty}$ ______ $\cdot \frac{\lim\limits_{x \to \pm\infty} (\quad)}{\lim\limits_{x \to \pm\infty} (\quad)}$

= ______

③ Es gilt: $\lim\limits_{x \to +\infty} g(x) =$ ______

$\lim\limits_{x \to -\infty} g(x) =$ ______

④ Die Gleichung der Asymptote lautet:

______

2 Untersuchen Sie das Verhalten folgender Funktionen im Unendlichen.

a) $f(x) = 2x - 5$
b) $f(x) = -x^2 + 3$
c) $f(x) = x^3\left(x - \frac{2}{x}\right)$
d) $f(x) = \frac{1}{3}x^3 - 2x^2 - 5x$
e) $f(x) = \frac{3}{4}x^4 - x^3 - 3x^2$
f) $f(x) = \frac{1}{5}\left(x^5 - \frac{19}{3}x^3 - 4x\right)$

3 Untersuchen Sie das Verhalten folgender Funktionen im Unendlichen.
Geben Sie die Gleichung der Asymptoten an.

a) $f(x) = \frac{x^2 - 1}{x^2 + 1}$
b) $f(x) = \frac{2x^2 - 8}{x^2 + 2}$
c) $f(x) = \frac{x^2 - 6}{x - 3{,}5}$

4 Berechnen Sie die Grenzwerte der folgenden Funktionen für ständig wachsendes x $(x \to +\infty)$:

a) $f(x) = \frac{x + 3}{4x - 5}$
b) $f(x) = \frac{3x^2 + x}{4x^2 - 2x + 1}$
c) $f(x) = \frac{x^2 - 1}{x^4}$
d) $f(x) = \frac{x^4}{5x^4 - 3}$
e) $f(x) = \frac{\frac{1}{2}x^3 - 2x^2 + 1}{-2x^3 + x - 1}$
f) $f(x) = \frac{1}{x} - 3$

5 Untersuchen Sie das Verhalten der folgenden Funktionen im Unendlichen.

a) $\lim\limits_{x \to \infty} \frac{x + 1}{x - 1}$
b) $\lim\limits_{x \to \infty} \frac{x}{x^2 + 2}$
c) $\lim\limits_{x \to -\infty} \frac{x^4}{10x^4 + x^2}$
d) $\lim\limits_{x \to +\infty} \frac{x^4}{2 + 2x^3}$
e) $\lim\limits_{x \to +\infty} \sqrt{\frac{2x^2 - x}{1 + 8x^2}}$
f) $\lim\limits_{x \to \pm\infty} e^{\frac{1}{x}}$
g) $\lim\limits_{x \to \pm\infty} 2^{\frac{x}{x - 1}}$
h) $\lim\limits_{x \to +\infty} 10^{\sqrt{x}}$
i) $\lim\limits_{x \to \pm\infty} \left(\ln \frac{x^2 - 1}{x + x^2}\right)$

3.2 Grenzwert an einer Stelle

6 Die Funktion $f(x) = \begin{cases} 5x - 6; & x < 2 \\ x^2; & x > 2 \end{cases}$ ist an der Stelle $x_0 = 2$ nicht definiert.
Zeigen Sie, dass $\lim\limits_{x \to x_0} f(x)$ existiert und berechnen Sie diesen Grenzwert.

$\lim\limits_{\substack{x \to 2 \\ x < 2}} f(x) =$ ____ $=$ ____ $= g_l$

$\lim\limits_{\substack{x \to 2 \\ x > 2}} f(x) =$ ____ $=$ ____ $= g_r$ Vergleich: $g = g_l = g_r =$ ____

7 Die folgenden Funktionen sind jeweils an der Stelle x_0 nicht definiert.
Zeigen Sie, dass $\lim\limits_{x \to x_0} f(x)$ existiert und berechnen Sie diesen Grenzwert.

a) $f(x) = \begin{cases} x^2 - 1 & \text{für } x < 1 \\ \lg x & \text{für } x > 1 \end{cases}$; $x_0 = 1$

b) $f(x) = \begin{cases} \cos x & \text{für } x < 0 \\ 3^x & \text{für } x > 0 \end{cases}$; $x_0 = 0$

8 Der Grenzwert der Funktion $f(x) = \frac{x^2 - 5x}{x^2 + 8x}$ $(x \neq 0)$ an der Stelle $x_0 = 0$ ist mithilfe der Grenzwertsätze für Funktionen zu berechnen. Zähler- und Nennerfunktion sind vorher in ein Produkt umzuwandeln und anschließend zu kürzen:

$f(x) = \frac{x^2 - 5x}{x^2 + 8x} =$ ____

$\lim\limits_{x \to 0} f(x) = \lim\limits_{x \to 0} \frac{\text{____}}{\text{____}} =$ ____

9 Ermitteln Sie mithilfe der Grenzwertsätze für Funktionen die Grenzwerte $\lim\limits_{x \to x_0} f(x)$ folgender Funktionen an den jeweils angegebenen Stellen:

	Funktionsterm	Stelle x_0	Termumformung	Anwenden der Grenzwertsätze	Grenzwert
a)	$x^2 + 1$	$x_0 = 1$			
b)	x^4	$x_0 = 2$			
c)	$x^3 - 3x^2 + 2x - 7$	$x_0 = 2$			
d)	$\frac{x^2 - 16}{x - 4}$	$x_0 = 4$			
e)	$\frac{4x^2 - 1}{2x + 1}$	$x_0 = -\frac{1}{2}$			
f)	$\frac{4x^2 + 4x}{x + 1}$	$x_0 = -1$			
g)	$\frac{2x^2 - 32}{3x - 12}$	$x_0 = 4$			
h)	$\frac{x^2 - 8x + 16}{x - 4}$	$x_0 = 4$			

10 Berechnen Sie folgende Grenzwerte:

a) $\lim\limits_{x \to -2} \frac{x}{1 + x^2}$

b) $\lim\limits_{x \to -1} (4x^4 + 2x^3 - x^2 + 1)$

c) $\lim\limits_{h \to 0} \frac{(x_0 + h)^2 - x_0^2}{h}$

d) $\lim\limits_{x \to -1} (1 - x^2)$

e) $\lim\limits_{t \to 0} \frac{2t + t^2}{t}$

f) $\lim\limits_{x \to 1} \frac{1 - x}{1 - \sqrt{x}}$

11 Gegeben sei die Funktion $f(x) = \frac{|x|}{x}$, $x \in \mathbb{R}\setminus\{0\}$.
Ermitteln Sie $\lim\limits_{x \to 0} f(x)$ sowie $\lim\limits_{x \to \pm\infty} f(x)$ und zeichnen Sie den Graphen der Funktion.

12 Gegeben ist die Funktion f mit $f(x) = \frac{(x+1)^2}{(x-1)(x+1)}$. Termumformung: $f(x) = \frac{\quad}{\quad}$

f ist an den Stellen $x_1 =$ ______ und $x_2 =$ ______ nicht definiert.

Berechnen Sie folgende Grenzwerte, falls sie existieren.

a) $\lim\limits_{x \to \infty} f(x) =$ ______ b) $\lim\limits_{x \to -\infty} f(x) =$ ______

c) $\lim\limits_{x \to -1} f(x) =$ ______ d) $\lim\limits_{x \to 1} f(x) =$ ______

Definitionslücken

Hat die Nennerfunktion v der Funktion $f(x) = \frac{u(x)}{v(x)}$ eine Nullstelle x_0, so ist die Funktion f an dieser Stelle nicht definiert. Die Stelle x_0 heißt Definitionslücke von f.

Fall (1):	Fall (2):
x_0 heißt **Polstelle,** wenn $v(x_0) = 0$ und $u(x_0) \neq 0$.	x_0 heißt **hebbare Definitionslücke,** wenn $v(x_0) = 0$ und $u(x_0) = 0$. Durch Abspalten und Kürzen eines Linearfaktors $(x - x_0)$ erhält man eine Ersatzfunktion, die auch an der Stelle x_0 definiert ist.
$f(x) = \frac{2}{x-2}$ 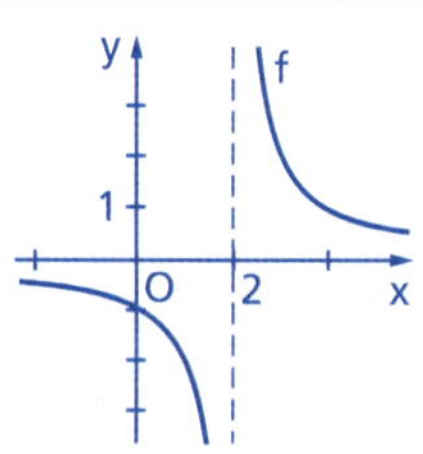	$f(x) = \frac{x^2-1}{x+1}$ $k(x) = \frac{(x+1)(x-1)}{x+1}$ $=$ ______ mit $x \neq$ ______ 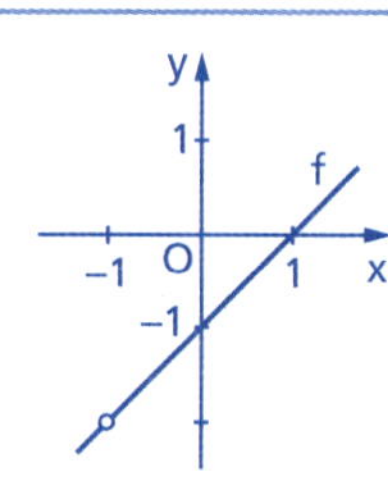

13 Bestimmen Sie die Stellen x_0, an denen die Funktion f(x) nicht definiert ist und untersuchen Sie, ob f(x) dort einen Grenzwert hat.

a) $f(x) = \frac{5x}{x-2}$ b) $f(x) = \frac{x^2+2x}{x}$ c) $f(x) = 3^{\frac{1}{x}}$

d) $f(x) = \frac{x^2-4}{x-2}$ e) $f(x) = \frac{x^2-4x}{x^3-5x}$ f) $f(x) = \frac{1}{x-2}$

g) $f(x) = \frac{x^2-1}{x+1}$ h) $f(x) = \frac{3-x}{x-3}$ i) $f(x) = \frac{x-1}{x^2-x}$

14 Untersuchen Sie die folgenden Funktionen auf Definitionslücken.
Geben Sie die Art der Definitionslücken an und begründen Sie.

a) $f(x) = \frac{x-2}{x+3}$ b) $f(x) = \frac{|x-1|}{x-1}$ c) $f(x) = \sin\frac{1}{x}$

d) $f(x) = \frac{3x+4}{x^2+2}$ e) $f(x) = \frac{2x-1}{x^2-4}$ f) $f(x) = \frac{x-3}{\sqrt{1+x}-2}$

g) $f(x) = \frac{x+1}{x^2}$ h) $f(x) = \frac{x^2-1}{x+1}$ i) $f(x) = \frac{x^2-4}{x^3+2x^2}$

15 Ermitteln Sie jeweils eine Gleichung einer Funktion, die an der Stelle $x = 2$ $(x = a)$

a) eine Polstelle b) eine Lücke c) eine Nullstelle hat.

3.3 Stetigkeit von Funktionen

16 Untersuchen Sie anhand der Graphen, ob die dargestellte Funktionen im Intervall [a; b] und an der Stelle x_0 stetig sind. Begründen Sie Ihre Entscheidung.

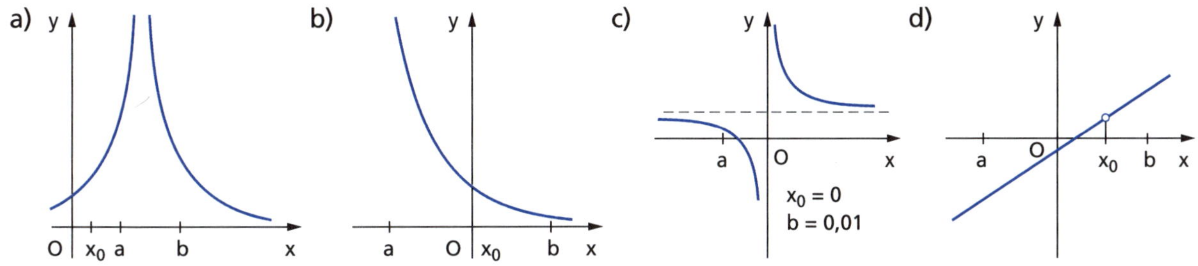

	a)	b)	c)	d)
in x_0				
in [a; b]				

17 Untersuchen Sie die Funktion $f(x) = \frac{x^2 + 2x - 1}{2x^2 - 3}$ an der Stelle $x_0 = 2$ auf Stetigkeit.

Funktionswert an der Stelle $x_0 = 2$:

Grenzwert von f(x) für $x \to 2$:

Vergleich von Grenzwert und Funktionswert an der Stelle $x_0 = 2$:

Antwort:

18 Untersuchen Sie die nachfolgenden Funktionen auf Stetigkeit an der Stelle x_0:

a) $f(x) = \frac{(3 + x)(2 - x)}{x^2 - 4}$; $x_0 = 1$ b) $f(x) = \frac{x^3 + 3x}{x}$; $x_0 = 0$ c) $f(x) = \sqrt{x} + x - 1$; $x_0 = 0$

19 Skizzieren Sie die Graphen nachfolgender Funktionen und bestimmen Sie die Stellen, an denen die jeweilige Funktion nicht stetig ist.

a) $f(x) = \begin{cases} x - 1, & x \in \mathbb{R}\setminus\{0\} \\ 2, & x = 0 \end{cases}$ b) $g(x) = \begin{cases} -x^{-1}, & -\infty < x < 0 \\ x, & x \geq 0 \end{cases}$ c) $h(x) = \begin{cases} 1, & x < 0 \\ 0, & x = 0 \\ -1, & x > 0 \end{cases}$

20 Untersuchen Sie die Funktion f auf Stetigkeit an der Stelle $x_0 \in D_f$ und skizzieren Sie den Graphen dieser Funktion.

a) $f(x) = \sqrt{x}$; $x_0 = 0$; b) $f(x) = \begin{cases} x^2, & x \leq 1 \\ \sqrt{x}, & x > 1 \end{cases}$; $x_0 = 1$ c) $f(x) = \begin{cases} \cos x, & x < \frac{\pi}{4} \\ \sin x, & x > \frac{\pi}{4} \end{cases}$; $x_0 = \frac{\pi}{4}$

d) $f(x) = \begin{cases} \frac{x^2 - 1}{x + 1}, & x \neq -1 \\ 0, & x = -1 \end{cases}$; $x_0 = -1$ e) $f(x) = \begin{cases} \frac{x^2 - 1}{x - 1}, & x \neq 1 \\ -1, & x = 1 \end{cases}$; $x_0 = 1$

21 Bestimmen Sie r so, dass die Funktion f an der Stelle x_0 stetig ist.

a) $f(x) = \begin{cases} x + 1, & x < 0 \\ x^2 + r, & x \geq 0 \end{cases}$; $x_0 = 0$ b) $f(x) = \begin{cases} r - x^2, & x \leq 1 \\ \frac{1}{x}, & x > 1 \end{cases}$; $x_0 = 1$ c) $f(x) = \begin{cases} \frac{x^2 - x - 2}{x + 1}, & x < -1 \\ r \cdot \frac{x^2 - 2}{x + 2}, & x \geq -1 \end{cases}$; $x_0 = -1$

4 Ableitung von Funktionen

4.1 Differenzierbarkeit und Ableitungsfunktion

Es sei f eine auf D_f definierte Funktion und x_0, $x_0 + h \in D_f$. Dann heißt die Funktion

$d(h) = \frac{f(x_0 + h) - f(x_0)}{h}$ (mit $h \neq 0$) bzw.

$d(x) = \frac{f(x) - f(x_0)}{x - x_0}$ (mit $x \neq x_0$)

Differenzenquotient von f an der Stelle x_0.

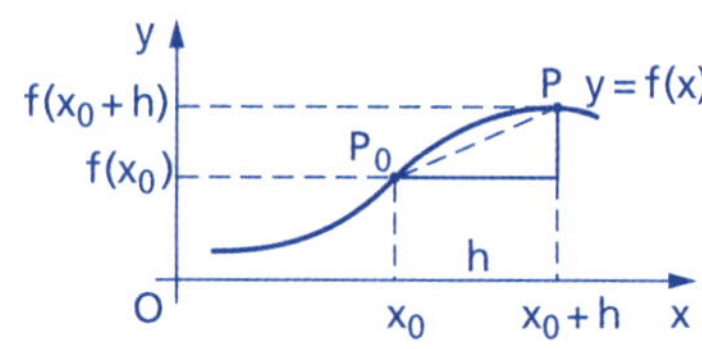

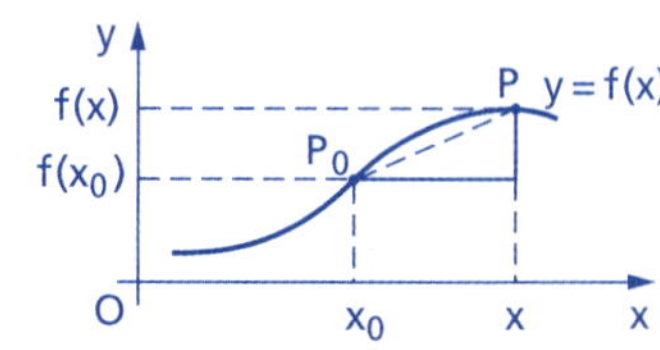

Beispiel: $f(x) = 2x^2 - 3;\ x_0 = \frac{1}{2}$

$\Rightarrow f(x_0) = f(0{,}5) = -2{,}5;\quad f(x_0 + h) = f(0{,}5 + h) = 2(0{,}5 + h)^2 - 3 = -2{,}5 + 2h + 2h^2$

	$\frac{f(x_0 + h) - f(x_0)}{h}$	$\frac{f(x) - f(x_0)}{x - x_0}$
Differenzenquotient	$\frac{\quad - \quad}{h}$	$\frac{\quad - \quad}{x - 0{,}5}$
Vereinfacht	$\frac{\quad}{h} = 2 + 2h$	$\frac{\quad}{x - 0{,}5} = 2x + 1$

1 Stellen Sie den Differenzenquotienten der Funktion f an der Stelle x_0 auf und vereinfachen Sie.

	Funktion	Stelle	$\frac{f(x_0 + h) - f(x_0)}{h}$ oder	$\frac{f(x) - f(x_0)}{x - x_0}$	Vereinfachter Term
a)	$f(x) = 2x + 1$	$x_0 = 3$			
b)	$f(x) = x^2$	$x_0 = -1$			
c)	$f(x) = \frac{1}{2}x^3$	$x_0 = 1$			
d)	$f(x) = 3x^2 - 2x + 1$	$x_0 = 0$			

2 Ermitteln Sie den mittleren Anstieg des Graphen folgender Funktionen im gegebenen Intervall, d. h. den Anstieg des Sekante durch die Kurvenpunkte in den beiden Enden dieses Intervalls.

a) $f(x) = x^2 + 1;\quad [-1; 1]$

b) $f(x) = x^3 + 1;\quad [-1; 0]$

c) $f(x) = x^{-1};\quad [-2; -1]$

d) $f(x) = \sqrt{x};\quad [1; 2]$

3 Stellen Sie den Differenzenquotienten an einer beliebigen Stelle x_0 auf und vereinfachen Sie.

a) $f(x) = \frac{1}{2}x$

b) $f(x) = 2x^2 + x$

c) $f(x) = \sqrt{x}$

4 Bilden Sie zu den folgenden Funktionen an der Stelle x_0 die Funktion d(h) und berechnen Sie den Anstieg der Sekante für $h = 1$ und $h = 0{,}01$.

a) $f(x) = x^2 - 4x + 20;\quad x_0 = -2$

b) $f(x) = -\frac{1}{4}x^2 + \frac{1}{2}x + 2;\quad x_0 = -1$

c) $f(x) = x^2 - 7\quad x_0 = -1{,}5$

d) $f(x) = x^3 - \frac{1}{10}x^5;\quad x_0 = 2$

Eine Funktion f heißt **differenzierbar,** wenn an jeder Stelle x_0 des Definitionsbereiches der Grenzwert des Differenzenquotienten existiert. Dieser Grenzwert heißt **Differenzialquotient** oder **Ableitung** der Funktion an dieser Stelle x_0. Er ist ein Maß für den **Anstieg** der Kurve $y = f(x)$ an der Stelle x_0.

Beispiel:
Gesucht ist die Ableitung der Funktion $f(x) = 2x^2$ an der Stelle $x_0 = 1$.

① Aufstellen des Differenzenquotienten von f an einer beliebigen Stelle x_0:

$d(h) = \frac{f(x_0 + h) - f(x_0)}{h} = \frac{\quad}{\quad}$ bzw. $d(x) = \frac{f(x) - f(x_0)}{x - x_0} = \frac{2x^2 - 2x_0^2}{x - x_0}$

② Umformen des Differenzenquotienten:

$d(h) = \frac{\quad}{h}$ $d(x) = \frac{2(x - x_0)(x + x_0)}{x - x_0}$

$= \frac{\quad}{h} = \frac{\quad}{h} = 4x_0 + 2h$ $= 2(x + x_0)$

③ Bestimmen des Grenzwertes des Differenzenquotienten

für $h \to 0$ | für $x \to x_0$

- an einer beliebigen Stelle: $\lim\limits_{h \to 0} d(h) = f'(x) =$ ______ $\lim\limits_{x \to x_0} d(x) = f'(x) =$ ______
- an der Stelle $x_0 = 1$: $f'(1) =$ ______ $f'(1) =$ ______

5 Ermitteln Sie den Differenzialquotienten an der Stelle x_0.

	Funktion	Differenzenquotient	Differenzialquotient
a)	$f(x) = 5x^2;\quad x_0 = -1$	______ =	
b)	$f(x) = x^2 + 1;\quad x_0 = -\frac{1}{2}$	______ =	
c)	$f(x) = \frac{1}{3}x^2 - 2;\quad x_0 = \frac{3}{2}$	______ =	
d)	$f(x) = x^2 + x;\quad x_0 = 2$	______ =	
e)	$f(x) = (x - 1)^3;\quad x_0 = 1$	______ =	

6 Zeigen Sie, dass die Funktion $f(x) = x^3$ an der Stelle $x_0 = 1{,}5$ differenzierbar ist und dass für die Ableitung der Funktion an dieser Stelle gilt: $f'(1{,}5) = 6{,}75$.

7 Bestimmen Sie die Ableitung nachfolgender Funktionen an der Stelle x_0 mithilfe der Definition des Differenzialquotienten:

a) $f(x) = x^3 - 2x^2 + 1 \quad x_0 = 2$
b) $g(x) = x^2 - 2 \quad x_0 = -1$
c) $h(x) = 2x - 2 \quad x_0 = -\frac{1}{2}$
d) $k(x) = 4x^3 \quad x_0 = 2$

8 Ermitteln Sie den Anstieg der Kurven $y = f(x)$, an der Stelle x_0.
Verwenden Sie dazu die Ergebnisse der Aufgaben dieser Seite.

a) $f(x) = 2x^2 \quad x_0 = 1$
b) $f(x) = 2x^2 \quad x_0 = 0$
c) $f(x) = 2x^2 \quad x_0 = 2$
d) $f(x) = x^2 + 1 \quad x_0 = \frac{1}{2}$
e) $f(x) = x^2 + x \quad x_0 = 0$
f) $f(x) = x^3 - 2x^2 + 1 \quad x_0 = 1$

9 Skizzieren Sie zu den abgebildeten Funktionsgraphen die Bilder der ersten Ableitungen. Verwenden Sie die vorgegebenen Koordinatensysteme.

a)
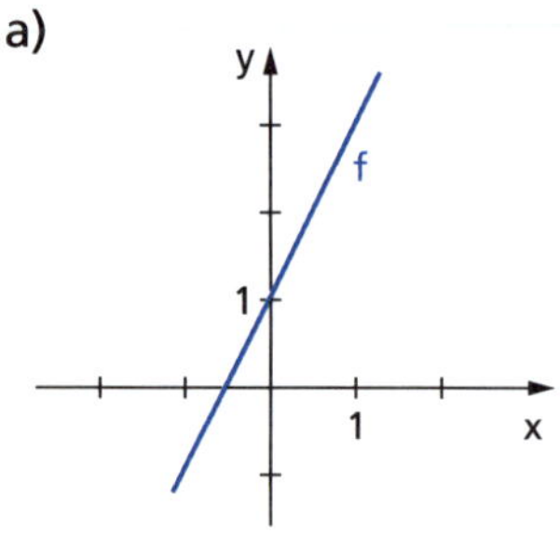

b)
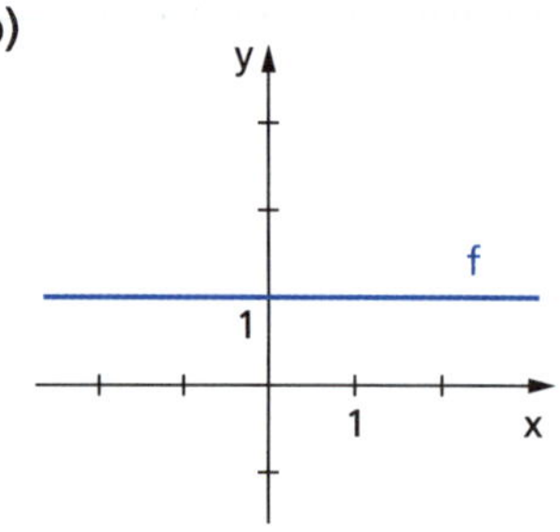

c)
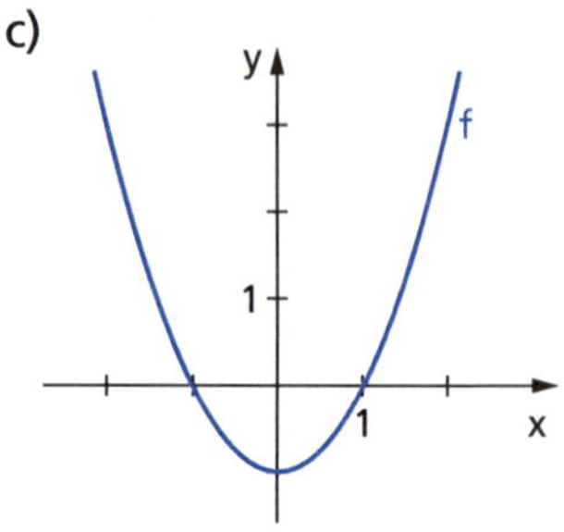

10 In amerikanischen Schulbüchern wird der Differenzenquotient mitunter in der Form

$d(x) = \frac{f(x_0 + h) - f(x_0 - h)}{2h}$ angegeben.

a) Veranschaulichen Sie sich den Sachverhalt geometrisch.

b) Untersuchen Sie die Funktion $y = f(x) = |x|$ unter dieser Voraussetzung auf Differenzierbarkeit an der Stelle $x_0 = 0$.

11 Untersuchen Sie folgende Funktionen auf Differenzierbarkeit an der Stelle x_0:

a) $f(x) = \sqrt{x-1}$; $x_0 = 2$

b) $f(x) = |x-1|$; $x_0 = 1$

c) $f(x) = x^{\frac{2}{3}}$; $x_0 = 0$

d) $f(x) = \sqrt{2x-6}$; $x_0 = 3$

12 Die Funktion $f(x) = \sqrt[3]{|x|}$ $(x \in \mathbb{R})$ ist auf Stetigkeit und Differenzierbarkeit an der Stelle $x_0 = 0$ zu untersuchen. Zeichnen Sie den Graphen der Funktion.

Stetigkeit: $f(0) =$

$\lim\limits_{x \to x_0} =$ Ergebnis:

Differenzierbarkeit:

① Aufstellen des Differenzenquotienten:

$d(h) =$

② Umformen des Differenzenquotienten:

$d(h) =$

③ Grenzwert des Differenzenquotienten für $h \to 0$:

$\lim\limits_{h \to 0} d(h) =$ Ergebnis:

13 Skizzieren Sie die Graphen nachfolgender Funktionen und untersuchen Sie die Funktionen auf Stetigkeit und Differenzierbarkeit an der Stelle x_0:
Hinweis: Bilden Sie gegebenenfalls die links- bzw. rechtsseitige Ableitung von f an der Stelle x_0.

a) $f(x) = x^2 + 1$; $x_0 = 1$

b) $g(x) = |x| - 1$; $x_0 = 0$

c) $h(x) = \begin{cases} x^2 + 2x + 3 & \text{für } -1 \le x \le 1 \\ (x-1)^2 + 1 & \text{für } 1 < x \le 2 \end{cases}$; $x_0 = 1$

14 Untersuchen Sie die Funktion $f(x) = |x^2 - 1|$ auf Stetigkeit und Differenzierbarkeit an den Nullstellen der Funktion.

4.2 Regeln zum Ableiten von Funktionen

Potenzregel, Konstantenregel, Faktorregel und Summenregel

Die Ableitungen der folgenden Funktionen sollten geläufig sein:

$f(x) = x^n$ $f'(x) =$ (Potenzregel)

$f(x) = x^{-n}$ $f'(x) =$

$f(x) = \sqrt{x}$ $f'(x) =$

Die Ableitung einer konstanten Funktion ist gleich null. (Konstantenregel)
Ein konstanter Faktor bleibt beim Ableiten erhalten. (Faktorregel)
Eine Summenfunktion wird „summandenweise" abgeleitet.
Beachte: Terme der Form $\frac{1}{x^n}$ lassen sich leichter ableiten, wenn sie vorher zu x^{-n} umgeformt werden.

15 Ermitteln Sie die 1. Ableitung folgender Funktionen:

a) $f(x) = x^{12}$
b) $f(x) = x^3 + x^4$
c) $f(x) = x^0 \quad (x \neq 0)$
d) $f(x) = x^{10} + x + 5$
e) $f(x) = 6x^3 - 5$
f) $f(x) = 0{,}25x^8$
g) $f(x) = x^{-1} + x^{-2} + x^{-3}$
h) $f(x) = 4x^{-3} - x^{-1}$
i) $f(x) = 5x^0 \quad (x \neq 0)$

16 Formen Sie in eine Potenzfunktion um und ermitteln Sie dann die 1. Ableitung.

	f(x)	umgeformt	f'(x)
a)	$\frac{1}{x^2}$	=	
b)	$\frac{1}{x^3}$	=	
c)	$\frac{2}{x^4}$	=	
d)	$\frac{5}{3x^7}$	=	
e)	$\frac{3}{x^{-2}}$	=	

	f(x)	umgeformt	f'(x)
f)	$\sqrt{x^3}$	=	
g)	$\sqrt[3]{x}$	=	
h)	$\sqrt[4]{x^3}$	=	
i)	$\frac{1}{\sqrt{x}}$	=	
j)	$\frac{x^2}{\sqrt[3]{x^2}}$	=	

17 Berechnen Sie die Stellen x_0, an denen die 1. Ableitung der Funktion f den Wert Null annimmt.

	f(x)	f'(x)	Nullstellen von f'(x)
a)	$x^2 - 6x$		
b)	$x - 15$		
c)	$x^3 + 3x^2 + 3x - 5$		
d)	$\frac{2}{3}x^3 - \frac{1}{2}x^2$		

	f(x)	f'(x)	Nullstellen von f'(x)
e)	$x - \sqrt{x}$		
f)	$2x^{-3}$		
g)	$250x^4 - 27x$		
h)	$x^{-6} - \frac{2}{5x^5}$		

Produkt- und Quotientenregel

Sind zwei Funktionen u und v in x_0 differenzierbar, so ist

– auch die Funktion p mit $p(x) = u(x) \cdot v(x)$

– für $v(x_0) \neq 0$ auch die Funktion q mit $q(x) = \frac{u(x)}{v(x)}$

an der Stelle x_0 differenzierbar.

Es gilt: $p'(x_0) =$ ______

Es gilt: $q'(x_0) =$ ______

Beispiele:

$f(x) = x^3 \cdot \sqrt{x}$

$u(x) = x^3$; $u'(x) =$ ______

$v(x) = \sqrt{x}$; $v'(x) =$ ______

$f'(x) =$ ______ · ______ + ______ · ______

$=$ ______

$f(x) = \frac{x^2}{x+1}$; $x \neq$ ______

$u(x) = x^2$; $u'(x) =$ ______

$v(x) = x + 1$ $v'(x) =$ ______

$f'(x) = \frac{\_\_ \cdot (\_\_) - \_\_ \cdot \_\_}{(\_\_)^2} = \frac{\_\_}{\_\_}$

Beachte: Bei Produkten ganzrationaler Funktionen ist es oftmals einfacher, zuerst das Produkt auszumultiplizieren und dann die Summenregel anzuwenden.

18 Differenzieren Sie die folgenden Funktionen nach der Produktregel:

	f(x)	u(x)	v(x)	u'(x)	v'(x)	f'(x)
a)	$x^5(x^2 + 2x)$					
b)	$(x^2 - 7x)(x^3 + 5)$					
c)	$5x^{-3}(2x - 5 \cdot \sqrt{x})$					
d)	$\frac{2x^2 + 1}{x}$, $x \neq 0$					

19 Bestimmen Sie jeweils die Ableitung folgender Funktionen. Geben Sie die verwendeten Regeln an.

a) $f(x) = x^3 + \frac{1}{2}x^2 - 4$

b) $f(z) = \frac{1}{3}z^3 + z^2 - \sqrt{2}$

c) $f(x) = x + \frac{1}{x}$

d) $f(x) = \frac{1}{4}x^2 + x$

e) $f(x) = 2x^2 + 1$

f) $f(t) = t(t + 1)(t - 2)$

20 Leiten Sie folgende Funktionen ab:

a) $h(s) = as^2$

b) $r(s) = 3\sqrt{2}s + s^5$

c) $f(x) = ax^3 + bx^2 + cx + d$

d) $f(x) = at^3x^2 + t^2x - t^3$

e) $f(t) = -t^2 + 2t$

f) $o(r) = 2\pi r^2 + 2\pi rh$

g) $f(x) = (x^2 - x) \cdot 2x^{-3}$

h) $f(a) = 2a^2(4a - 2)$

i) $f(x) = \left(1 - \frac{1}{x^2}\right)(1 + x^2)$

j) $f(x) = \sqrt{x}\left(\frac{2}{3}x^3 - \frac{1}{2}x^2 + x\right)$

k) $f(x) = (2\sqrt{x} + 3x)\left(5 + \frac{2}{\sqrt{x}} - \frac{3}{2x^2}\right)$

l) $f(r) = (2\pi r^2 + \pi r)(\pi r^3 - 5\pi)$

m) $f(a) = (t^2a + 4t + 3)(t^3 - 3ta^2 - a)$

n) $f(x) = (-x^5 - x^3)(4x^2 - 7x + 1)$

21 Bilden Sie die Ableitung folgender Funktionen mithilfe der Quotientenregel.

	f(x)	u(x)	v(x)	u'(x)	v'(x)	f'(x)
a)	$\frac{x+1}{x-1}$, $x \neq 1$					
b)	$\frac{x^2-x-6}{3x+6}$, $x \neq -2$					
c)	$\frac{4}{x^2+1}$					
d)	$\frac{x^2+1}{4}$					

22 Bilden Sie die Ableitung folgender Funktionen und geben Sie evtl. vorhandene Stellen an, an denen die Funktionen nicht differenzierbar sind. Berechnen Sie den Anstieg an der Stelle x_0:

a) $f(x) = \frac{7}{x^3+1}$, $x_0 = 1$
b) $g(x) = \frac{6-x}{x^2+2}$, $x_0 = -1$
c) $h(x) = \frac{1}{4x^3}$, $x_0 = -\frac{1}{2}$
d) $j(r) = \frac{4-r^2}{r^2-4}$, $r_0 = 75$
e) $k(x) = \frac{1}{x^7}$, $x_0 = 2$
f) $m(t) = \frac{1}{t^4} + \frac{1}{t^2}$, $t_0 = 0{,}5$
g) $f(x) = \frac{x^4+1}{2x-1}$, $x_0 = 2$
h) $g(x) = \frac{1-x^2}{x}$, $x_0 = -1$
i) $f(x) = \frac{x^2+x}{\sqrt{x}+1}$, $x_0 = 4$

Kettenregel

Die Ableitung einer verketteten Funktion ist gleich dem Produkt der Ableitungen von äußerer und innerer Funktion.

Beispiel:
f mit $f(x) = (x^2+2)^5$ ist eine Verkettung der Funktionen v und u mit $f(x) = v(u(x))$.

innere Funktion: $z = u(x) = (x^2+2)$

Ableitung der inneren Funktion: $u'(x) =$ ____

äußere Funktion: $v(z) = z^5$

Ableitung der äußeren Funktion: $v'(z) =$ ____ $=$ ____ $\cdot($ ____ $)$

Ableitung von f nach der Kettenregel: $f'(x) = v'(u(x)) \cdot u'(x)$

$f'(x) =$ ____ $=$ ____

23 Bilden Sie von den folgenden Funktionen unter Verwendung der Kettenregel die 1. Ableitung.

		äußere Funktion	innere Funktion	Ableitung f'
a)	$f(x) = \sqrt{x^3+2x}$			
b)	$f(x) = 3(5x^2 + x + \sqrt{x^3})^2$			
c)	$f(x) = \frac{1}{(6x-7)^3}$			
d)	$f(x) = \sqrt{x^2-x} + (x+5)^7$			

4.3 Ableiten elementarer Funktionen

Die Ableitungen der folgenden speziellen Funktionen sollten geläufig sein:

$f(x) = 2^x$ $f'(x) =$ ____ allgemein: $f(x) = a^x$; $f'(x) =$ ____

$f(x) = e^x$ $f'(x) =$ ____

$f(x) = \log_2 x$ $f'(x) =$ ____ allgemein: $f(x) = \log_a x$; $f'(x) =$ ____

$f(x) = \ln x$ $f'(x) =$ ____

$f(x) = \sin x$ $f'(x) =$ ____

$f(x) = \cos x$ $f'(x) =$ ____

Für Potenzfunktionen mit rationalen Exponenten gilt:

$f(x) = x^{\frac{m}{n}}$ $f'(x) =$ ____

Beachte: Terme der Form $\sqrt[n]{x^m}$ lassen sich leichter ableiten, wenn sie vorher zu $x^{\frac{m}{n}}$ umgeformt werden.

Ableiten von Potenzfunktionen

24 Ermitteln Sie jeweils die Ableitung folgender Funktionen:

a) $f(x) = \frac{4}{3x^3} =$ ____, $f'(x) =$ ____ b) $f(x) = \sqrt[3]{x^2} =$ ____, $x > 0$; $f'(x) =$ ____

25 Bilden Sie jeweils die Ableitung folgender Funktionen und geben Sie jeweils den Definitionsbereich der Funktion und ihrer Ableitung an:

a) $f(x) = \frac{2}{x^4}$ b) $f(x) = \frac{a}{x^3}$ c) $f(x) = \sqrt[4]{x^7}$

d) $f(x) = \frac{a}{\sqrt[n]{x}}$ e) $f(x) = (x^2 + 1) \cdot \sqrt[3]{x}$ f) $f(x) = \frac{x + \sqrt{x}}{x}$

26 Berechnen Sie den Anstieg des Graphen der Funktion f(x) ($x > 0$) an der Stelle x_0.

a) $f(x) = \sqrt{x}$; $x_0 = 1; 10; 100$ b) $f(x) = \sqrt[3]{x^2}$; $x_0 = 1; 10; 100$ c) $f(x) = \sqrt{6x}$; $x_0 = \frac{1}{2}$

d) $f(x) = -\frac{\sqrt{2}}{x}$; $x_0 = \sqrt{3}$ e) $f(x) = \frac{1}{b} \cdot \sqrt[3]{x^2}$; $x_0 = b^3$ f) $f(x) = \frac{t^2}{x^2}$; $x_0 = 3t$

Ableiten von Exponential- und Logarithmusfunktionen

27 Bilden Sie die Ableitungsfunktion von

a) $f(x) = 4^x \cdot x^4$

Anwendung der Produktregel

$u(x) = 4^x$ $u'(x) =$ ____

$v(x) = x^4$ $v'(x) =$ ____

$f'(x) = u'(x) \cdot v(x) + u(x) \cdot v'(x)$

$f'(x) =$ ____

b) $g(x) = x^2 \cdot \lg x$

$u(x) = x^2$ $u'(x) =$ ____

$v(x) = \lg x$ $v'(x) =$ ____

$g'(x) = u'(x) \cdot v(x) + u(x) \cdot v'(x)$

$g'(x) =$ ____

28 Bilden Sie jeweils die Ableitung f'(x).

a) $f(x) = 3^x$ $f'(x) =$

b) $f(x) = \frac{1}{2} \cdot 3^x$ $f'(x) =$

c) $f(x) = x^3 \cdot 3^x$ $f'(x) =$

d) $f(x) = \frac{3^x}{x^2}$ $f'(x) =$

e) $f(x) = e^{5x}$ $f'(x) =$

f) $f(x) = e^{-x}$ $f'(x) =$

g) $f(x) = x^2 \cdot e^x$ $f'(x) =$

h) $f(x) = \frac{x^2}{e^x}$ $f'(x) =$

29 Bilden Sie jeweils die Ableitung folgender Funktionen:

a) $f(x) = \lg x$

b) $f(x) = \lg x^3$

c) $f(x) = x \cdot \log_{10} x$

d) $f(x) = \ln x^n$

e) $f(x) = (\lg x)^2$

f) $f(x) = x \cdot \ln x$

g) $f(x) = \lg \sqrt{x^3}$

h) $f(x) = \ln(x^2 - 5)$

i) $f(x) = 2 \ln x$

j) $f(x) = x^2 \cdot \ln x$

k) $f(x) = \frac{\ln x}{x}$

l) $f(x) = \frac{1}{x^2} + 3 \ln x - \frac{\ln x}{x}$

30 Bilden Sie die Ableitung folgender Funktionen:

a) $f(a) = e^{3a}$

b) $f(t) = e^{-\frac{1}{2}t}$

c) $f(x) = e^{-2x}$

d) $f(x) = e^{2x + 2}$

e) $f(x) = e^{\sqrt{2}x - 2}$

f) $f(t) = t^2 \cdot e^t$

g) $f(x) = \frac{e^{2x}}{\sqrt{x}}$

h) $f(x) = \frac{e^{-x}}{1 + x}$

i) $f(z) = \frac{e^z - 1}{e^z + 1}$

j) $f(x) = (e^x - 2)(2 + x^2)$

k) $f(x) = e^{k \cdot x}$

l) $f(x) = \frac{e^x}{1 + e^x}$

31 Ermitteln Sie mithilfe der Beziehung $\log_a x = \frac{\ln x}{\ln a}$ jeweils die Ableitung folgender Funktionen:

a) $f(x) = \log_3 x = \frac{\quad}{\quad}$, $f'(x) =$

b) $f(x) = \log_3(x - 1) = \frac{\quad}{\quad}$, $f'(x) =$

c) $f(x) = \log_2 3x = \frac{\quad}{\quad}$, $f'(x) =$

d) $f(x) = \log_2 x^4 = \frac{\quad}{\quad}$, $f'(x) =$

Ableiten trigonometrischer Funktionen

32 Zu den nachfolgenden Funktionen sind jeweils die Ableitungen zu bilden:

a) $f(x) = x^3 - 3 \sin x$

b) $f(x) = \cos 2x$

zu a) Anwendung der Summenregel: $f'(x) =$

zu b) Anwendung der Kettenregel: $v(z) = \cos z$; $v'(z) =$

$z = u(x) = 2x$; $u'(x) =$

$f'(x) =$

33 Bilden Sie jeweils die Ableitung folgender Funktionen:

a) $f(x) = 1 + \sin x$

b) $f(x) = 2 \cos x$

c) $f(x) = \frac{3}{4} \sin(1{,}2x)$

d) $f(x) = 2x^3 \cdot \cos(3x)$

e) $f(z) = \frac{1}{2} \sin(\pi z)$

f) $f(t) = k \cdot \cos \frac{t}{2}$

g) $f(x) = \sin(2x)$

h) $f(x) = \cos^4 x$

i) $f(x) = \sin\left(\frac{1}{2}x\right) + 2 \cos(-x)$

j) $f(t) = -\frac{1}{2} \cos t + \frac{2}{3} \sin t$

k) $f(t) = 0{,}4 \sin(2t)$

l) $f(x) = 3 \sin\left(x - \frac{\pi}{2}\right) + 1$

m) $f(x) = \cos x \cdot \sin x$

n) $f(a) = \ln(\cos a)$; $0 \le a < \frac{\pi}{2}$

o) $f(x) = \cos^2(x^2 + 4x + 2)$

Ableitungen höherer Ordnung

Die Ableitung der Ableitungsfunktion f' heißt **zweite Ableitung von f.**
Ist eine Funktion für alle $x \in D_f$ n-mal differenzierbar, so heißt das Ergebnis der n-maligen Differenziation die **n-te Ableitung von f.** Ab der 4. Ableitung schreibt man: $y^{(4)} = f^{(4)}(x)$; $y^{(5)} = f^{(5)}(x)$; …

Beispiel:
Es sei $f(x) = x^4 - 5x^3 + 2x^2 - \sqrt{3}x + 0{,}3$
Gesucht ist die 4. Ableitung der Funktion f. Wir gehen schrittweise vor:

$y' = f'(x) =$

$y'' = f''(x) =$

$y''' = f'''(x) =$

$y^{(4)} = f^{(4)}(x) =$

34 Es ist die 3. Ableitung von $f(x) = x^4 + 3x^2 + 2x - 1$ zu bestimmen.
Schrittweises Vorgehen unter Anwendung der Potenz- und Summenregel ergibt:

$f'(x) =$ $f''(x) =$ $f'''(x) =$

35 Bilden Sie von folgenden Funktionen f(x) die 1., 2. und 3. Ableitung:

	f(x)	f'(x)	f"(x)	f'''(x)
a)	$f(x) = x^3 - 3x^2 - 0{,}5x + 1$			
b)	$f(x) = x^7 - 3x^4 - \frac{1}{4}x^2$			
c)	$f(x) = x^2 - 0{,}5x + 1$			
d)	$f(x) = 6x^3 + 4x - 10$			
e)	$f(x) = e^{-x}$			
f)	$f(x) = e^x \cdot x^2$			
g)	$f(x) = 16e^{\frac{1}{2}x + 3}$			
h)	$f(x) = 3\sin x$			
i)	$f(x) = \cos x - \frac{1}{2}\sin(2x)$			
j)	$f(x) = \ln x$			
k)	$f(x) = e^x \cdot ex$			
l)	$f(x) = x^2 \cdot \ln x$			
m)	$f(x) = \sin x \cdot \cos x$			

Gemischtes

36 Entwickeln Sie aus den grafischen Darstellungen der Funktion f die Kurve der zugehörigen Ableitungsfunktion $y' = f'(x)$ und geben Sie dafür jeweils eine Funktionsgleichung an.

a) $f(x) = -2x + 1$ b) $f(x) = 3$ c) $f(x) = x^2$

d) $f(x) = \sin x$ e) $f(x) = e^x$ f) $f(x) = \ln x$

37 Berechnen Sie, an welchen Stellen die 1. Ableitung der folgenden Funktionen den Wert 0 hat.

a) $f(x) = (x + 1)\,e^x$ $f'(x) =$ ____ $x_1 =$ ____

b) $f(x) = \frac{x}{e^x}$ $f'(x) =$ ____ $x_1 =$ ____

c) $f(x) = x^2 \cdot e^x$ $f'(x) =$ ____ $x_1 =$ ____ $x_2 =$ ____

d) $f(x) = x^3 - 2x^2$ $f'(x) =$ ____ $x_1 =$ ____ $x_2 =$ ____

e) $f(x) = 2e^x - ex$ $f'(x) =$ ____ $x_1 =$ ____

f) $f(x) = 5\sin 2x \; \left(0 \le x \le \frac{\pi}{2}\right)$ $f'(x) =$ ____ $x_1 =$ ____

38 An welcher Stelle x_0 des Graphen der Funktion f bzw. g hat die Ableitung den angegebenen Wert?

a) $f(x) = x^3$ $f'(x_0) = 27$ b) $g(x) = 5x^4$ $g'(x_0) = 20$

39 Interpretieren Sie den Bildschirmausdruck.

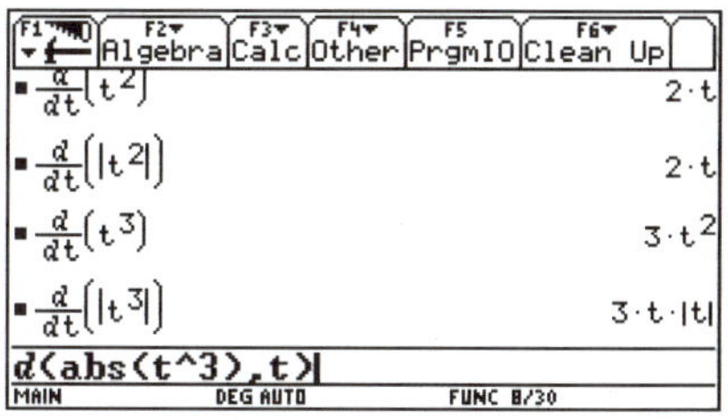

40 Lehrer Schmidt stellt einen Multiple-Choice-Test zusammen.
Er möchte anhand der Funktionen $y = f_1(x) = e^{-x} \cdot x^2$ und $y = f_2(x) = \frac{x-2}{x^2+4}$ der Aufgabenstellung „Bilden Sie die erste Ableitung der Funktion f." je vier Antworten zur Auswahl stellen. Genau eine Antwort soll jeweils richtig sein. Die anderen Antworten sollen möglichst typische Fehler enthalten. Entwickeln Sie einen solchen Test und begründen Sie Ihren Vorschlag.

41 Bilden Sie f'(x) und f"(x) und zeichnen Sie die Graphen von f(x), f'(x) und f"(x) jeweils in ein und dasselbe Koordinatensystem.

a) $f(x) = x^2 - 4x + 1$ b) $f(x) = \frac{1}{2}x^2 - 2x + 8$ c) $f(x) = \frac{1}{3}x^3 + 2x$

42 Bestimmen Sie den Anstieg der Funktionen $f(x) = \sin x$ und $g(x) = \cos x$ an den Stellen $x_0 = 0;\ \frac{\pi}{2};\ \pi;\ \frac{3}{2}\pi;\ 2\pi$.

43 Berechnen Sie den Schnittpunkt $S(x_s;\ y_s)$ der Graphen der Funktion $f(x) = \sin x$ und $g(x) = \cos x$ im Intervall $\left[0;\ \frac{\pi}{2}\right]$ und bestimmen Sie über den Anstieg der Funktion in x_s den Schnittwinkel beider Funktionen an dieser Stelle.

44 Bestimmen Sie die Stellen $x_0 \in [0;\ 2\pi]$, für die gilt:

a) $(\sin x_0)' = 1$ b) $(\cos x_0)' = 0{,}5$ c) $\left(\sin \frac{1}{2}x_0\right)' = 0$

d) $(\sin x)'' = 0$ e) $(\cos x)'' = 1$ f) $(\sin x)''' = -1$

5 Anwendungen der Differenzialrechnung

5.1 Analyse der Eigenschaften von Funktionen

Monotonieverhalten

Eine Funktion ist streng monoton wachsend, wenn $f'(x)$ 0,
streng monoton fallend, wenn $f'(x)$ 0.

Beispiel

$f(x) = \frac{1}{3}x^3 - \frac{1}{2}x^2 - 2x + 1 \Rightarrow f'(x) =$

Nullstellen von f': $x_1 =$ und $x_2 =$ $\Rightarrow (x + \quad)(x - \quad) = 0$

1. Fall: $f'(x) > 0$ wenn $x + \quad > 0$ und $x - \quad > 0$, also $x >$,

oder < 0 und < 0, also $x <$;

2. Fall: $f'(x) < 0$ wenn > 0 und < 0, also $x \in$,

oder < 0 und > 0, was für kein $x \in \mathbb{R}$ möglich ist.

f ist streng monoton wachsend für $x <$ oder $x >$ sowie streng monoton fallend für $x \in$.

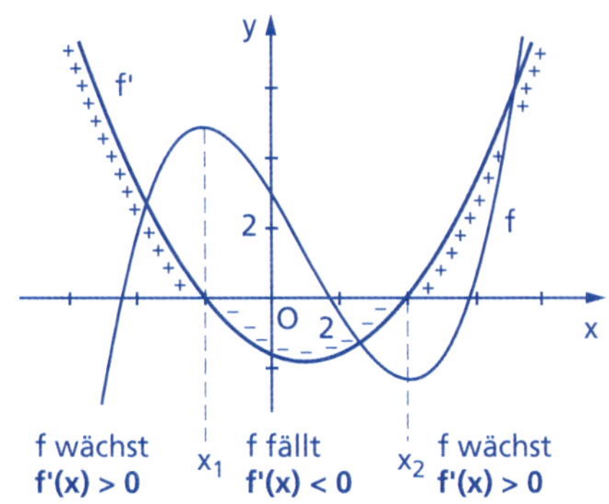

1 Ermitteln Sie für die folgenden Funktionen die Monotonieintervalle.

	Funktion	Ableitung	Nullstellen der Ableitung	monoton wachsend	monoton fallend
a)	$f(x) = 3x^2 + 3x - 5$				
b)	$f(x) = x^4 - 8x^2 - 3$				
c)	$f(x) = 5 \cdot \sqrt{9 - 2x}$				
d)	$f(x) = 2x \cdot \ln x$				
e)	$f(x) = e^{x^2}$				
f)	$f(x) = \frac{1}{x + 4}$				

2 Untersuchen Sie folgende Funktionen auf Monotonie.

a) $f(x) = \frac{1}{6}x^3 - 2x^2 + 6x + 1$
b) $f(x) = \frac{3}{4}x^4 + x^3 - 3x^2$
c) $f(x) = -x^3 + 2x^2 - 4x$
d) $f(x) = e^x(x - 4)$
e) $f(x) = 1 - 2\cos x;\ x \in [0; 2\pi]$
f) $f(x) = \ln\frac{1}{x^2};\ x \neq 0$

3 Welche Aussagen kann man über das Monotonieverhalten der Funktion f treffen, wenn folgendes gilt? Veranschaulichen Sie den entsprechenden Sachverhalt.

a) f' besitzt zwei Nullstellen.
b) Der Graph von f' verläuft vollständig oberhalb der x-Achse.
c) $f'(x) = 0$ ist erfüllt für $x = -3$.
d) Der Graph von f' berührt die x-Achse an der Stelle $x = 0$ und schneidet sie bei $x_2 = 4$.

4 In den Abbildungen a bis c ist je eine Funktion f dargestellt. Skizzieren Sie zu jeder Funktion f den Graph ihrer Ableitungsfunktion f'.

a)
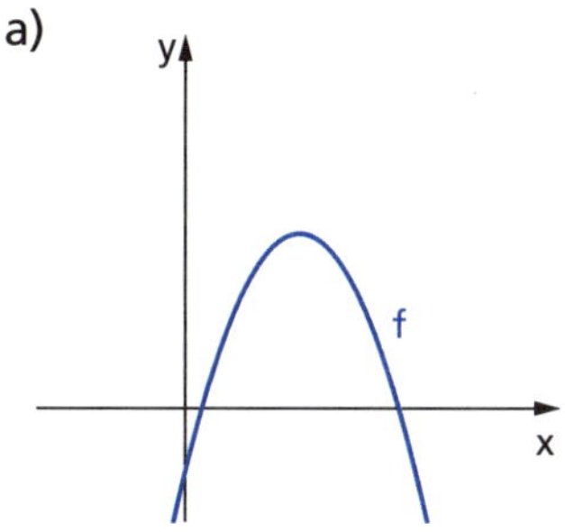

b)
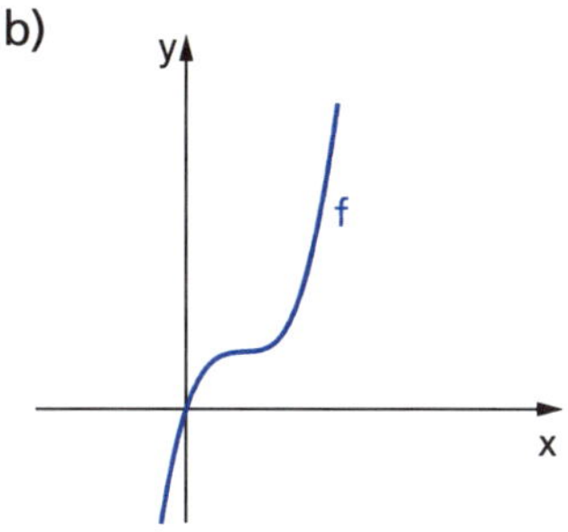

c)
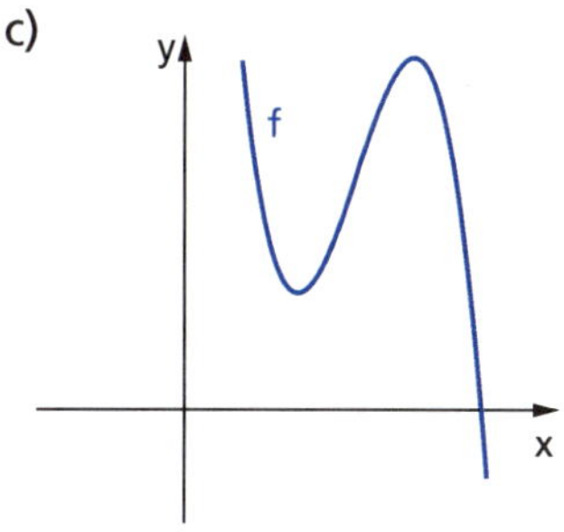

5 Leiten Sie aus der abgebildeten Ableitungsfunktion f' Eigenschaften einer dazugehörigen Funktion f ab:

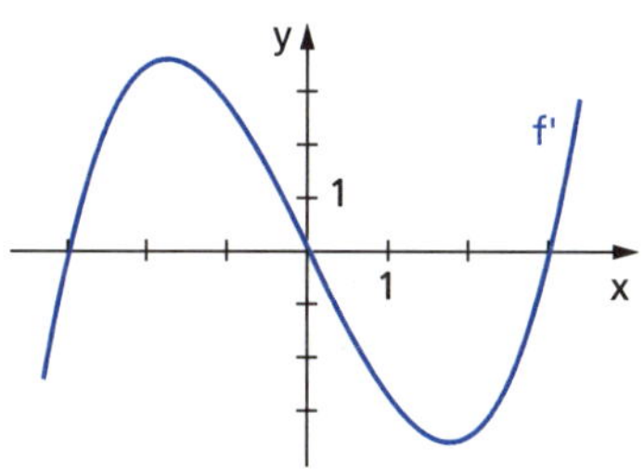

f ist im Intervall [–1; 0] streng monoton ______, denn f' ist in diesem Intervall ______.

f ist im Intervall [0; 1] streng monoton ______, denn f' ist in diesem Intervall ______.

Der Graph von f ist achsensymmetrisch zur y-Achse, denn

______

Der Graph von f hat drei lokale Extrempunkte, denn f' ______.

An den Stellen x = ±3 existieren Tiefpunkte, denn f' ______,

an der Stelle x = 0 liegt ein Hochpunkt vor, denn f' ______.

6 Leiten Sie aus den dargestellten Graphen der Ableitungsfunktionen f' und g' Aussagen über das Steigungs- und Krümmungsverhalten der Funktionen f und g ab.
Welches Verhalten zeigen f und g an der Stelle $x_1 = -2$?
Geben Sie jeweils eine Gleichung infrage kommender Funktionen f und g an.

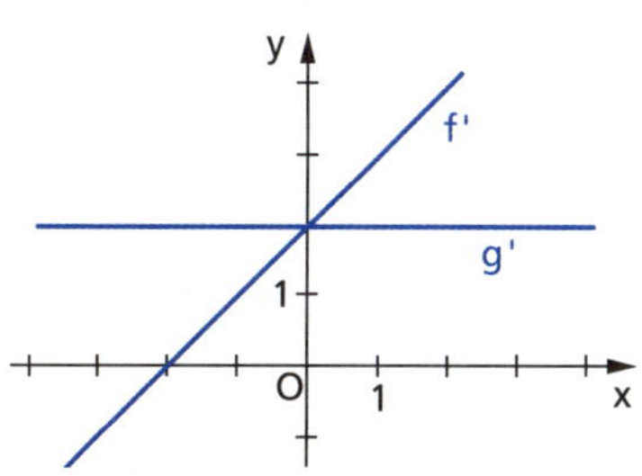

7
a) Der Graph der Ableitungsfunktion f' einer Funktion f mit y = f(x) hat die Nullstellen $x_1 = -1$ und $x_2 = 3$. Was folgt daraus für den Verlauf des Graphen von f?
b) Welche Aussage über f lässt sich treffen, wenn f'(x) in]–1; 3[negativ ist?
c) Der Graph von f steigt in den Intervallen $]-\infty; -1[$ und $]3; +\infty[$.
Welches Vorzeichen hat dort f'(x)?

8 Skizzieren Sie in die Darstellungen der Ableitungsfunktionen f' jeweils eine mögliche dazugehörige Funktion f. Prüfen Sie, ob es mehrere Lösungen gibt.

a)
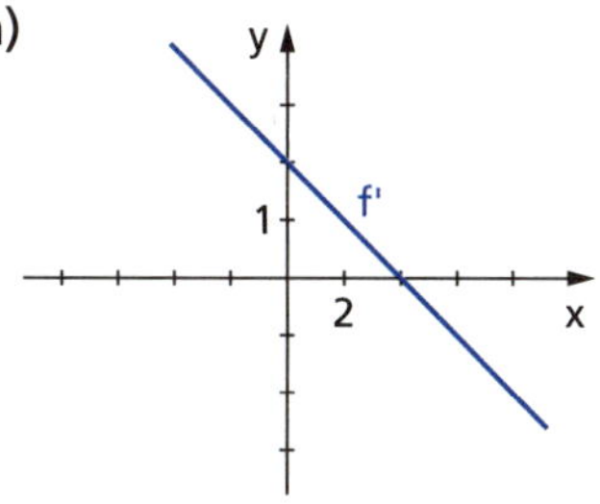

b)
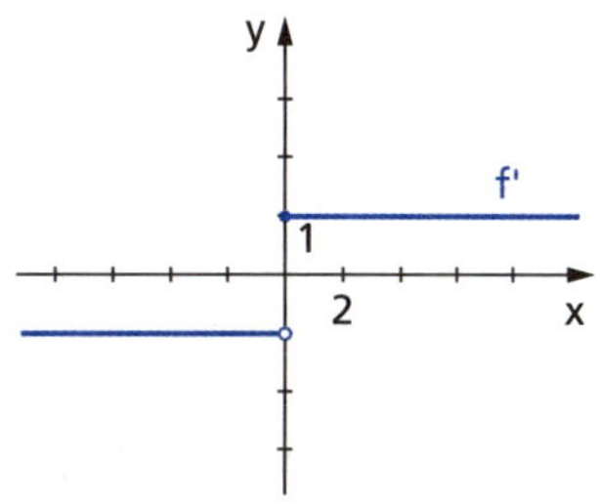

c)
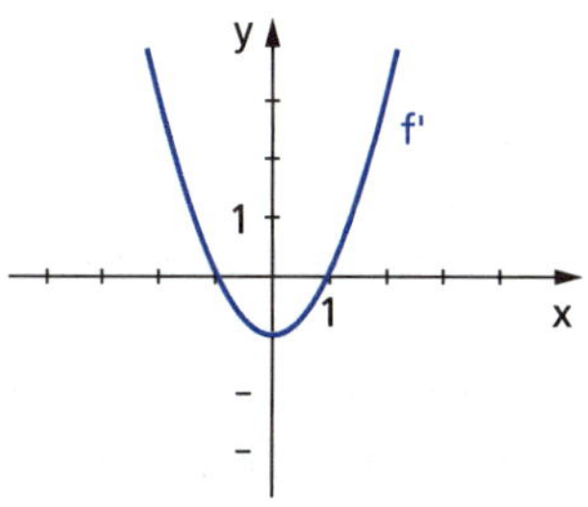

Die Ableitung einer Funktion gibt den **Anstieg** dieser Funktion bzw. den **Anstieg der Tangente** an den Funktionsgraphen an.

Beispiel: $f(x) = 2x^2 - 3$

Anstieg der Funktion: $f'(x) =$ ______; an der Stelle $x_0 = 1$: $f'(1) =$ ______

Aufstellen der **Tangentengleichung** $y = mx + n$:

- Anstieg der Tangente: $m_t = f'(x_0) =$ ______ Steigungswinkel α: $m_t = \tan\alpha$

  $\alpha =$ ______ °

- Ermitteln von n durch Einsetzen der Koordinaten von $P_0(x_0; f(x_0))$ in die Tangentengleichung:

  $y = m_t x + n$

  $P_0(1; 2) \Rightarrow 2 = 4 \cdot 1 + n$, also $n =$ ______ $\Rightarrow$ t: $y =$ ______

9 Berechnen Sie den Anstieg der Graphen folgender Funktionen an der jeweils angegebener Stelle x_0. Unter welchem Winkel schneidet die Tangente an der Stelle x_0 die x-Achse?

	f(x)	Stelle x_0	Ableitung f'(x)	Anstieg m	Winkel α
a)	$f(x) = \frac{1}{2}x^2 - 2x + 1$	$x_0 = 1$			
b)	$f(x) = \frac{1}{3}x^3 - \frac{3}{2}x^2 + 4x + 3$	$x_0 = 0$			
c)	$f(x) = -3\sqrt{x}$	$x_0 = \frac{1}{4}$			
d)	$f(x) = \frac{1}{e} - \frac{1}{e^x}$	$x_0 = -1$			
e)	$f(x) = \frac{x-1}{x}$	x_0 = Nullstelle			
f)	$f(x) = \ln(2x - 1)$	x_0 = Nullstelle			

10 Gegeben sei die Funktion $f(x) = x^2 - 9$.
a) Bestimmen Sie die Koordinaten der Schnittpunkte des Graphen von f mit der x-Achse.
b) Bestimmen Sie die Gleichungen der Tangenten an den Graphen von f in diesen Schnittpunkten.
c) Ermitteln Sie die Winkel, den die Tangenten mit der positiven x-Achse bilden.

11 Ermitteln Sie die Gleichung der Tangente an den Graphen der Funktion $f(x) = 2x^3$ an der Stelle $x_0 = 1$ und geben Sie den Schnittwinkel der Tangente mit der x-Achse an.

12 Bestimmen Sie die Stellen x_i, an denen der Graph von $f(x) = x^3$ den Anstieg $m = 6$ hat und ermitteln Sie die Gleichungen der entsprechenden Tangenten.

13 Berechnen Sie diejenigen Stellen x_i, an denen die Tangenten an den Graph der Funktion $f(x) = x^3$ parallel zur Sekante durch die Punkte $P_1(-1; f(-1))$ und $P_2(2; f(2))$ verlaufen.
(Fertigen Sie zuvor eine Überlegungsskizze an.)

14 Ermitteln Sie die Gleichungen der Tangenten vom Punkt P(–1; –2) an den Graph der Funktion $f(x) = \frac{1}{4}x^2$. (Fertigen Sie zunächst eine entsprechende Skizze an.)

15 Ermitteln Sie die Gleichungen der Tangenten in P_i und Q_i an die Graphen der Funktionen f bzw. g.

a) $f(x) = 2x^2$ $P_1(1; 2)$; $Q_1\left(-\frac{1}{2}; f\left(-\frac{1}{2}\right)\right)$

b) $g(x) = \frac{1}{x}$ $P_2(2; g(2))$; $Q_2(-2; g(-2))$

16 Bestimmen Sie die Stellen x_i, an denen die Graphen der Funktionen $f(x) = 0{,}5x^2 - x^3 + 2$ und $g(x) = x^3 - 4$ den gleichen Anstieg haben.

17 Zeigen Sie, dass die Gerade g mit der Gleichung $g(x) = -4x - 3$ Tangente an die Funktion f mit $f(x) = \frac{1}{3}x^2 - 2x$ ist und geben Sie die Koordinaten des Berührungspunktes an.

18 Bestimmen Sie die Gleichung einer Tangente an den Graph der Funktion $f(x) = \frac{1}{2}x^2$, die parallel zur Geraden g mit $g(x) = \frac{3}{2}x - 1$ verläuft.

19 Bestimmen Sie jeweils die Ableitung der Funktion f an der Stelle $x_1 = -1$ und $x_2 = 2$.
Geben Sie die Gleichung der Tangenten in P(–1; f(–1)) und Q(2; f(2)) an.

a) $f(x) = \frac{1}{x}$

b) $f(x) = \frac{3}{2x^2}$

c) $f(x) = \frac{x}{x-1}$

20 Die Punkte R(1; 0) und S(e; 1) sind Punkte des Graphen der Funktion $f(x) = \ln x$. Bestimmen Sie die Koordinaten des Berührungspunktes P(x; y) der zu $\overline{RS}$ parallelen Tangente.

21 Bei den folgenden Antworten ist jeweils genau eine richtig. Wählen Sie aus.

a) An den Graphen der Funktion $y = f(x) = x^4$ existieren
① genau zwei Tangenten mit dem Anstieg |3|; ② genau eine Tangente mit dem Anstieg |3|
③ genau drei Tangenten mit dem Anstieg |3|; ④ höchstens eine Tangente mit dem Anstieg |3|
⑤ keine Tangente mit dem Anstieg |3|

b) Die Tangente an die Funktion $y = f(x) = ax^2 - \sqrt{x}$ hat an der Stelle $x = a$ den Anstieg
① $2ax - \frac{1}{2\sqrt{x}}$ ② $2a^2 - \frac{1}{2\sqrt{a}}$ ③ $a^2 - \frac{1}{2\sqrt{a}}$ ④ $2a^2 + \frac{1}{2\sqrt{a}}$ ⑤ $2x^2 - \frac{1}{2\sqrt{x}}$

c) c) Die Gerade $y = 3$ ist an der Stelle $x = 0$ Tangente an den Graphen der Funktion
① $y = x^4$ ② $y = x^2 - 3$ ③ $y = x^3 + 3$ ④ $y = x^2 + 3$ ⑤ $y = 2x + 3$

22 Ermitteln Sie eine Gleichung der Tangente an den Graphen von f im Punkt $P_0(x_0; f(x_0))$.

a) $f(x) = e^x$, $x_0 = 0$

b) $f(x) = \cos x$, $x_0 = \frac{\pi}{2}$

c) $f(x) = \sin\left(2x + \frac{\pi}{4}\right)$, $x_0 = 0$

Eine Gerade, die senkrecht zur Tangente durch den Berührungspunkt verläuft, heißt **Normale.**

Beispiel

$f(x) = \frac{3}{x}$; $x > 0$

Tangente im Berührungspunkt B(2; y)

$f'(x) =$ ____ $f'(2) =$ ____ t: $y =$ ____

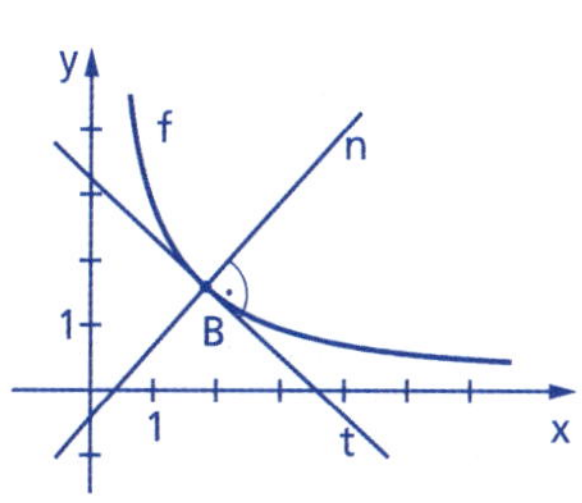

Normale

Zwei Geraden sind zueinander senkrecht, wenn $m_1 \cdot m_2 = -1$.

$\Rightarrow$ Anstieg der Normalen: $m =$ ____

Normale durch B(2; y): ____ = ____ $\cdot 2 + n$ $\Rightarrow$ $n =$ ____

$\Rightarrow$ $y =$ ____

23 Gegeben seien die Funktionen und die Stellen x_0 aus Aufgabe 9 (Seite 21).
Geben Sie jeweils eine Gleichung der Normalen im Punkt $P(x_0; f(x_0))$ an.

Extremstellen

Eine zweimal differenzierbare Funktion f hat in x_E eine lokale Maximumstelle, wenn $f'(x_E) = 0$ und $f''(x_E) < 0$, bzw. eine lokale Minimumstelle, wenn $f'(x_E) = 0$ und $f''(x_E) > 0$ gilt.

Schrittfolge am Beispiel der Funktion $f(x) = \frac{2x-1}{x^2}$; $f'(x) =$ ____

① Lösen der Gleichung $f'(x) = 0$, d. h., Zähler von $f'(x)$ muss 0 und Nenner von $f'(x)$ muss ungleich 0 sein.	① ____ = 0, also ____ und $x_E =$ ____.
② Ist x_E Lösung, dann berechnet man $f''(x_E)$.	② $f''($ ____ $) =$ ____
③ Entscheidung: $f''(x_E) < 0$: x_E ist Maximumstelle. $f''(x_E) > 0$: x_E ist Minimumstelle. $f''(x_E) = 0$: Entscheidung über höhere Ableitungen oder Monotonieverhalten von f	③ $f''($ ____ $) =$ ____ ⇒ $x = 1$ ist ____ und P(____) ____.

24 Gegeben ist die Funktion f mit der Gleichung $f(x) = x^3 - 5x^2 - 8x + 2$.
Ermitteln Sie lokale Extremstellen der Funktion f und bestimmen Sie die Art der Extrema.
Geben Sie die Koordinaten der lokalen Extrempunkte an.

a) Bilden Sie die 1. und 2. Ableitung der Funktion f.

$f'(x) =$ ____ $f''(x) =$ ____

b) Ermitteln Sie die Lösungen der Gleichung $f'(x) = 0$.

$0 =$ ____

$x_{E_1} =$ ____ $x_{E_2} =$ ____

c) Überprüfen Sie die Gültigkeit der Beziehung $f''(x_{E_i}) \neq 0$ und treffen Sie eine Aussage über die Art der Extrema.

$f''(x_{E_1}) =$ ____ ⇒ ____ $f''(x_{E_2}) =$ ____ ⇒ ____

d) Bestimmen Sie dieKoordinaten der lokalen Extrempunkte des Graphen von f.

$f(x_{E_1}) =$ ____ ⇒ $E_1($ ____ ; ____ $)$ $f(x_{E_2}) =$ ____ ⇒ $E_2($ ____ ; ____ $)$

25 Untersuchen Sie die Graphen nachfolgender Funktionen auf lokale Extrempunkte.

	f(x)	f'; f"	x_E	$f''(x_E)$	P_{max}; P_{min}
a)	$f(x) = \frac{3}{4}x^4 - x^3 - 3x^2$				
b)	$f(x) = 30 - 24x + 9x^2 - x^3$				
c)	$f(x) = \frac{1}{5}\left(x^5 - \frac{19}{3}x^3 - 4x\right)$				
d)	$f(x) = x^4 - 4x^3 + 1$				

26 Bestimmen Sie von folgenden Funktionen die lokalen Extrempunkte und die Art der Extrema.

a) $f(x) = \frac{x^2 - 1}{x^2 + 1}$ b) $f(x) = \frac{2x^2 - 8}{x^2 + 2}$ c) $f(x) = \frac{x^2 - 6}{x - 3{,}5}$

d) $f(x) = x \cdot e^x$ e) $f(x) = x^2 \cdot \ln x$ f) $f(x) = \sqrt{2x + 3} - x$

g) $f(x) = \sin^2 x;\ x \in [0;\ 2\pi]$ h) $f(x) = 1 + \cos\left(2x - \frac{\pi}{2}\right);\ x \in \mathbb{R}$ i) $f(x) = \sin^2 x + \cos x;\ x \in \mathbb{R}$

Krümmungsverhalten und Wendestellen

Eine Funktion f hat in x_W eine Wendestelle von rechts- nach linksgekrümmt, wenn $f''(x_W) = 0$ und $f'''(x_W) > 0$ gilt bzw.
eine Wendestelle von links- nach rechtsgekrümmt, wenn $f''(x_W) = 0$ und $f'''(x_W) < 0$ gilt.

Beispiel

Die Funktion $f(x) = x^4 - 6x^3 + 12x^2 - 8x + 1$ ist auf Wendepunkte zu untersuchen. Falls Wendepunkte existieren, sind auch die Gleichungen der Tangenten in den Wendepunkten zu ermitteln.

- Man bildet die ersten drei Ableitungen:

  $f'(x) =$ ______

  $f''(x) =$ ______

  $f'''(x) =$ ______

- Die Nullstellen der 2. Ableitung sind die vermutlichen Wendestellen:

  ______ = 0, also ______ $\Rightarrow x_1 =$ ___, $x_2 =$ ___

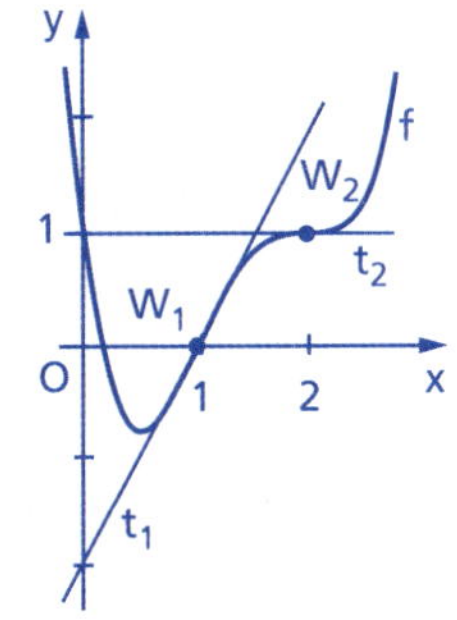

- Man prüft, ob die 3. Ableitung an den Wendestellen ungleich 0 ist:

  $f'''($ ___ $) =$ ___ $\neq 0$, $f'''($ ___ $) =$ ___ $\neq 0$,

  $\Rightarrow W_1($ ___ ; ___ $)$ und $W_2($ ___ ; ___ $)$ sind Wendepunkte.

- Für den Anstieg $m = f'(x_W)$ der Wendetangenten t_1 und t_2 an den Wendestellen x_W gilt:

  $m_1 = f'(1) =$ ___ $\Rightarrow t_1$ hat den Anstieg ___, $m_2 = f'(2) =$ ___ $\Rightarrow t_2$ hat den Anstieg ___,

  W_2 ist demnach ein ______, auch ______ genannt.

- Mithilfe von $y = mx + n$ erhält man die Tangentengleichungen.

  t_1: Nach Einsetzen der Koordinaten des Wendepunktes W_1 in $y = 2x + n$ ergibt sich $y = h(x) =$ ___

  t_2: $y = g(x) =$ ___

27 Gegeben ist die Funktion f mit der Gleichung $f(x) = x^3 - 5x^2 - 8x + 2$. Untersuchen Sie f auf mögliche Wendestellen und geben Sie die Koordinaten der Wendepunkte des Graphen von f an.

a) Bilden Sie die ersten drei Ableitungen von f.

$f'(x) =$ ______ $f''(x) =$ ______ $f'''(x) =$ ______

b) Ermitteln Sie die Lösungen der Gleichung $f''(x) = 0$.

______ = 0 $\Rightarrow x_W =$ ___

c) Überprüfen Sie die Gültigkeit der Beziehung $f'''(x_W) \neq 0$.

$f'''(x_W) =$ ______ $\Rightarrow x_W =$ ___ *ist / ist keine* Wendestelle von f.

d) Bestimmen Sie die Koordinaten des Wendepunktes.

$f(x_W) =$ ______ $\Rightarrow W($ ___ ; ___ $)$

28 Untersuchen Sie nachfolgende Funktionen auf Existenz von Wendestellen und geben Sie jeweils die Koordinaten der Wendepunkte ihrer Graphen an.

	Funktion	f'; f"; f'''	x_W	$f'''(x_W)$	W
a)	$f(x) = \frac{1}{3}x^3 - 2x^2 - 5x$				
b)	$f(x) = \frac{3}{4}x^4 - x^3 - 3x^2$				
c)	$f(x) = \frac{1}{5}\left(x^5 - \frac{19}{3}x^3 - 4x\right)$				

29 Ermitteln Sie von den Graphen der folgenden Funktionen die Koordinaten der Wendepunkte und geben Sie die Gleichung der Wendetangente an.

a) $f(x) = \frac{1}{2}x^4 + x^3$ b) $f(x) = x \cdot e^x$ c) $f(x) = \sin\left(2x + \frac{\pi}{4}\right);\ 0 \le x \le \frac{\pi}{2}$

30 Skizzieren Sie Graphen von Funktionen, die folgende Extrem- bzw. Wendepunkte besitzen:

a) genau zwei Wendepunkte, einen lokalen Maximumpunkt, zwei lokale Minimumpunkte;
b) genau zwei Wendepunkte, keinen Extrempunkt;
c) genau einen lokalen Maximumpunkt, genau einen lokalen Minimumpunkt, genau drei Wendepunkte;
d) genau einen Minimumpunkt, genau zwei Wendepunkte.

31 Nach welcher Funktionseigenschaft ist bei den folgenden praktischen Problemstellungen jeweils gefragt?

a) Der Punkt der Profillinie eines Skihanges, in dem das stärkste Gefälle herrscht.
b) Der Wert, auf den sich der Gewinn eines Betriebes bei einer vorhandenen Kostenfunktion langfristig einpegelt.
c) Das Zeitintervall, in dem der Wasserstand an einer Gezeitenküste zunimmt.
d) Betrachtet wird die Funktion Zeit → Höhe des Wagens über dem Erdboden bei einer Achterbahnfahrt. Gesucht ist der Zeitpunkt, zu dem der Wagen die größte Höhe erreicht.

32 Durch die Graphen der Ableitungsfunktionen f', f" und f''' wird eine Funktion f bezüglich ihrer Monotonie, der lokalen Extrema und der Wendestellen beschrieben. Skizzieren Sie den möglichen Verlauf des Graphen von f.

a)

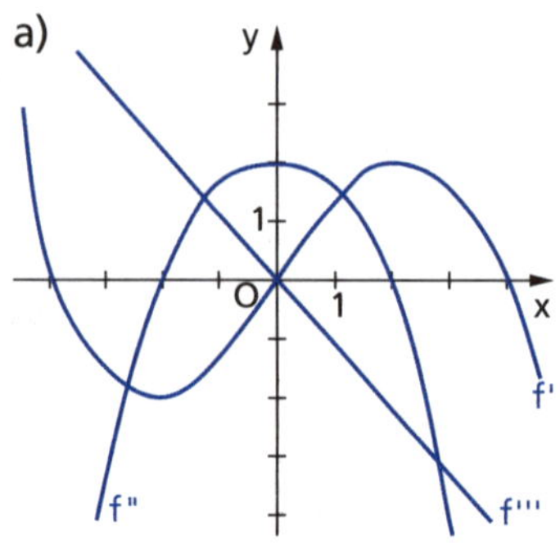

b)

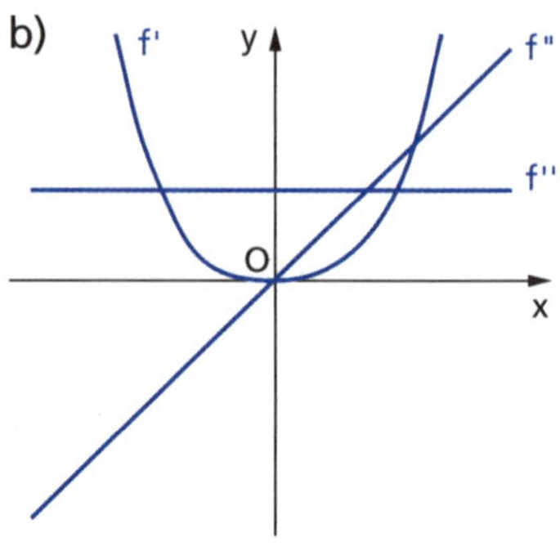

Kurvendiskussionen

Bei einer Kurvendiskussion ohne konkrete Angabe zu untersuchender Eigenschaften ermittelt man
- den Definitionsbereich, insbesondere Definitionslücken und Pole,
- Symmetrien, ob also die Funktion gerade oder ungerade ist,
- das Verhalten der Funktion für $x \to \pm\infty$,
- Achsenschnittpunkte, Extrem- und Wendepunkte

Mitunter ist es auch hilfreich, das Monotonieverhalten zu untersuchen oder eine Tangente in einem Punkt des Graphen zu bestimmen.

33 Untersuchen Sie die ganzrationale Funktion $f(x) = x^4 - 5x^2 + 4$ und deren Graphen.

$f'(x) =$ $f''(x) =$ $f'''(x) =$

Definitionsbereich: Symmetrie:

Verhalten im Unendlichen: $\lim\limits_{x \to \pm\infty} =$

Nullstellen:

$x_1 =$ $x_2 =$ $x_3 =$ $x_4 =$

Schnittpunkte mit der x-Achse:

$P_1(\ ;\ )$ $P_2(\ ;\ )$ $P_3(\ ;\ )$ $P_4(\ ;\ )$

Lokale Extremstellen:

$0 =$ $x_{E_1} =$ $x_{E_2} =$ $x_{E_3} =$

Nachweis und Art der Extrema:

$f''(x_{E_1}) =$

Lokale Extrempunkte:

$P_{Min}(\ ;\ )$

$P_{Max}(\ ;\ )$

$P_{Min}(\ ;\ )$

Grafische Darstellung:

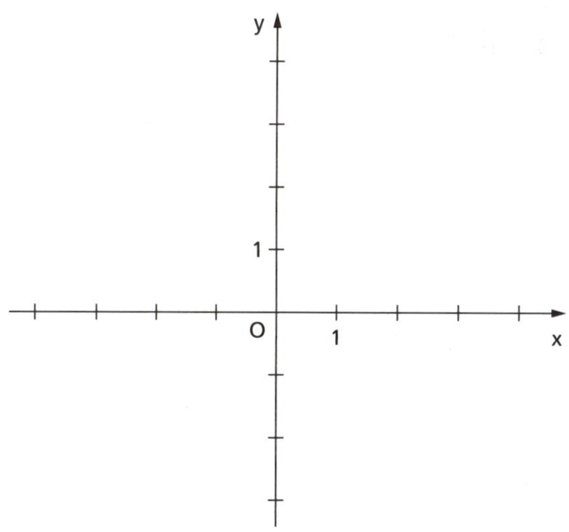

Wendestellen:

$0 =$

$x_{W_1} =$ $x_{W_2} =$

Wendepunkte:

$W_1 =$ $W_2 =$

34 Untersuchen Sie folgende Funktionen wie in Aufgabe 33:

a) $f(x) = x^3 + 6x^2 + 9x$

b) $f(x) = \frac{1}{8}x^4 - \frac{1}{2}x^3$

c) $f(x) = \frac{1}{4}(x-1)^3(x+2)$

d) $f(x) = \frac{2x^3 - 3x^2 - 2x}{6}$

e) $f(x) = -x^3 + 16x$

f) $f(x) = (x-1)(x+2)^2$

Gebrochenrationale Funktionen können Asymptoten besitzen.
Sind vorhandene Nullstellen der Nennerfunktion (Definitionslücken) nicht gleichzeitig Nullstellen der Zählerfunktion, so existiert an diesen Stellen ein Pol. Der Funktionsgraph hat an den Polstellen **senkrechte Asymptoten.**
In Abhängigkeit vom Grad n des Zählerpolynoms und vom Grad m des Nennerpolynoms können außerdem **waagerechte und schiefe Asymptoten** existieren:

$n < m$: Der Graph der Funktion nähert sich der Asymptoten $f(x) =$.

$n = m$: Es existiert eine Asymptote mit $y \neq 0$.

$n = m + 1$: Es existiert eine Asymptote.

Ihre Gleichung erhält man aus dem ganzrationalen Anteil des Ergebnisses einer Polynomdivision.

***35** Untersuchen Sie die gebrochenrationale Funktion $f(x) = \frac{x^2 + 1}{x^2 - 1}$.

$f'(x) =$ $f''(x) =$ $f'''(x) = -\frac{48x(x^2 + 1)}{(x^2 - 1)^4}$

Definitionsbereich:

Polstellen bzw. Polasymptoten: $x_{P_1} =$ $x_{P_2} =$

Symmetrie:

Verhalten im Unendlichen: Asymptote: $y =$

Nullstellen:

Schnittpunkt mit der y-Achse: P(;)

Lokale Extremstellen:

$0 =$

$x_E =$

Nachweis und Art der Extrema:

$f''(\ ) =$ $\Rightarrow P_{Max}(\ ;\ )$

Wendestellen:

$0 =$ $\Rightarrow x_W =$

Wendepunkte:

Grafische Darstellung:

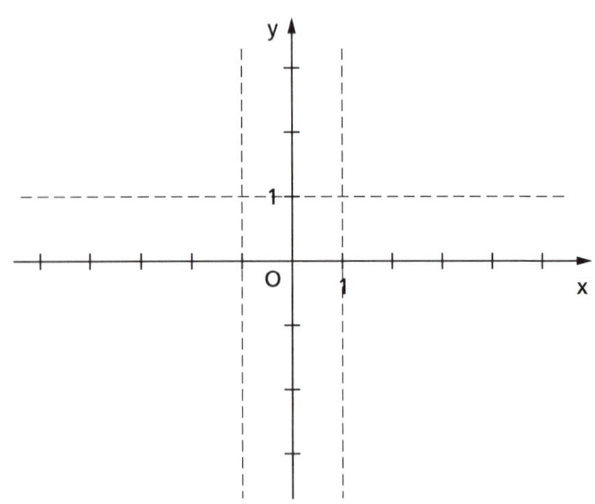

***36** Untersuchen Sie wie in Aufgabe 35 folgende Funktionen:

a) $f(x) = \frac{x - 1}{x}$ b) $f(x) = \frac{2x - 1}{x^2}$ c) $f(x) = \frac{x}{x^2 + 1}$

d) $f(x) = \frac{9 - x^2}{x^2 + 3}$ e) $f(x) = \frac{x^2 - 2}{3 - x^2}$ f) $f(x) = \frac{x^2 - 5}{x - 3}$

g) $f(x) = \frac{x^2 - 2x - 8}{(x - 1)^2}$ h) $f(x) = \frac{x^2 + 2x - 3}{3x + 4}$ i) $f(x) = \frac{x^3 - x^2 - 6x}{x + 2}$

Exponentialfunktionen der Form $f(x) = a \cdot e^{bx+c} + d$ besitzen für $x \to \infty$ oder $x \to -\infty$ die Asymptote $y = d$. Ist f eine Verknüpfung einer Exponentialfunktion mit einer linearen Funktion, so ist der Graph der linearen Funktion meist Asymptote von f.

37 Untersuchen Sie die nichtrationale Funktion $f(x) = \frac{2(x-1)}{e^x}$.

$f'(x) =$ … $f''(x) =$ … $f'''(x) =$ …

Definitionsbereich: … Definitionslücken: …

Symmetrie: …

Verhalten im Unendlichen: $\lim\limits_{x \to \infty} \frac{2(x-1)}{e^x} =$ …;

$\lim\limits_{x \to -\infty} \frac{2(x-1)}{e^x} =$ …, denn für negative x ist $2(x-1)$ … 0, jedoch e^x … 0.

Nullstelle: $x =$ …

Schnittpunkte mit der y-Achse: $S_y($ … ; … $)$

Lokale Extremstelle:

$0 =$ … $x_E =$ …

Nachweis bzw. Art des Extremums:

$f''(x_E) =$ …

$P_{Max}($ … ; … $)$

Wendestellen:

$0 =$ … $x_W =$ …

Wendepunkte:

$W($ … ; … $)$

Grafische Darstellung:

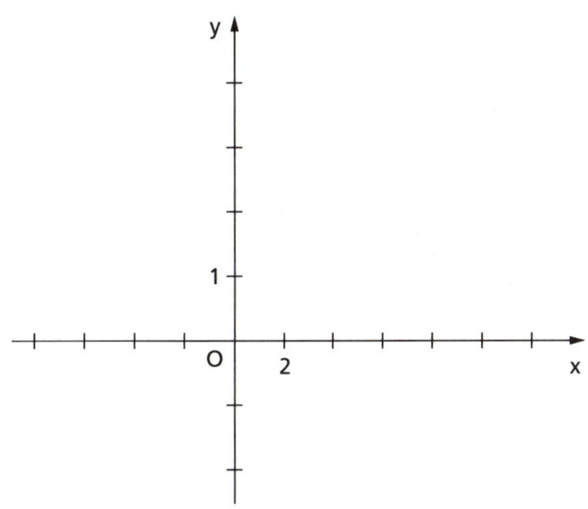

38 Bestimmen Sie von den folgenden Funktionen Nullstellen, Koordinaten lokaler Extrempunkte und Wendepunkte. Zeichnen Sie die Graphen.

a) $f(x) = (x-2) \cdot \sqrt{5-x}$
b) $f(x) = x \cdot \sqrt{x+2}$
c) $f(x) = e^x (x^2 - 2x)$
d) $f(x) = e^x (x-4)$
e) $f(x) = x(2 - \ln x)$
f) $f(x) = (\ln x)^2$
g) $f(x) = \frac{x^2}{e^x}$
h) $f(x) = x \cdot \ln x$
i) $f(x) = \frac{x}{\ln x}$
j) $f(x) = x\sqrt{8 - x^2}$
k) $f(x) = (2x^2 - 7x + 5)\, e^x$
l) $f(x) = 1 - e^{-x^2}$

39 Berechnen Sie von den gegebenen Funktionen Nullstellen sowie lokale Extrempunkt- und Wendepunktkoordinaten im Intervall $0 \le x \le 2\pi$.

a) $f(x) = 2\sin x + \sin 2x$
b) $f(x) = \cos^2 x - \frac{1}{4}$
c) $f(x) = \sin 2x + 2\cos x$
d) $f(x) = \sin^3 x$

Eigenschaften von Funktionsscharen

40 Gegeben ist die Funktionsschar $f_a(x) = ax^2 + x$ mit $a \in \mathbb{R},\ a \neq 0$.

a) Skizzieren Sie für $|a| = 1,\ |a| = \frac{1}{2},\ |a| = \frac{1}{4}$ die Graphen der Funktionen in ein und dasselbe Koordinatensystem.

a						
Nullstelle						
P_{Min}						
P_{Max}						

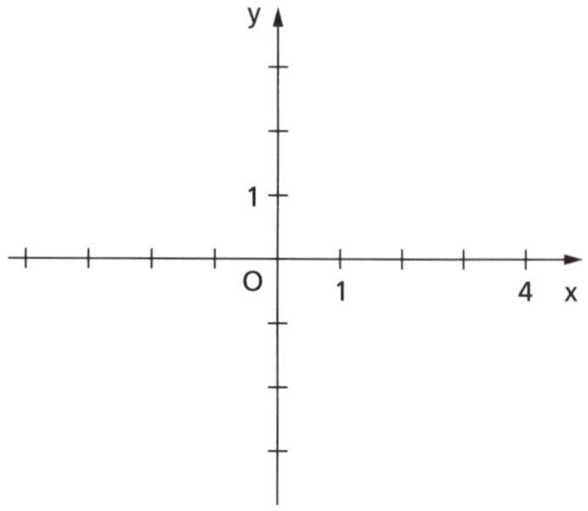

b) Zeigen Sie, dass die lokalen Extrempunkte der Graphen der Schar auf einer Geraden liegen.

c) Weisen Sie nach, dass alle Graphen der Schar die Abszisse unter dem gleichen Winkel schneiden.

d) Für welches a verläuft der Graph durch den Punkt P(3; –15)?

e) Für welches a besitzt der Graph der Funktion eine Tangente mit der Gleichung $y = 5x - 2$?

41 Beschreiben Sie den Einfluss der Parameter a, b und c auf den Verlauf der Graphen der Funktion $y = f(x) = c \cdot (x - a)^2 + b$.

42 Gesucht ist eine Gleichung der Kurve, auf der alle Hochpunkte der Kurvenschar $f_k(x) = \frac{1}{6k} \cdot x^3 - x^2 + \frac{3}{2}x$ liegen.

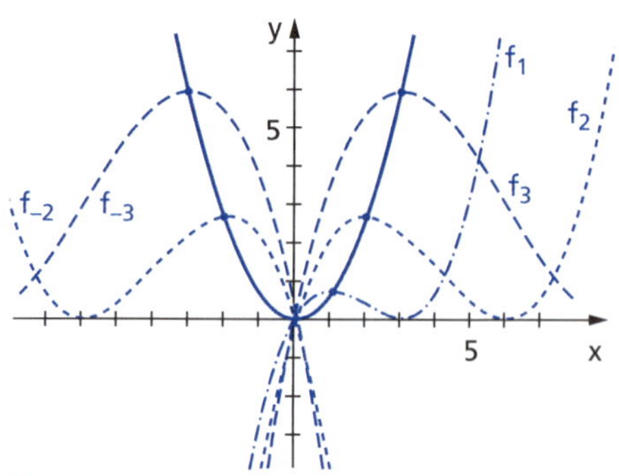

- Ermitteln der Koordinaten x_E und y_E der Extrempunkte Weisen Sie nach, dass die Hochpunkte die Koordinaten $H\left(k; \frac{2}{3}k^2\right)$ haben.
- Aus x_E und y_E wird der Parameter eliminiert:

  Aus $x_E = k$ und $y_E = \frac{2}{3}k^2$ folgt y =

Die Hochpunkte liegen auf der **Ortskurve** y = f(x) = .

43 Gegeben ist die Funktionsschar $f_t(x) = \frac{x^2}{t} + \frac{t^2}{x}$ mit $t \in \mathbb{R},\ t \neq 0$.

a) Ermitteln Sie für $t = 1$ und $t = -1$ die Schnittpunkte der Graphen mit der x-Achse, die Polstellen, die lokalen Extrempunkte und die Wendepunkte. Zeichnen Sie beide Graphen.

b) Auf welcher Kurve liegen die Extrempunkte der Graphen der Schar? Geben Sie die Art der Extrempunkte in Abhängigkeit vom Parameter t an.

44 Untersuchen Sie die Funktionsschar $f_k(x) = x \cdot e^{kx}$ ($k \in \mathbb{R}$, $k < 0$, $x \in \mathbb{R}$) auf Nullstellen, lokale Extrempunkte und Wendepunkte.
Auf welcher Kurve liegen die lokalen Extrem- bzw. Wendepunkte der Schar?
Zeichnen Sie die Graphen für $k = -1,\ k = -\frac{1}{2},\ k = -\frac{1}{3}$ im Intervall [–1; 7].

45 Bestimmen Sie die Funktion $g_1(x)$ aus der Schar der Funktionen $g(x) = -\frac{6}{x}(1 - \ln ax)$, ($x \in \mathbb{R}$ und $x > 0$; $a \in \mathbb{R}$ und $a > 0$), die an der Stelle $x_1 = 1$ den Anstieg 0 hat.

5.2 Extremwertprobleme

Strategie zur Bearbeitung von Extremwertproblemen

Beispiel:
Wie müssen Radius und Höhe eines Zylinders mit 500 cm^3 Rauminhalt gewählt werden, damit seine Oberfläche möglichst klein wird?

Unter Verwendung von Nebenbedingungen ist eine **Zielfunktion** aufzustellen, die nur noch eine Variable enthält.

$A_O(r;\,h) = 2\pi r^2 + 2\pi rh$

Nebenbedingung:
$V = \pi r^2 h = 500$

$h =$ ____

$A_O(r) =$ ____ $= 2\pi r^2 + \frac{1000}{r}$

Die Zielfunktion wir innerhalb eines festgelegten Definitionsbereichs auf **lokale Extrema** untersucht.

$A_O'(r) =$ ____ ; $A_O'' =$ ____

$0 = 4\pi r - \frac{1000}{r^2} \Rightarrow r \approx$ ____

$A_O''($ ____ $) \approx 37{,}7 > 0 \Rightarrow$ lokales Minimum

Durch **Untersuchen der Randwerte** des Definitionsbereichs wird auf das globale Extremum geschlossen, welches die **Lösung des Problems** darstellt.

Da die Zielfunktion im Definitionsbereich ($r > 0$) stetig ist und keine weitere Extremstelle existiert, ist die lokale Extremstelle gleichzeitig globale Extremstelle.

Lösung: $r \approx$ ____ cm $h \approx$ ____ cm

46 Vor einer Werkhalle soll ein rechteckiger Lagerplatz mit einer Fläche von 450 m^2 angelegt werden. Dazu ist der Platz an 3 Seiten zu umzäunen, an der vierten Seite begrenzt ihn die Werkhalle. Die Abmessungen des Lagerplatzes sollen so gewählt werden, dass die Gesamtlänge des Zaunes minimal wird.
Berechnen Sie für diesen Fall Länge und Breite des Platzes und die Gesamtlänge des Zaunes.

Analyse der Aufgabe: ____

Skizze:

gegeben: ____

gesucht: ____

Zielfunktion: ____

Nebenbedingungen: ____

Einarbeiten der Nebenbedingungen, bis die gesuchte Größe nur von einer Variablen abhängig ist:

Definitionsbereiches der Zielfunktion: ____

Ableitungen der Zielfunktion: ____

Lokales Extremum: ____

Untersuchung der Randfälle (der globalen Extrema):

____

Ermittlung aller gesuchten Größen und Antwort:

____

47 Lösen Sie die Aufgaben a) bis g) unter Zuhilfenahme der folgenden Tabelle.

	Zielfunktion mit mehreren Variablen	Neben-bedingung	Zielfunktion mit einer Variablen	Ableitung der Zielfunktion	Lösung
a)					
b)					
c)					
d)					
e)					
f)					
g)					

a) Ein Zaun von 40 m Länge soll dazu verwendet werden, eine rechteckige Fläche mit größtmöglichem Inhalt einzuschließen.
Man ermittle die Länge a, die Breite b und den maximalen Flächeninhalt dieses Rechtecks.

b) Es sind quaderförmige Behälter mit einem Volumen von $12 m^3$ herzustellen, bei denen die Breite halb so groß wie ihre Länge ist. Welche Maße muss ein solcher Behälter haben, damit zu seiner Herstellung möglichst wenig Material verbraucht wird?

c) Auf einem Baugrundstück, das die Form eines rechtwinkligen Dreiecks mit den Kathetenlängen 80 m und 100 m hat, soll eine Halle mit rechteckiger Grundfläche errichtet werden. Bei welchen Abmessungen wird die Hallenfläche am größten?

d) Von einer rechteckigen Marmorplatte ist an einer Ecke ein Stück abgebrochen. Aus dieser Restplatte soll wieder ein rechteckiges Stück mit möglichst großer Fläche geschnitten werden. Wie groß sind dabei die Seiten zu wählen? (Maße siehe Skizze.)

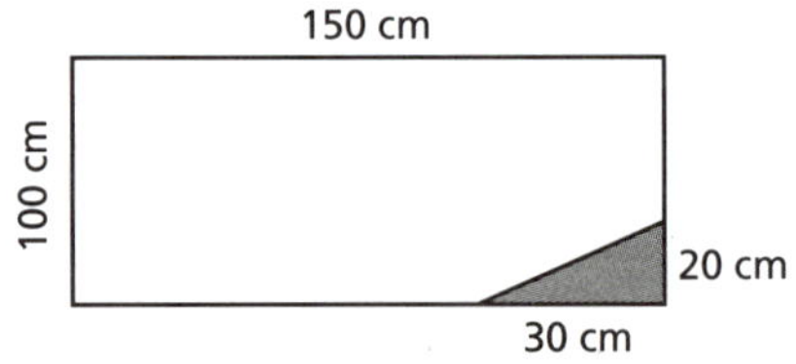

e) Der Querschnitt eines 25 m langen Tunnels besteht aus einem Rechteck mit aufgesetztem Halbkreis (siehe Skizze). Der Umfang der Querschnittsfläche beträgt 18 m. Wie ist der Radius des Halbkreises zu wählen, damit das Tunnelvolumen möglichst groß ist?

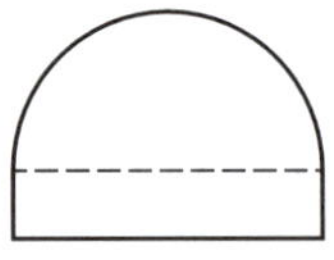

f) Ein Kreisausschnitt PQM habe einen Flächeninhalt von $A = 100 cm^2$. Bestimmen Sie den Radius r und die Länge des Kreisbogens b für den Fall, dass der Umfang des Kreisausschnitts minimal wird.

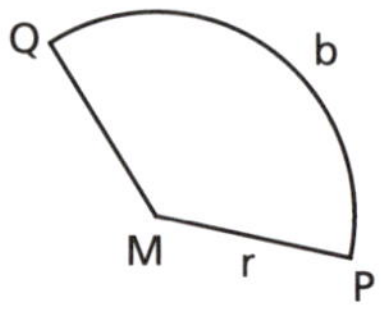

g) Aus quadratischen Kartonstücken mit den Seitenlängen a sollen an den Ecken gleiche Quadrate herausgeschnitten werden, so dass aus den Restflächen durch Falten oben offene Schachteln entstehen. Wie muss die Seitenlänge der herauszuschneidenden Quadrate gewählt werden, damit das Schachtelvolumen maximal wird?

48 Ein Firmenneubau F soll durch ein Erdkabel an die nächstgelegene Trafostation T angeschlossen werden. Von T über A nach B verläuft eine Straße, F befindet sich abseits einer Straße. Die Verlegungskosten längs der Straße betragen 150 €/m, im unerschlossenen Gelände 250 €/m.
Berechnen Sie die Kosten, die entstehen, wenn die Verlegung des Kabels

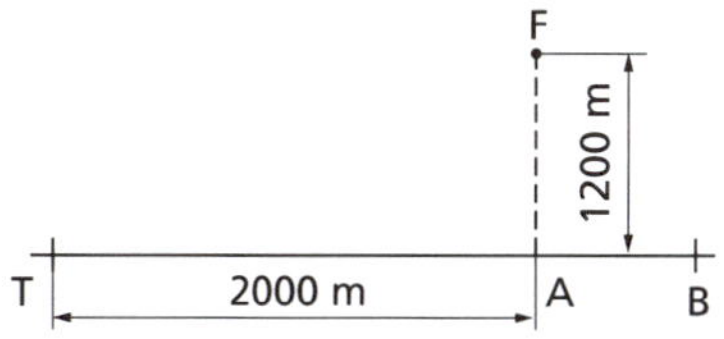

a) geradlinig von T nach F nur im Gelände

b) geradlinig von T nach A längs der Straße und dann nach F im Gelände erfolgt.

Nach welcher Strecke sollte man die Straße verlassen, um die Kosten so gering wie möglich zu halten? Wie hoch sind sie dann? (Auf den Nachweis der Art des Extremums wird hier verzichtet.)

49 Aus trapezförmigen Blechabfällen sollen Rechtecke größter Fläche zur weiteren Verwendung herausgeschnitten werden. Berechnen Sie die Seitenlängen des geforderten Rechtecks. (Maße siehe Skizze.)

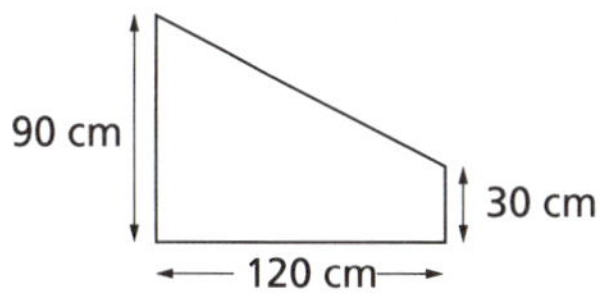

***50** Einem geraden Kreiskegel mit gegebenem Grundkreisdurchmesser d und Höhe h soll der gerade Kreiszylinder mit größtmöglichem Volumen einbeschrieben werden, so dass sein Grundkreis auf dem des Kreiskegels liegt.
Bestimmen Sie für diesen Fall den Grundkreisradius, die Höhe des Kreiskegels und das Volumen.

***51** Ein Stück Draht, das den Umfang eines Kreises mit einem Radius von 12 cm bildet, soll so zerschnitten werden, dass mit ihm zwei Kreise geformt werden können. Wie groß sind die Radien dieser beiden Kreise, wenn die Summe der Flächeninhalte dieser beiden Kreise ein Minimum werden soll?

***52** Aus einem Silberdraht der Länge s soll ein Ohrgehänge angefertigt werden, welches aus einem Kreis mit angelötetem Quadrat besteht. Wie verhält sich der Durchmesser des Kreises zur Seitenlänge des Quadrates, wenn die Summe der Flächeninhalte von Kreis und Quadrat möglichst klein sein soll? (Der Drahtdurchmesser bleibt unberücksichtigt.)

***53** Drei Bretter, welche die gleiche Breite b haben, sollen zu einer Wasserrinne zusammengebaut werden, deren Querschnitt ein gleichschenkliges Trapez ist. Unter welchem Winkel müssen die Bretter zusammenstoßen, wenn das Fassungsvermögen maximal werden soll?

***54** Eine oben offene Rinne hat als Querschnitt ein gleichschenkliges Trapez.
$|\overline{AB}| = 6{,}8$ dm; $|\overline{BC}| = |\overline{AD}| = 4{,}0$ dm
$x = |\overline{DE}|$; $\alpha = \sphericalangle ADE$
Berechnen Sie x oder α für den Fall, dass der Flächeninhalt des Querschnitts maximal wird.
Berechnen Sie auch den maximalen Flächeninhalt.

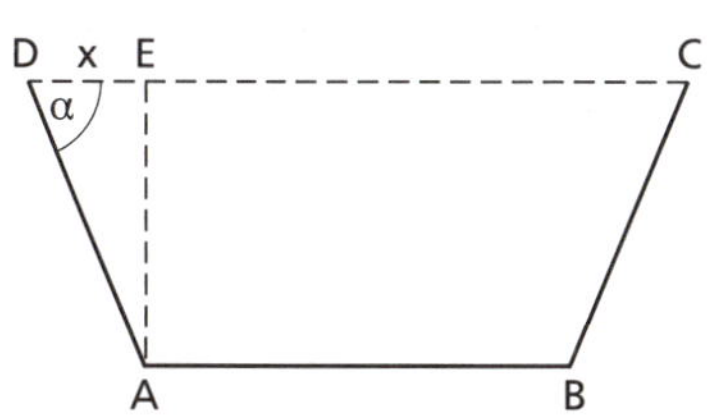

55 Gegeben ist die Funktion $f(x) = 3\sqrt{x} - x$. Skizzieren Sie den Graphen von f. Es soll ein Punkt $P(x_p; f(x_p))$ im 1. Quadranten so bestimmt werden, dass das Dreieck OPP' mit $P'(x_p; 0)$, O(0; 0) maximalen Flächeninhalt besitzt.

56 Einem Rotationsparaboloiden (Körper, der bei Rotation einer Parabel um ihre Achse entsteht) soll ein gerader Kreiszylinder mit maximaler Oberfläche einbeschrieben werden. Die Skizze zeigt seinen Achsenschnitt, der eine quadratische Parabel darstellt. Berechnen Sie die Maße des Zylinders.

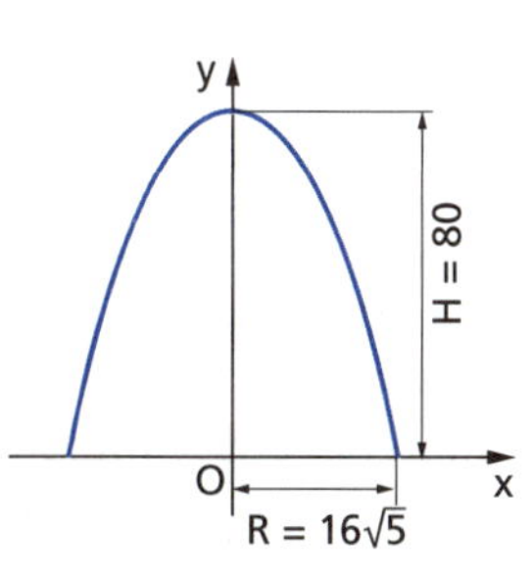

5.3 Bestimmen von Funktionsgleichungen

Gesucht wird in der Regel eine ganzrationale Funktion, deren Graph durch eine Anzahl gegebener Punkte verläuft. Der Graph einer quadratischen Funktion ist durch 3 Punkte, der Graph einer Funktion 3. Grades durch 4 Punkte, der Graph einer Funktion n-ten Grades durch (n + 1) Punkte mit jeweils verschiedenen Abszissen festgelegt.

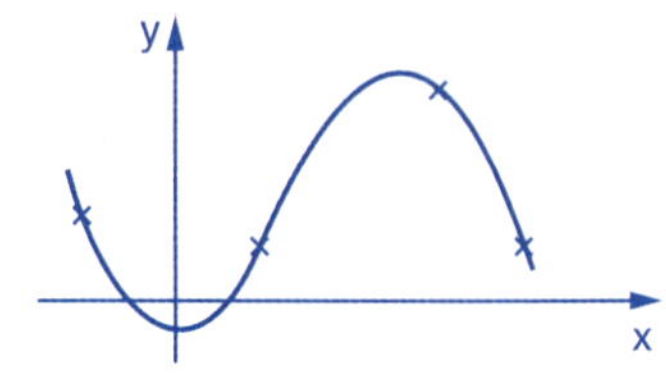

Die Koeffizienten einer ganzrationalen Funktion der Form $y = f(x) = ax^3 + bx^2 + cx + d$ erhält man durch Aufstellen und Lösen von Gleichungssystemen.

57 Folgende lineare Gleichungssysteme sind rechnerisch zu lösen.
Überprüfen Sie durch grafische Veranschaulichung (Geraden) die Richtigkeit Ihrer Rechnung.

a) (I) $2x + 3y = 7$
(II) $3x - y = 5$

b) (I) $8x + 5y = 51$
(II) $3x - 5y = 26$

c) (I) $y = -3$
(II) $y = -\frac{3}{4}x + 5$

58 Lösen Sie das folgende lineare Gleichungssystem aus drei Gleichungen mit drei Unbekannten.
Geben Sie – falls vorhanden – die Lösungen der Gleichungssysteme an.

a)
$$\begin{aligned} x - 3y - 2z &= 3 \\ 3x + y - z &= 4 \\ 2x + 2y + z &= 7 \end{aligned}$$

b)
$$\begin{aligned} x + y - z &= 17 \\ x - y + z &= 13 \\ -x + y - z &= 7 \end{aligned}$$

c)
$$\begin{aligned} x + y - z &= 1 \\ 2x + 3y - 3z &= 0 \\ 3x - 2y + z &= 6 \end{aligned}$$

59 Von einer quadratischen Funktion $f(x) = ax^2 + bx + c$ sind die Punkte P_1, P_2 und P_3 bekannt.
Ermitteln Sie eine Funktionsgleichung.

a) $P_1(-1; -2)$; $P_2(0; -1)$; $P_3(1; 4)$

b) $P_1\left(-1; \frac{7}{4}\right)$; $P_2\left(0; \frac{1}{4}\right)$; $P_3\left(1; -\frac{9}{4}\right)$

60 Von einer Funktion 3. Grades sind vier Punkte bekannt.
Ermitteln Sie eine Funktionsgleichung.

a) $A(-1; -5)$; $B(0; 1)$; $C(1; 3)$; $D(2; 7)$

b) $A(-2; -2)$; $B(0; -2)$; $C(2; 6)$; $D(4; 46)$

61 Die Abbildungen zeigen den Verlauf zweier Funktionen f und g
Ermitteln Sie die dazugehörigen Funktionsgleichungen.

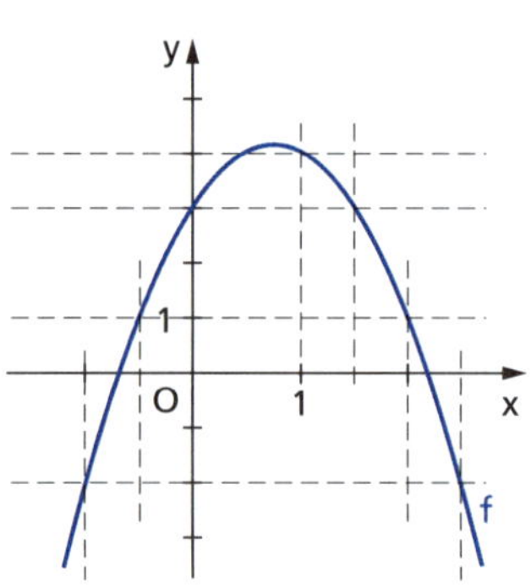

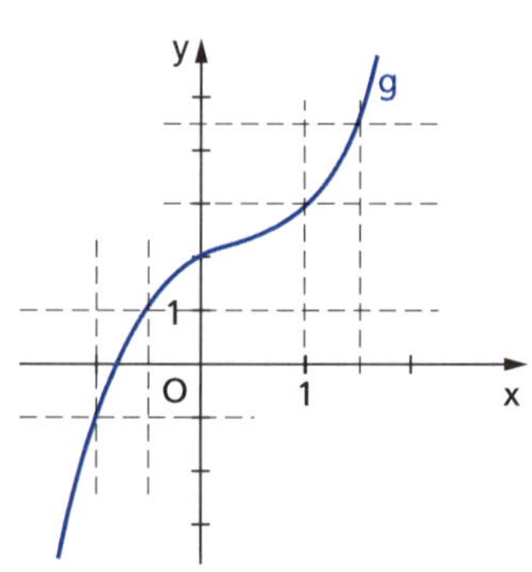

62 Ermitteln Sie eine ganzrationale Funktion 2. Grades, die an den Stellen $x_0 = 0$, $x_1 = 1$, $x_2 = 2{,}25$ mit der Wurzelfunktion $f(x) = \sqrt{x}$, $x \geq 0$ übereinstimmt.

63 Die Sinusfunktion soll durch eine quadratische Funktion derart approximiert werden, dass beide Funktionen an den Stellen $0; \frac{\pi}{6}; \frac{\pi}{2}$ übereinstimmen.

64 Wie lautet die Funktionsgleichung einer ganzrationalen Funktion 3. Grades, die an der Stelle $x_E = 2$ eine lokale Extremstelle hat, deren Punkt W(3; 8) Wendepunkt ist und die an der Stelle $x_t = 0$ eine Tangente mit dem Anstieg $m = 24$ besitzt?

1) Allgemeine Funktionsgleichung mit den Ableitungen:

$f(x) = ax^3 + bx^2 + cx + d$ $\quad f'(x) = 3ax^2 + 2bx + c$ $\quad f''(x) = 6ax + 2b$ $\quad f'''(x) = 6a$

2) Umsetzen der Eigenschaften in Gleichungen:

a) $x_E = 2$ ist lokale Extremstelle: $f'(2) =$ I) =

b) W(3; 8) ist Wendepunkt: $f(3) =$ II) =

$f''(3) =$ III) =

c) Anstieg der Tangente an der Stelle $x_t = 0$ ist $m = 24$: $f'(0) =$ IV) =

3) Lösen des Gleichungssystems:

a = b = c = d =

4) Überprüfen der hinreichenden Bedingungen: $f''(2) \neq 0$?

$f'''(3) \neq 0$?

5) Funktionsterm: $f(x) =$

65 Wie heißt die Funktionsgleichung einer ganzrationalen Funktion 4. Grades, die an der Stelle $x_s = 0$ einen Sattelpunkt und an der Stelle $x_E = 2$ eine lokale Extremstelle hat. Außerdem hat diese Funktion im Punkt P(1; –0,5) eine Tangente mit dem Anstieg $m = -6$.

66 Ermitteln Sie die Funktionsgleichung.

a) Vom Graphen einer ganzrationalen Funktion 3. Grades sind folgende Punkte gegeben: $P_1(0; 1)$, $P_2(1; 0)$, $P_3(-1; -4)$, P4(2; –1).
b) Vom Graphen einer ganzrationalen Funktion 3. Grades kennt man den lokalen Maximumpunkt H(1; 5) und den lokalen Minimumpunkt T(–1; 1).
c) Der Graph einer ganzrationalen Funktion 3. Grades hat den Wendepunkt W(0; 0). Der Anstieg der Wendetangente ist $m = -0{,}9$. Gegeben ist außerdem der Punkt P(3; 0) dieser Funktion.
d) Vom Graphen einer ganzrationalen Funktion 3. Grades sind der Wendepunkt W(3; –10) und der lokale Minimumpunkt T(5; –26) bekannt.
e) Vom Graphen einer ganzrationalen Funktion 4. Grades sind der Punkt P(0; 2) und der lokale Minimumpunkt T(1; 1) bekannt. Außerdem weiß man, dass der Graph achsensymmetrisch zur y-Achse liegt.
f) Beim Graphen einer ganzrationalen Funktion vierten Grades ist T(–2; –5) lokaler Minimumpunkt, der Punkt S(0; 1) Terrassen- oder Sattelpunkt.
g) Der punktsymmetrisch zum Koordinatenursprung liegende Graph einer ganzrationalen Funktion dritten Grades hat in T(1; –3) einen lokalen Minimumpunkt.
h) Der punktsymmetrisch zum Koordinatenursprung liegende Graph einer ganzrationalen Funktion dritten Grades hat in P(2; 6) einen Tangentenanstieg von $m = 19$.
i) Eine ganzrationale Funktion 4. Grades hat bei $x_1 = -2$ eine lokale Extremstelle, ihr Graph in T(1; 1) einen lokalen Minimumpunkt sowie an der Stelle $x_m = 0$ eine Tangente mit der Gleichung $y = -4x + 5$.
j) Von einer ganzrationalen Funktion vierten Grades ist die Stelle $x_1 = 0$ eine lokale Extremstelle und die Stelle $x_2 = -1$ eine Terrassenpunktstelle. Außerdem besitzt der Graph der Funktion an der Stelle $x_m = -2$ eine Tangente mit der Gleichung $y = -24x - 47$.

5.4 Modellieren von Wachstumsprozessen

Lineares Wachstum	**Exponentielles Wachstum**	**Beschränktes Wachstum**	**Logistisches Wachstum**
Die Wachstumsgeschwindigkeit (Änderungsrate) f'(t) ist konstant.	Die Wachstumsgeschwindigkeit ist proportional zum vorhandenen Bestand f(t).	Die Wachstumsgeschwindigkeit ist proportional zur Differenz aus der Sättigungs- oder Kapazitätsgrenze G und dem Bestand zur Zeit t.	Die Wachstumsgeschwindigkeit ist sowohl zum momentanen Bestand f(t) als auch zum Ruhebestand G – f(t) proportional.
$f'(t) = m$	$f'(t) = k \cdot f(t)$	$f'(t) = k \cdot (G - f(t))$	$f'(t) = k \cdot f(t) \cdot (G - f(t))$
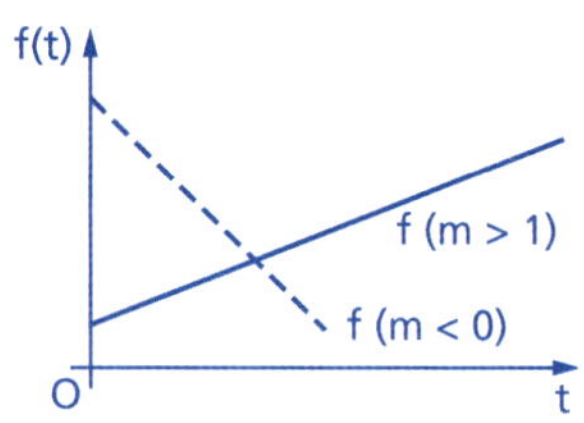	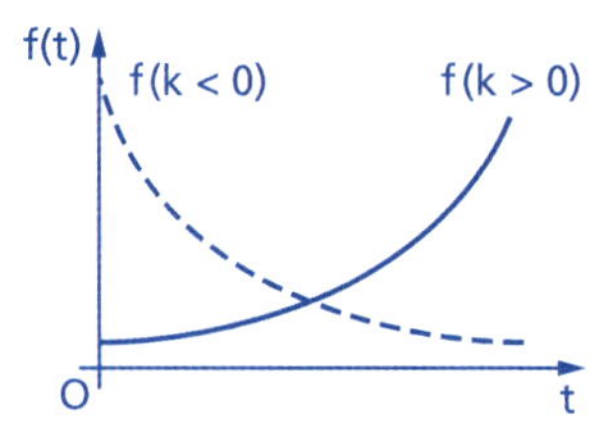	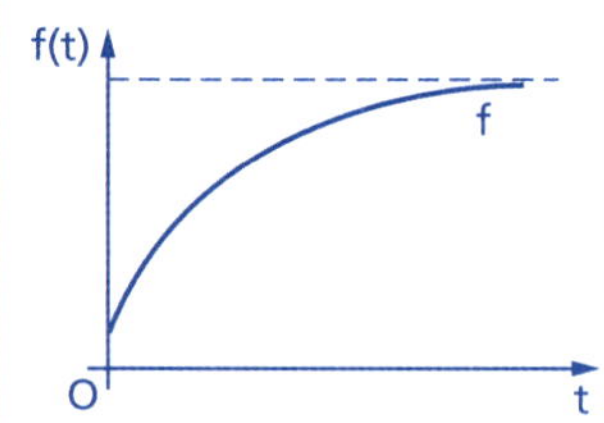	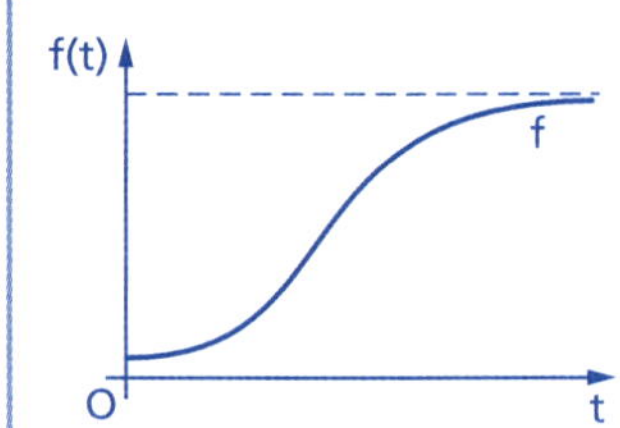
$f(t) = m \cdot t + n$	$f(t) = c_0 \cdot e^{kt}$ $c_0 = f(0)$, Anfangswert	$f(t) = G - c \cdot e^{-kt}$ mit $c = G - f(0)$	$f(t) = \frac{G}{1 + \left(\frac{G}{c_0} - 1\right) \cdot e^{-G \cdot k \cdot t}}$

67 Untersuchen Sie, welche Wachstumsarten den Tabellen der Aufgaben a) bis c) zugrunde liegen. Geben Sie zu jeder Tabelle eine mögliche Interpretation.

a)

Jahre	0	1	2	3	4	5	6	7	8
Euro	5000	5200	5408	5624,32	5849,29	6083,26	6326,59	6579,65	6842,84

Wachstumsart:

Mögliche Interpretation:

b)

Zeit t	0	1	2	3	4	5	6	7	8
f(t)	500	485	471	458	444	431	419	407	395

Wachstumsart:

Mögliche Interpretation:

c)

Zeit	0	2	4	6	8	10	12	14	20
N	4	9	18	37	67	105	143	185	197

Wachstumsart:

Mögliche Interpretation:

68 Beschreiben Sie unter Zuhilfenahme der folgenden Tabelle die in den Aufgaben a) bis d) enthaltenen Wachstumsprozesse.

a) Einmalige Geldanlage mit festem Sparzins
b) Gesamtkundenzahl eines Mobilfunkanbieters für den Fall, dass die Anzahl der monatlich gewonnenen Neukunden in den ersten zwei Jahren
   ① konstant ist, ② sich jeweils um 20 Kunden erhöht, ③ unter realistischen Bedingungen
c) Abkühlung einer Tasse Tee bei einer Raumtemperatur von 20 °C
d) Füllhöhe eines zylindrischen Wasserfasses bei konstantem Zufluss
e) Bevölkerungswachstum einer mittleren Großstadt

	Skizze des Wachstumsverlaufs	Wachstumsart	Wachstumsfunktion unter Verwendung selbst gewählter Variablen
a)			
b) ①			
②			
③			
c)			
d)			
e)			

5.5 Numerische Verfahren zum Lösen von Gleichungen

Stehen zum Lösen bestimmter Aufgabentypen keine „exakten" Verfahren zur Verfügung, können oftmals numerische (Näherungs-) Verfahren angewandt werden.
Bekannt sind z. B. das **Bisektionsverfahren** oder das **Newtonverfahren** zum Lösen von Gleichungen.

Beispiel
Bestimmen Sie mittels Taschenrechner auf drei Stellen nach dem Komma genau eine Nullstelle der Funktion $y = f(x) = 2\sin x - x$ im Intervall $(0; \pi)$.

Verwendetes Verfahren:

	Bisektionsverfahren		Newtonverfahren
Iterationsvorschrift:	$x_{i+1} = \overline{x}_i$ ($\overline{x}_i$ Mitte des Intervalls mit Nullstelle)		$x_{i+1} = x_i - \frac{f(x_i)}{f'(x_i)}$
Startwert bzw. Startintervall:	$x_{0_1} = 1{,}5$	$x_{0_2} = 2$	$x = 1{,}5$
erzeugte Folge:	$x_1 =$		$x_1 =$
	$x_2 =$		$x_2 =$
	$x_3 =$		$x_3 =$
	…		…
Lösung:	$x_0 \approx$		

69 Bestimmen Sie mittels Taschenrechner auf drei Stellen nach dem Komma genau eine Nullstelle der Funktion $y = f(x) = \cos x - x$ im Intervall $\left(0; \frac{\pi}{2}\right)$

70 Bestimmen Sie für die folgenden Funktionen in den jeweils angegebenen Intervallen Nullstellen mittels Bisektion oder Newtonverfahren jeweils auf sechs Stellen nach dem Komma genau.

a) $y = f(x) = \ln x - \frac{x}{4}$; $[0{,}1; 10]$

b) $y = f(x) = x^3 - 0{,}26x^2 - 0{,}28x + 5{,}568$; $[-3; 2]$

71 Für die Funktion $y = f(x) = 2e^{0{,}5x} - 4\sin x$ ist die Lage der lokalen Maximumstelle im Intervall $[-2; -1]$ nach einem Näherungsverfahren auf sechs Stellen nach dem Komma genau zu bestimmen.

72 Bestimmen Sie die Schnittpunkte der Graphen der Funktionen $f_1(x) = e^x$ und $f_2(x) = 3x$ nach einem Näherungsverfahren Ihrer Wahl auf sechs Stellen nach dem Komma genau.

73 Wie hoch stehen 500 Liter Flüssigkeit in einem kugelförmigen Behälter, dessen Radius $r = 1$ m beträgt? Die Höhe h ist durch Näherung auf Zentimeter genau zu bestimmen.

$V = \frac{1}{3}\pi \cdot h^2(3r - h)$ $\Rightarrow$ $3 \cdot 500 =$ $\Rightarrow$ $0 =$

$f(h) =$ $f'(h) =$

$h_{i+1} = h_i - \frac{\quad}{\quad}$

$h_1 =$ $h_2 =$ $h_3 =$ $\Rightarrow$ $h \approx$

B Integralrechnung

1 Das bestimmte Integral

1.1 Berechnungen mithilfe der Integraldefinition

Es sei f eine im Intervall [a; b] definierte Funktion, die in jedem abgeschlossenen Teilintervall von [a; b] einen kleinsten Funktionswert $f(\underline{x}_i)$ sowie einen größten Funktionswert $f(\overline{x}_i)$ besitzt.

Haben die beiden Folgen $(s_n) = \left(\sum_{i=1}^{n} [f(\underline{x}_i) \cdot \Delta x]\right)$ und $(S_n) = \left(\sum_{i=1}^{n} [f(\overline{x}_i) \cdot \Delta x]\right)$ einen gemeinsamen Grenzwert, so heißt dieser Grenzwert **das bestimmte Integral** der Funktion f im Intervall [a; b].

In Kurzform: $\lim\limits_{x \to \infty} s_n = \lim\limits_{x \to \infty} S_n = \int_a^b f(x)\,dx$

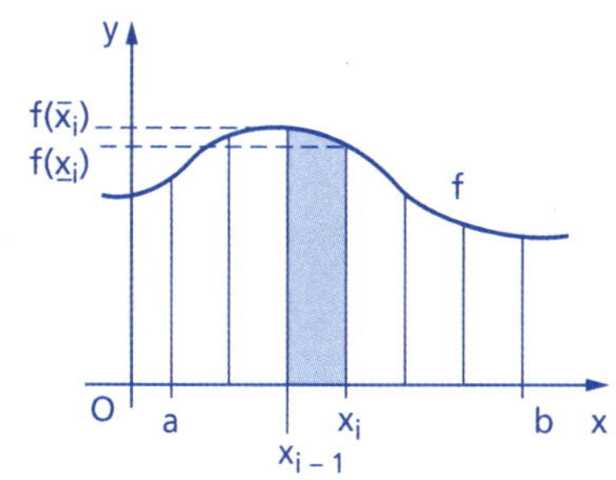

1 Skizzieren Sie auf Millimeterpapier in einem Koordinatensystem den Graphen der Funktion $y = x^2 + 1$. Der Graph der Funktion, die Koordinatenachsen und die Gerade $x = 2$ begrenzen eine Fläche vollständig.
Markieren Sie diese Fläche.

a) Schätzen Sie den Inhalt der Fläche.
b) Ermitteln Sie einen Näherungswert des Flächeninhaltes durch Auszählen.
c) Beschreiben Sie, wie man einen Näherungswert für den Flächeninhalt mithilfe von Ober- und Untersummen erhalten kann.
d) Ergänzen Sie die Tabelle. Nutzen Sie einen Taschenrechner.

Nr. der Zerlegung	Anzahl der Intervalle	Intervallgrenzen	Intervallbreite	Minimum im Intervall	Maximum im Intervall	Untersumme	Obersumme
0	1	[0; 2]	2	1	5	2	10
1	2	[ ]					
		[ ]					
2	4	[ ]					
		[ ]					
		[ ]					
		[ ]					

2 Wiederholen Sie die Betrachtungen aus Aufgabe 1a), b) und d) für die Funktion $y = -x^2 + 4$.

1.2 Eigenschaften des bestimmten Integrals

3 Ergänzen Sie:

a) $\int_a^a f(x)\,dx =$

b) $\int_b^a f(x)\,dx = -\int$

c) $\int_a^b f(x)\,dx = \int_a^c f(x)\,dx + \int$ für $c \in [a;\ b]$

4 Vereinfachen Sie bzw. fassen Sie zu einem Integral zusammen:

a) $\int_5^5 x^3\,dx =$

b) $\int_{-2}^{-2} (x^2 + x)\,dx =$

c) $\int_0^{0,5} (x^2 + 1)\,dx + \int_{0,5}^1 (x^2 + 1)\,dx =$

d) $\int_{-2}^0 x^2\,dx - \int_2^0 x^2\,dx =$

e) $\int_1^3 a\,da - \int_4^3 a\,da =$

f) $\int_1^5 (x^3 + 2x)\,dx + \int_5^7 (x^3 + 2x)\,dx + \int_7^1 (x^3 + 2x)\,dx =$

g) $\int_{-3}^{-1} e^x\,dx + \int_{-1}^{-2} e^x\,dx =$

h) $\int_{-\pi}^{\frac{\pi}{2}} \sin x\,dx - \int_0^{\frac{\pi}{2}} \sin x\,dx =$

5 Fassen Sie zusammen:

a) $\int_1^2 (x + 2)^2\,dx - \int_1^2 (x - 2)^2\,dx$

b) $\int_1^1 (a + bx)\,dx - \int_1^1 (a - bx)\,dx$

c) $\int_0^3 (1 - 3t)\,dt + \int_0^3 (1 + 3t)\,dt$

d) $2 \cdot \int_{-1}^2 (x + 2)\,dx - \int_{-1}^2 (2x - 4)\,dx$

e) $\int_a^b \frac{1}{x^4}\,dx + \int_a^b \frac{2}{x^4}\,dx$

f) $\int_a^b \left(\frac{1}{3}x^3 - 2x^2 + \frac{1}{6}x + 2\right)dx - \int_a^b \left(\frac{1}{3}x^3 + 2x^2 - \frac{1}{6}x + 2\right)dx$

6 Geben Sie den Inhalt der markierten Flächenmithilfe mithilfe bestimmter Integrale an.

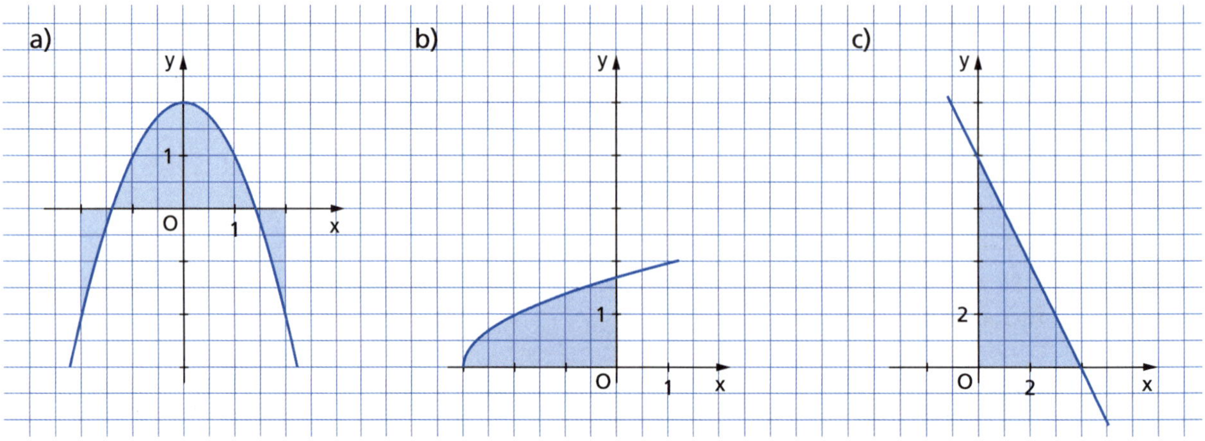

2 Rechnen mit Integralen

2.1 Stammfunktionen

Ist die Funktion f die erste Ableitung einer Funktion F und besitzen beide Funktionen einen gemeinsamen Definitionsbereich, so heißt F **Stammfunktion** von f.

Beispiele

$f(x) = ax^4$ — $F(x) = \frac{1}{5}ax^5$ — Probe: $F'(x) = \left(\frac{1}{5}ax^5\right)' = 5 \cdot \frac{1}{5}ax^4 = ax^4$

$f(x) = 3x^2$ — $F(x) =$ — Probe: $F'(x) =$

$f(x) = \frac{1}{\sqrt{x}} =$ $(x > 0)$ — $F(x) =$ — Probe: $F'(x) =$

1 Ermitteln Sie je eine Stammfunktion zu den Funktionen mit den folgenden Gleichungen und überprüfen Sie das Resultat.

a) $f(x) = -4x$
b) $f(a) = 0{,}4a$
c) $f(a) = -5b$
d) $f(x) = 4x + 1$
e) $f(b) = -6(b - 3)$
f) $f(x) = (x - 1)(x + 1)$
g) $f(k) = 3k + x$
h) $f(x) = \frac{1}{2\sqrt{x}}$
i) $f(z) = (z^2 - 1) \cdot x$
j) $f(x) = x^2(x^2 - a)$
k) $f(x) = \frac{x^4 - x^2 - 1}{x^2}$
l) $f(r) = \frac{ar^2 + a^2r}{r}$
m) $v(t) = g \cdot t$
n) $a(t) = g$
o) $f(x) = \sqrt{2}\,x^n$
p) $f(a) = a - \frac{1}{\sqrt{a}} + 2$
q) $f(x) = x^{2-k} + k$
r) $f(t) = \frac{2}{x^3} + \frac{4}{\sqrt[3]{t}}$

2 Die Funktion F mit der nachfolgend angegebenen Gleichung sei jeweils Stammfunktion von Funktion f. Ermitteln Sie eine Gleichung der Funktion f.

a) $F(x) = \frac{1}{5}x^5 - 2x - \frac{1}{3x^3}$
b) $F(a) = \frac{3}{4}x^4 - ax$
c) $F(t) = \frac{5}{2}t^2 + 4t - \frac{1}{t^2}$
d) $F(x) = (a + x) \cdot (b + x)$
e) $F(s) = (1 - x) \cdot s$
f) $F(y) = \frac{x}{5}y^5 + \frac{1}{2}x^2y^2$
g) $F(x) = -\frac{1}{6x^6} - \frac{1}{3}x^{-3}$
h) $F(x) = \ln(2x + 1) + 4$
i) $F(x) = \frac{1}{3}\cos\left(3x - \frac{\pi}{2}\right) + 1$

3 Ermitteln Sie jeweils Gleichungen für drei Stammfunktionen $F(x)$:

	Funktion	$F_1(x)$	$F_2(x)$	$F_3(x)$
a)	$f(x) = 3x^2 + 5$			
b)	$f(x) = x \cdot \sqrt{x}$			
c)	$f(x) = \frac{2}{x^2}$			
d)	$f(x) = e^x$			
e)	$f(x) = \sin x$			
f)	$f(x) = x + \frac{1}{x}$			

4 Überprüfen Sie, ob die nachfolgend angegebene Funktion F jeweils eine Stammfunktion von f ist:

a) $F(x) = \frac{1}{2}x^6 - \frac{1}{3}x^3 + x^2 + 1$ $\quad f(x) = x(3x^4 - x + 2)$

b) $F(x) = \frac{1}{2}\sqrt{x} + 7x$ $\quad f(x) = \frac{1}{4\sqrt{x}} + 7$

c) $F(x) = \frac{1}{3}x^3 - \frac{1}{2}x^2 - 12x + a$ $\quad f(x) = (x - 4)(x + 3)$

d) $F(t) = \frac{x^2 - 5}{x - 3}t$ $\quad f(t) = \frac{x^2 - 5}{x - 3}$

e) $F(x) = \frac{x^2 + 2}{3x}$ $\quad f(x) = \frac{x^2 - 2}{3x^2}$

f) $F(x) = \frac{x + 2}{3x^2}$ $\quad f(x) = \frac{-x - 4}{3x^3}$

g) $F(t) = (\sin t + \cos x)^2$ $\quad f(t) = 2(\sin t + \cos x) \cdot \cos t$

h) $F(x) = 3e^{2x + 4}$ $\quad f(x) = \frac{3}{2}e^{2x + 4}$

5 Geben Sie je drei Stammfunktionen zu den Funktionen f an und skizzieren Sie deren Graphen jeweils in ein gemeinsames Koordinatensystem.

a) $f(x) = 2x - 3$ b) $f(x) = -3x^2$ c) $f(x) = 4$

6 Zeigen Sie, dass $F_1(x) = x\left(\frac{3}{2}x + 4\right)$ und $F_2(x) = \frac{3}{2}x^2 + 4x - \frac{9}{2}a$ Stammfunktionen von $f(x) = 3x + 4$ sind. Gilt diese Aussage auch für $F_3(x) = x(x^2 - 9)$ und $F_4(x) = x(x + 3)(x - 3) - 3$ bezüglich $f(x)= 3x^2 - 9$?

7 Ermitteln Sie drei verschiedene Stammfunktionen zur Funktion f mit $f(x) = 3x^2$.

$F_1(x) =$ ______ $F_2(x) =$ ______ $F_3(x) =$ ______

Bestimmen Sie diejenige Stammfunktion F der Funktion $f(x) = 3x^2$, die an der Stelle $x_1 = 2$ den Funktonswert 5 hat.

$F(x) =$ ______ $+ C$; $F(2) =$ ______ $+ C = 5$ $\Rightarrow C =$ ______, also $F(x) =$ ______

Die 1. Ableitung einer Funktion f habe die Gleichung $f'(x) = 3x^2$.
Das Bild von f verläuft durch den Punkt (2; 5). Ermitteln Sie die Gleichung der Funktion f.

$f(x) =$ ______; ______ $=$ ______ $\Rightarrow C =$ ______, also $f(x) =$ ______

8 Bestimmen Sie eine Gleichung einer speziellen Stammfunktion $F_1(x)$:

	f(x)	F(x)	$F_1(x_0)$	$F_1(x)$
a)	$f(x) = x + 1$		$F(0) = 1$	
b)	$f(x) = 3x^2 + \frac{1}{2}x + 1$		$F(2) = 11$	
c)	$f(x) = 3\sqrt{x}$		$F(1) = 1$	
d)	$f(x) = \frac{1}{2\sqrt{x}}$		$F(0) = 2$	
e)	$f(x) = 2e^x$		$F(-2) = 2$	
f)	$f(x) = e^{3x}$		$F\left(\frac{2}{3}\right) = e^2$	
g)	$f(x) = \frac{1}{x}$		$F(2) \approx 2{,}69$	

9 Es seien F_1 und F_2 zwei verschiedene Stammfunktionen ein und derselben Funktion f. Begründen Sie, dass es keinen Punkt P gibt, der sowohl auf dem Graphen von F_1 als auch auf dem Graphen von F_2 liegt.

2.2 Regeln für das Ermitteln unbestimmter Integrale

Integrationsregeln

Die folgenden Grundintegrale und Integrationsregeln sollten bekannt sein.

Potenzregel:

$\int x^n\,dx =$ ______ $(n \in \mathbb{R},\ n \neq -1)$ $\int x^{\frac{3}{2}}\,dx =$ ______

Faktorregel:

$\int k \cdot f(x)\,dx =$ ______ $(k \in \mathbb{R};\ k \neq 0)$ $\int 4 \cdot \cos x\,dx =$ ______ $=$ ______

Summenregel:

$\int [g(x) + h(x)]\,dx =$ ______ $\int (x + e^x)\,dx = \int$ ___ $dx + \int$ ___ $dx =$ ______

Grundintegrale:

$\int 0\,dx =$ ______ $\int e^x\,dx =$ ______ $\int \sin x\,dx =$ ______

$\int a\,dx =$ ______ $(a \in \mathbb{R})$ $\int \frac{1}{x}\,dx =$ ______ $\int \cos x\,dx =$ ______

10 Ermitteln Sie folgende unbestimmte Integrale:

a) $\int (x^2 - 1)\,dx$ b) $\int at\,dt$ c) $\int (x^2 + 3x + 1)\,dx$

d) $\int \frac{1}{2}x^5\,dx$ e) $\int \left(x + \frac{1}{x^2} + \frac{1}{x^3}\right)dx$ f) $\int (x + 2)(x - 2)\,dx$

g) $\int 3x(x^3 - x)\,dx$ h) $\int (ab + b)^4\,db$ i) $\int (t - 2)^2\,dt$

11 Ermitteln Sie folgende unbestimmte Integrale von Wurzelfunktionen.

a) $\int \sqrt{x}\,dx = \int$ ______ $dx =$ ______ b) $\int x\sqrt[3]{x^2}\,dx = \int ($ ______ $)\,dx =$ ______

12 Formen Sie den Integranden um und ermitteln Sie das unbestimmte Integral.

	$\int 2\sqrt[3]{x}\,dx$	$\int \sqrt{x^5}\,dx$	$\int \sqrt{3x}\,dx$	$\int \frac{1}{\sqrt{x}}\,dx$	$\int \left(\frac{2}{\sqrt{x}} - \sqrt{5}\,x\right)dx$	$\int \frac{x^2 + \sqrt{x}}{x}\,dx$
Umformung						
Integral						

13 Ermitteln Sie die unbestimmten Integrale durch Anwenden der Faktorregel.

a) $\int \frac{5}{2x}\,dx = \int$ ___ $\cdot$ ___ $dx =$ ___ $\int$ ___ $dx =$ ______

b) $\int 2e^x\,dx = 2\int$ ______ $dx =$ ______

c) $\int \frac{\sin x}{2}\,dx = \int$ ___ $\cdot$ ___ $dx =$ ______

d) $\int \left(3\sqrt{x} - \frac{x^2 + x}{2}\right)dx = \int$ ___ $\cdot$ ___ $dx - \int$ ___ $\cdot$ ___ $dx - \int$ ___ $\cdot$ ___ dx

$= \int$ ___ $\cdot$ ___ $dx - \int$ ___ $\cdot$ ___ $dx - \int$ ___ $\cdot$ ___ $dx =$ ______

14 Ermitteln Sie die folgenden unbestimmten Integrale.

a) $\int\left(2\sqrt{x}+\frac{2}{x}\right)dx =$

b) $\int\left(a+\frac{1}{a}\right)da =$

c) $\int\left(e^x+e^{x+3}\right)dx =$

d) $\int\left(e^2+e^x\right)dx =$

e) $\int\left(\sqrt{x}+\sqrt{2}\right)dx =$

f) $\int\left(5-\frac{1}{x}\right)dx =$

g) $\int\left(\frac{1}{x}-\frac{1}{x^2}\right)dx =$

h) $\int\left(\frac{1}{4}t^3+2e^t\right)dt =$

i) $\int\left(\frac{\sqrt{x}}{x^5}+\frac{1}{x^5}\right)dx =$

j) $\int\frac{\sqrt{a}+a}{\sqrt{a}}da =$

k) $\int\frac{1+e^x}{e^x}dx =$

l) $\int\frac{(x+2)^2}{x^2}dx =$

m) $\int\left(2e^x-\frac{1}{e^x}\right)dx =$

n) $\int\left(0{,}5e^x+\frac{e^x}{0{,}5}+e^{0{,}5}\right)dx =$

15 Ergänzen Sie.

a) $\int 2\cos x\,dx =$

b) $3\cdot\int\frac{\sin x}{3}dx =$

16 Ermitteln Sie die folgenden unbestimmten Integrale.

a) $\int(\sin x+\sqrt{x})\,dx$

b) $\int\frac{1}{2}\sin\left(x+\frac{\pi}{4}\right)dx$

c) $\int\sqrt{2}\cos x\,dx$

d) $\int\frac{2}{(\cos x)^{-1}}dx$

e) $\int\frac{\cos x}{\sqrt{2}}dx$

f) $\int\left(\frac{2}{x}-\sin x+3e^x\right)dx$

17 a) Welche der folgenden Funktionen ist Stammfunktion von der Funktion f mit $y = 2x + 3$?

① $F(x) = x^2 + 3x + 5$

② $F(x) = x(x^2 + 3) + c$

③ $F(x) = x^2 + 3x + x$

④ $F(x) = 2 + c$

b) Der Graph der Stammfunktion welcher der folgenden Funktionen ist eine Parabel 4. Grades?

① $f(x) = x(x-1)(x-2)$

② $f(x) = \frac{1}{2}x\cdot(x^2)$

③ $f(x) = \frac{x^4+1}{x}$

④ $f(x) = e^{3x}$

c) Welches bestimmte Integral ist nicht definiert?

① $\int_2^e \ln x\,dx$

② $\int_{-1}^1 \sin x\,da$

③ $\int_{-2}^2 x^2\,dx$

④ $\int_{-2}^2 \frac{1}{x}dx$

18 Gegeben ist die Funktion f mit $y = 3x - 3$.
Stellen Sie die Anzahl der Nullstellen der Stammfunktionen $F_c(x)$ der Funktion f in Abhängigkeit der Konstanten c dar.

2.3 Integration durch lineare Substitution

Eine lineare Substitution wird angewandt bei verketteten Funktionen h(g(x)), bei denen die innere Funktion g eine lineare Funktion $g(x) = mx + n$ ist. Dann gilt:

$\int h(g(x))\,dx = \int h(mx + n)\,dx = \frac{1}{m} \cdot F(mx + n) + C$

Beispiele

a) $\int (3x - 5)^7\,dx$

Substitution: $z = 3x - 5$; $\frac{1}{m} = \frac{1}{3}$ $\Rightarrow$ $\int (3x + 5)^7 = \frac{1}{3}\int z^7\,dz = \frac{1}{3} \cdot \frac{1}{8} z^8 = \frac{1}{24}(\qquad)^8$

b) $\int \sqrt[3]{(4x + 2)^5}\,dx = \int (4x + 2)^{\frac{5}{3}}\,dx$

Substitution: $z = \quad$; $\frac{1}{m} = \quad$ $\Rightarrow$ $\int (4x + 2)^{\frac{5}{3}}\,dx = \quad \int z^{\frac{5}{3}}\,dz = \quad = \quad = \frac{1}{8}\sqrt[3]{(4x + 2)^8}$

c) $\int e^{2x}\,dx$

Substitution: $z = \quad$; $\frac{1}{m} = \quad$ $\Rightarrow$ $\int e^{2x}\,dx = \quad$

d) $\int \frac{1}{2x + 1}\,dx$

Substitution: $z = \quad$; $\frac{1}{m} = \quad$ $\Rightarrow$ $\int \frac{1}{2x + 1}\,dx = \quad = \frac{1}{2}\ln|2x + 1|$

e) $\int \sin\frac{1}{2}x\,dx$

Substitution: $z = \quad$; $\frac{1}{m} = \quad$ $\Rightarrow$ $\int \sin\frac{1}{2}x\,dx = \quad = \quad$

19 Ermitteln Sie die folgenden unbestimmten Integrale mithilfe linearer Substitution.

	Integral	Substitution	$\frac{1}{m}$	F(mx + n)	$\int f(x)\,dx$
a)	$\int (5x + 2)^3\,dx$				
b)	$\int \sqrt{2x + 3}\,dx$				
c)	$\int \frac{1}{3x - 1}\,dx$				
d)	$\int e^{-2x}\,dx$				
e)	$\int 2e^{\frac{1}{2}x}\,dx$				
f)	$\int 2\cos 3x\,dx$				

20 Bestimmen Sie:

a) $\int \frac{1}{(2x + 1)^2}\,dx$

b) $\int \sqrt{5a - 1}\,da$

c) $\int \left(1 - \frac{1}{5}x\right)^3 dx$

d) $\int 2 \cdot \sqrt[3]{1 - x}\,dx$

e) $\int (2x + 1)^2\,dx$

f) $\int \frac{1 + e^x}{e^x}\,dx$

g) $\int \frac{dx}{1 - x}\,dx$

h) $\int \sin\left(2x - \frac{\pi}{4}\right)dx$

i) $\int (\cos 2x + 3)\,dx$

2.4 Der Hauptsatz der Differenzial- und Integralrechnung

Das bestimmte Integral als Funktion der oberen Grenze

Lässt man bei der Berechnung von $\int_0^b f(x)\,dx$ die untere Grenze 0 fest und verändert die obere Grenze b, so erhält man für jede Zahl b ($b \geq 0$) eine eindeutig bestimmte Zahl $\int_0^b f(x)\,dx$. Es entsteht eine Menge geordneter Paare $\left(b; \int_0^b f(x)\,dx\right)$, die wegen der Eindeutigkeit von $\int_0^b f(x)\,dx$ eine Funktion ist. Man bezeichnet diese Funktion mit $\Phi(b)$ und schreibt $\Phi(b) = \int_0^b f(x)\,dx$. Bezeichnet man das Argument – wie üblich – mit x und wählt für die Integrationsvariable die Bezeichnung t, so erhält man $\Phi(x) = \int_0^x f(t)\,dt$ mit $x \geq 0$. Das bestimmte Integral ist also von der oberen Grenze abhängig – es ist eine *Funktion der oberen Integrationsgrenze*. $\Phi(x) = \int_a^x f(t)\,dt$ heißt **Integralfunktion**, f(t) die **Integrandenfunktion** (kurz: der **Integrand**).

Beispiel

Lässt man bei der Berechnung von $\int_0^b x^2\,dx$ die untere Grenze 0 fest und verändert die obere Grenze b, so erhält man für ausgewählte b:

b	0	1	2	4	100	b
$\int_0^b x^2\,dx$	0	$\frac{1}{3}$		$\frac{64}{3}$	$\frac{10^6}{3}$	

Es gilt $\Phi(b) = \int_0^b x^2\,dx =$ ______ bzw. nach Umbenennung der Integrationsvariablen

$\Phi(x) = \int_0^x t^2\,dt =$ ______ mit $x \geq 0$.

21 Ermitteln Sie jeweils das bestimmte Integral als Funktion der oberen Integrationsgrenze.

a) $\Phi(x) = \int_0^x \frac{2t}{3}\,dt =$ ______

b) $\Phi(a) = \int_0^a 2x^3\,dx =$ ______

Die Integralfunktion Φ ist eine Stammfunktion der Integrandenfunktion.

22 Ermitteln Sie für nachfolgende Integrale die Integralfunktion:

	Integral	Integralfunktion
a)	$\int_0^a dx$	
b)	$\int_0^x (-3)\,da$	
c)	$\int_0^t (ax^2 + bx + c)\,dx$	
d)	$\int_0^c k \cdot \frac{1}{x^5}\,dx$	
e)	$\int_0^a \frac{x^3 - x^2 + 4}{x^2}\,dx$	

	Integral	Integralfunktion
f)	$\int_0^x (a-1)(a+1)\,da$	
g)	$\int_0^x \left(\frac{2}{z^4} - \frac{3}{z^5} + \frac{1}{z^6}\right)dz$	
h)	$\int_0^a \frac{w^4}{z^2}\,dz$	
i)	$\int_0^x \frac{t}{10}\,dt$	
j)	$\int_0^a x^n\,dx$	

Hauptsatz der Differenzial- und Integralrechnung

Es sei f eine Stammfunktion einer im Intervall [a; b] stetigen Funktion f. Dann gilt:

$$\int_a^b f(x) = [F(x)]_a^b = F(b) - F(a)$$

Beispiel

$$\int_{-1}^{2} (x^2 - 2)\,dx = \left[\frac{x^3}{3} - 2x\right]_{-1}^{2} = F(2) - F(-1) = \square - \square = -3$$

23 Ergänzen Sie.

a) $f(x) = 3$	$F(x) =$	$F(-1) =$	$F(2) =$	$[F(x)]_{-1}^{2} =$
b) $f(x) = 2x - 1$	$F(x) =$	$F(0) =$	$F(3) =$	$[F(x)]_{0}^{3} =$
c) $f(t) = \frac{1}{2}t^3 + t$	$F(t) =$	$F(1) =$	$F(2) =$	$[F(t)]_{1}^{2} =$
d) $f(a) = 3a^{-2} + a^2 + 1$	$F(a) =$	$F(-2) =$	$F(-1) =$	$[F(a)]_{-2}^{-1} =$
e) $f(x) = \frac{2}{\sqrt{x}}$	$F(x) =$	$F(4) =$	$F(6{,}25) =$	$[F(x)]_{4}^{6{,}25} =$
f) $f(x) = x \cdot \sqrt{x}$	$F(x) =$	$F(1) =$	$F(2) =$	$[F(x)]_{1}^{2} =$
g) $f(x) = \frac{x^2 - 1}{x - 1}$	$F(x) =$	$F(-4) =$	$F(0) =$	$[F(x)]_{-4}^{0} =$

24 Berechnen Sie die folgenden bestimmten Integrale nach dem Hauptsatz der Differenzial- und Integralrechnung.

	Funktion	a	b	F(x)	F(a)	F(b)	F(b) – F(a)
a)	$\int_0^3 dx$						
b)	$\int_{-1}^0 (-2)\,da$						
c)	$\int_1^2 \frac{3}{x^2}\,dx$						
d)	$\int_1^3 4t^{-3}\,dt$						
e)	$\int_0^3 (3x^2 + 4x + 5)\,dx$						
f)	$\int_1^2 (x^3 - 3x^2 + 3x - 1)\,dx$						
g)	$\int_2^3 \frac{t^3 - 1}{t^2}\,dt$						
h)	$\int_1^2 \left(\frac{1}{\sqrt{x}} - 2x\right)dx$						
i)	$\int_1^2 \left(\frac{3x^3 - 8}{4x^2}\right)dx$						

25 Berechnen Sie folgende bestimmte Integrale:

a) $\int_{-2}^{1}\left(5x^4 - \frac{1}{5}x^2 - 3\right)dx$ b) $\int_{1}^{4}\frac{1}{2\sqrt{x}}\,dx$ c) $\int_{1}^{4}(\sqrt{x} + x)\,dx$

d) $\int_{1}^{4}5\sqrt[4]{x}\,dx$ e) $\int_{0}^{1}2\sqrt[4]{v}\,dv$ f) $\int_{-1}^{2}(t-2)^2\,dt$

g) $\int_{0}^{a}ab^2\,db$ h) $\int_{0}^{a}ab^2\,dx$ i) $\int_{1}^{2}\left(\frac{1}{x^3} + \frac{1}{x^4}\right)dx$

j) $\int_{2}^{4}\frac{-2}{3x\sqrt[3]{x^2}}\,dx$ k) $\int_{0}^{1}x^2(4 - x^2)\,dx$ l) $\int_{1}^{3}(x+2)^3\,dx$

26 Berechnen Sie folgende bestimmte Integrale:

a) $\int_{a}^{b}\pi\,dx$ b) $\int_{r}^{s}(3x - 4)\,dx$ c) $\int_{1}^{x}at^2\,dt$

d) $\int_{0}^{x}(t^2 - 1)(t^2 + 1)\,dt$ e) $\int_{1}^{3}(x^2 + ax)^2\,da$ f) $\int_{5}^{7}\sqrt{a}\,dx$

g) $\int_{2}^{a}ct\cdot\cos\alpha\,dc$ h) $\int_{a}^{5}(x+2)^2\,dx$ i) $\int_{0}^{a}(2 - x^2)\,dx$

27 Berechnen Sie folgende bestimmte Integrale mithilfe linearer Substitution:

a) $\int_{0}^{2}(2x+1)^2\,dx$ b) $\int_{-1}^{0}\frac{1}{(1-x)^2}\,dx$ c) $\int_{-1}^{2}(4a+1)^3\,da$

d) $\int_{0}^{1}\sqrt{5x+3}\,dx$ e) $\int_{0}^{3}\left(\frac{1}{6}x + 2\right)^4dx$ f) $\int_{-1}^{1}\frac{dt}{(2-t)^3}$

g) $\int_{-1}^{1}\sqrt{(2x+5)^3}\,dx$ h) $\int_{-2}^{3}\left(\frac{1}{2} - z\right)^3dz$ i) $\int_{1}^{3}\sqrt[3]{(4x-3)^2}\,dx$

j) $\int_{-3}^{2}\frac{dt}{\sqrt{7-3t}}$ k) $\int_{-1,5}^{0,5}\left(\sqrt{1-2x} + 4\right)dx$ l) $\int_{0}^{1}\left(\frac{1-3a}{2}\right)da$

m) $\int_{0}^{1}\frac{dx}{\sqrt[3]{x+2}}$ n) $\int_{1}^{2}\sqrt[3]{(4x-3)^5}\,dx$ o) $\int_{1}^{8}\left(\sqrt{6x} + \sqrt{16-2x}\right)dx$

28 Berechnen Sie die folgenden bestimmten Integrale:

a) $\int_{1}^{e}\frac{e}{x}\,dx$ b) $\int_{1}^{e}\left(a + \frac{2}{a}\right)da$ c) $\int_{1}^{2}\frac{4}{1+2x}\,dx$

d) $\int_{10}^{20}\frac{2}{x\ln 10}\,dx$ e) $\int_{1}^{2}\frac{x+6}{2x}\,dx$ f) $\int_{0}^{4}\frac{x^2-1}{x+1}\,dx$

g) $\int_{0}^{1}(2r + \pi r)^7\,dr$ h) $\int_{-1}^{1}\frac{1}{(2x-4)^3}\,dx$ i) $\int_{-2}^{-3}\frac{x^2+2x+1}{x+1}\,dx$

j) $\int_{-2}^{-1}\left(\frac{1}{2}x + 1\right)^4dx$ k) $\int_{\frac{2}{3}}^{1}(3x-2)\,dx$ l) $\int_{-1}^{1}\sqrt{2x} + \frac{1}{x^2}\,dx$

Integration trigonometrischer Funktionen

29 Für $f(x) = 2\sin x$ ist $F(x) =$ ____ ; $F(0) =$ ____ ; $F(\pi) =$ ____ ; $[F(x)]_0^{\pi} =$ ____

Also ist $\int_0^{\pi} 2\sin x\,dx =$ ____

30 Berechnen Sie folgende bestimmte Integrale:

	Funktion	a	b	F(x)	F(a)	F(b)	F(b) – F(a)
a)	$\int_0^{\pi} \sin t\,dt$						
b)	$\int_{\frac{3}{4}\pi}^{\frac{\pi}{2}} (\cos x - \sin x)\,dx$						
c)	$\int_0^{\frac{\pi}{2}} (1 + \cos a)\,da$						
d)	$\int_0^{1} \sin x\,dx$						
e)	$\int_{\frac{\pi}{2}}^{\pi} \sin\left(x + \frac{\pi}{2}\right)dx$						
f)	$\int_{-\pi}^{0} (x + \sin x)\,dx$						

31 Berechnen Sie mithilfe linearer Substitution:

a) $\int_0^{\pi} \cos\frac{1}{2}x\,dx$ b) $\int_0^{\frac{\pi}{2}} 3\sin 2x\,dx$ c) $\int_0^{\frac{\pi}{2}} \left(2\sin 3x - \frac{\pi}{2}\right)dx$

d) $\int_{\pi}^{2\pi} -2\cos\frac{1}{2}x\,dx$ e) $\int_{\frac{\pi}{2}}^{\pi} \sin(\pi - x)\,dx$ f) $\int_0^{1} \sin\frac{\pi}{2}t\,dt$

32 Berechnen Sie:

a) $\int_0^{\frac{3}{2}\pi} 2\sin x\,dx$ b) $\int_{-\pi}^{\pi} (-\cos x)\,dx$ c) $\int_0^{\pi} \frac{1 - \cos x}{4}\,dx$

d) $\int_0^{\pi} a\sin x\,dx$ e) $\int_0^{\pi} a\sin x\,dy$ f) $\int_0^{\pi} a\sin x\,da$

33 Ermitteln Sie den Parameter k:

a) $\int_0^{\pi} k \cdot \sin x\,dx = 4$ b) $\int_0^{k} \cos x\,dx = 0$ c) $\int_k^{2\pi} \sin x\,dx = -1$

d) $\int_0^{k} (x + \cos x)\,dx = \frac{1}{2}\pi^2$ e) $\int_0^{\pi} \sin kx\,dx = 0$ f) $\int_0^{\frac{\pi}{k}} \frac{1}{k} \cdot \sin kx\,dx = 2$

Integration von Exponentialfunktionen

34 Berechnen Sie nach dem Hauptsatz der Differenzial- und Integralrechnung:

a) $\int_{-1}^{2} e^x\,dx = [\quad]_{-1}^{2} = $

b) $\int_{\frac{1}{2}}^{1} e^{2x}\,dx = [\quad]_{\frac{1}{2}}^{1} = \quad = \frac{1}{2}(e^2 - e)$

35 Berechnen Sie folgende bestimmte Integrale:

a) $\int_{0}^{2} e^x\,dx$

b) $\int_{-1}^{2} e^{-2x}\,dx$

c) $\int_{-1}^{1} e^{-\frac{1}{2}x}\,dx$

d) $\int_{0}^{1} (1 + e^{-x})\,dx$

e) $\int_{-1}^{1} (x + e^{2x})\,dx$

f) $\int_{0}^{e} \sqrt{ex}\,dx$

g) $\int_{0}^{1} (e^x + 1)\,dx$

h) $\int_{-1}^{0} \frac{1}{4}(e^x + e^{-x})\,dx$

i) $\int_{-3}^{3} \frac{1}{2}e^x\,dx$

j) $\int_{-4}^{1} e^{2x}\,dx$

k) $\int_{0}^{2} e^{1-2t}\,dt$

l) $\int_{0}^{1} (e^{-x} + x)\,dx$

Parameteraufgaben

36 Berechnen Sie den Parameter k:

a) $\int_{0}^{k} \frac{1}{3}x\,dx = 6$

$[\quad]_0^k = 6$

$\quad - \quad = 6$

$k = $

b) $\int_{1}^{2} (kx + 1)\,dx = 4$

$[\quad]_1^2 = 4$

$\quad - \quad = 4$

$k = $

c) $\int_{4}^{5} x\,dx = \int_{0}^{k} t\,dt$

$[\quad]_4^5 = [\quad]_0^k$

$\quad - \quad = \quad - \quad$

$k = $

37 Berechnen Sie den Parameter k:

	Aufgabe	$[F(x)]_a^b$	zu lösende Gleichung	Parameter k
a)	$\int_{k}^{1} (2 - x^2)\,dx = 3$			
b)	$\int_{0}^{2} (3x^2 + k)\,dx = 4$			
c)	$\int_{0}^{k} \left(e^x + x + \frac{1}{2}\right)dx = e$			
d)	$\int_{1}^{2} (x^2 + 1)\,dx = \int_{1}^{2} kx^2\,dx$			

38 Bestimmen Sie k mithilfe linearer Substitution:

a) $\int_{k}^{1} (3x - 1)^4\,dx = \frac{32}{15}$

b) $\int_{-2}^{k} (2t - 3t^2)\,dt = -12$

c) $\int_{1}^{2} (k - 2x)^3\,dx = 10$

2.5 Weitere Integrationsverfahren; uneigentliche Integrale

Partielle Integration

Das Verfahren der partiellen Integration führt in einer Reihe von Fällen zum Ziel, in denen der Integrand ein Produkt aus verschiedenen Funktionen ist. Es führt insbesondere dann zum Ziel, wenn ein Faktor des Integranden eine sehr einfache Ableitung besitzt, im Idealfall linear ist. Es gilt:

$\int u(x) \cdot v'(x)\,dx = u(x) \cdot v(x) - \int u'(x) \cdot v(x)\,dx$

Beispiel

Ermitteln Sie das unbestimmte Integral $\int (1 - x^3) \cdot 3x^2\,dx$ mittels partieller Integration:

Wir setzten $u(x) =$ ______ und $v'(x) =$ ______; dann ist $u'(x) =$ ______ und $v(x) =$ ______

Dann folgt: $\int (1 - x^3) \cdot 3x^2\,dx =$ ______

***39** Berechnen Sie mittels partieller Integration:

a) $\int (5x^2 - 2) \cdot 4x\,dx$ b) $\int_1^3 4x^3 \cdot \left(7 - \frac{1}{4}x^2\right) dx$ c) $\int_{-2}^{1} 2a^3 \cdot (6a^3 - 4)\,da$

d) $\int x^5 (1 + x)\,dx$ e) $\int x(1 + x)^3\,dx$

40 Berechnen Sie:

a) $\int x^2 \cdot \cos x\,dx$ b) $\int \cos^2 x\,dx$ c) $\int e^x \cdot \sin x\,dx$

d) $\int e^{-x} \cdot \sin x\,dx$ e) $\int x \cdot \ln x\,dx$ f) $\int x^n \cdot \ln x\,dx$

Integration durch Substitution

Um das Verfahren der Integration durch Substitution anwenden zu können, muss der Integrand eine verkettete Funktion der Art $f(x) = v(u(x))$ und außerdem als Faktor noch die Ableitung der äußeren Funktion $u'(x)$ in der inneren Funktion enthalten.

Diese Bedingungen sind z.B. im Falle des Integrals $\int 4x^3 \cdot \sqrt{x^4 - 4}\,dx$ erfüllt.

(1) Man ersetzt nun u(x) durch z: $\int 4x^3 \cdot \sqrt{z}\,dx$

(2) Nun ist noch dx zu ersetzen. Aus $u'(x) = \frac{dz}{dx}$ folgt: $\frac{dz}{u'(x)}$, sodass gilt: $\int 4x^3 \cdot \sqrt{z} \frac{dz}{4x^3}$

(3) Man vereinfacht so weit wie möglich: ______

(4) Integration des vereinfachten Integrals liefert:

$\int \sqrt{z}\,dz = \int z^{\frac{1}{2}}\,dz =$ ______ $=$ ______ $+ C \quad (C \in \mathbb{R})$

(5) Rücksubstitution; man ersetzt wieder z durch u(x): ______

***41** Berechnen Sie:

a) $\int 3x^2 \cdot \sin(x^3 + 1)\,dx$ b) $\int (2x + 5)^{-\frac{1}{3}}\,dx$ c) $\int 3x \cdot e^{x^2}\,dx$

d) $\int_0^2 \frac{x}{\sqrt{2x + 1}}\,dx$ e) $\int_1^2 \frac{x + 1}{\sqrt[3]{x + 2}}\,dx$ f) $\int_0^1 x \cdot \sqrt{x + 2}\,dx$

Uneigentliche Integrale

Nach der Integraldefinition kann das bestimmte Integral einer Funktion f nur berechnet werden, wenn der Integrationsbereich [a; b] endlich und der Integrand in diesem Intervall beschränkt ist. Ist eine dieser Voraussetzungen nicht erfüllt, handelt es sich um ein so genanntes **uneigentliches Integral.**
Man unterscheidet zwischen
- uneigentlichen Integralen mit unbeschränktem Integranden und
- uneigentlichen Integralen mit unbeschränktem Integrationsintervall.

Beispiel

Berechnen Sie das uneigentliche Integral $\int_1^\infty \frac{dx}{x^2}$.

$$\int_1^\infty \frac{dx}{x^2} = \lim_{b \to \infty} \int_1^b \quad\quad$$
$$= \lim_{b \to \infty} \left[\quad\quad\right]_1^b = \lim_{b \to \infty} \quad\quad = \quad\quad$$

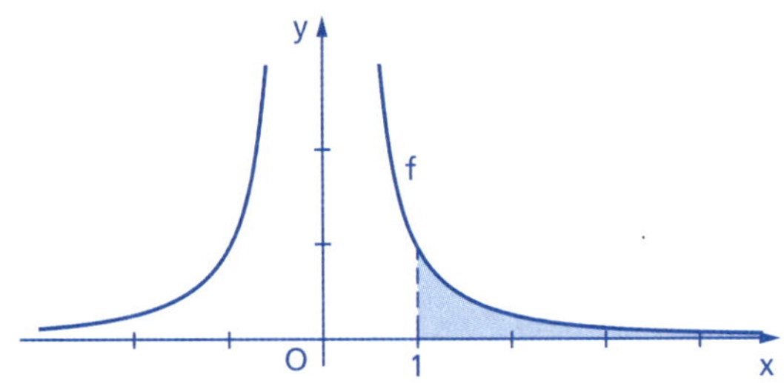

42 Berechnen Sie – falls möglich – die folgenden uneigentlichen Integrale:

a) $\int_0^\infty e^{-2x}dx$ b) $\int_1^\infty \frac{dx}{x^3}$ c) $\int_{-1}^\infty (x+1)e^{1-x}dx$

d) $\int_0^\infty e^{-0,5x}dx$ e) $\int_1^\infty \frac{dx}{\sqrt{x}}$ f) $\int_{-\infty}^{-3} \frac{dx}{(x+2)^2}$

43 Bestimmen Sie die Zahl a so, dass $F(x) = \frac{1}{2}e^x(e^x - a)$ eine Stammfunktion von $f(x) = e^x(e^x - 2)$ wird. Berechnen Sie den Inhalt der Fläche zwischen dem Graphen der Funktion f, der x-Achse und der Geraden $x = k$ $(k < 0)$. Kann dieser Flächeninhalt für $k \to -\infty$ beliebig groß werden?

44 Berechnen Sie die Fläche zwischen den Graphen der Funktion $f(x) = \frac{6}{x} - \frac{3}{x^2}$ und $g(x) = \frac{3}{x}$ sowie der Geraden $x = b$ mit $b > 1$. Ist die Fläche für $k \to \infty$ nach oben beschränkt?

Man berechne das uneigentliche Integral $\int_0^1 \frac{dx}{\sqrt{1-x}}$.

Der Integrand ist bei $x = 1$ nicht definiert. Da die Polstelle mit der oberen Integrationsgrenze zusammenfällt, gilt:

$$\int_0^1 \frac{dx}{\sqrt{1-x}} = \lim_{\varepsilon \to +0} \int_0^{1-\varepsilon} \frac{dx}{\sqrt{1-x}} = \lim_{\varepsilon \to +0} [-2\sqrt{1-x}]_0^{1-\varepsilon}$$
$$= \lim_{\varepsilon \to +0} \left(-2\sqrt{\varepsilon} + 2\sqrt{1}\right) = 2$$

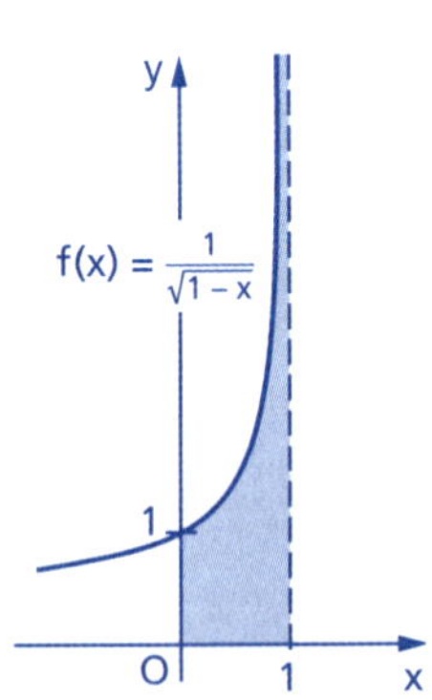

45 Untersuchen Sie, welche der folgenden uneigentlichen Integrale definiert sind, berechnen Sie dieses gegebenenfalls.

a) $\int_0^1 \frac{x^2}{x}dx$ b) $\int_0^1 \frac{dx}{x^2}$ c) $\int_0^1 \frac{dx}{\sqrt{x}}$ d) $\int_0^e \left(\frac{1}{e}x - \ln x\right)dx$

***46** Berechnen Sie folgende Integrale.
Untersuchen Sie zunächst, für welche Argumente x der Integrand nicht definiert ist.

a) $\int_{-1}^1 \frac{dx}{\sqrt[3]{x}}$ b) $\int_0^1 \left(x - \frac{1}{\sqrt{x}}\right)dx$ c) $\int_0^1 \ln x\,dx$ d) $\int_{-2}^0 \frac{dx}{\sqrt{x+2}}$

2.6 Numerische Integration

Rechteck- und Trapezregel

***47** Berechnen Sie das bestimmte Integral $\int_1^2 \frac{e^x}{x}dx$ mithilfe der Rechteckregel und nach der Trapezregel für $n = 5$ näherungsweise.

x-Werte	y-Werte	
	linke Grenze	rechte Grenze
1,0		–
2,0	–	
	Summe	Summe

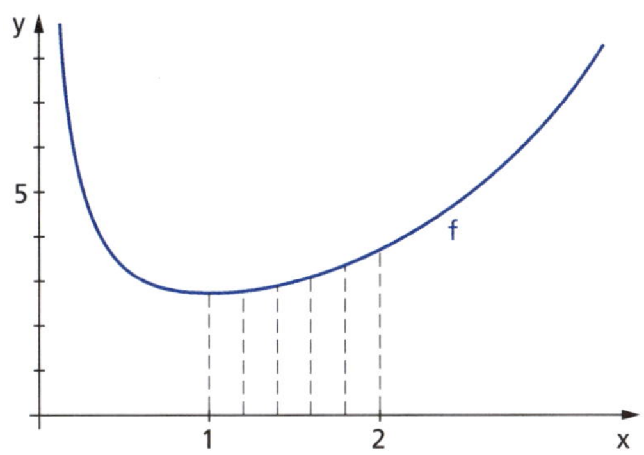

Rechteckregel: $\int_1^2 \frac{e^x}{x}dx \approx$

Trapezregel: $\int_1^2 \frac{e^x}{x}dx \approx 0{,}2\left(\frac{1}{2}\cdot \quad + \quad + \quad + \quad + \quad + \frac{1}{2}\cdot \quad\right) \approx$

***48** Skizzieren Sie die Graphen der folgenden Funktionen in das Koordinatensystem.
Berechnen Sie dann Näherungswerte für die bestimmten Integrale nach der Trapezregel und nach der Rechteckregel. Vergleichen Sie die Ergebnisse.

a) $\int_1^2 \frac{1}{x}dx$

b) $\int_0^1 \sqrt{1-x^2}\,dx$

c) $\int_0^1 \frac{4}{1+x^2}dx$

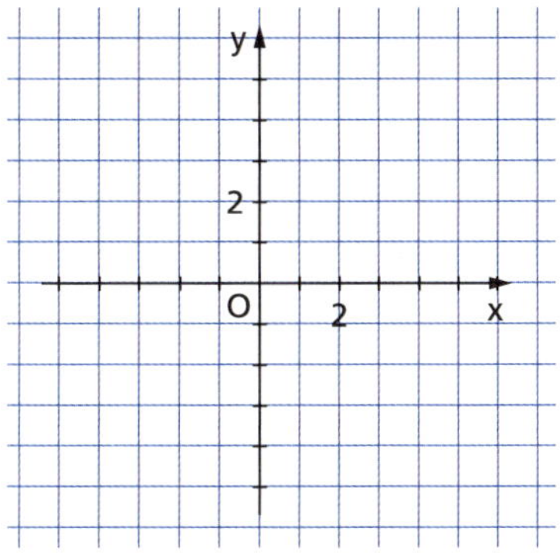

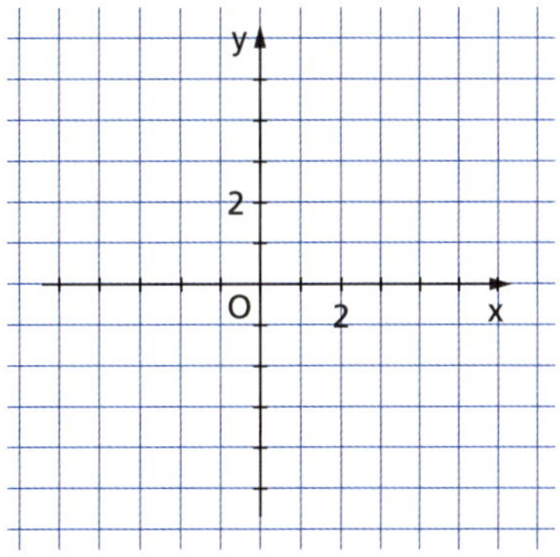

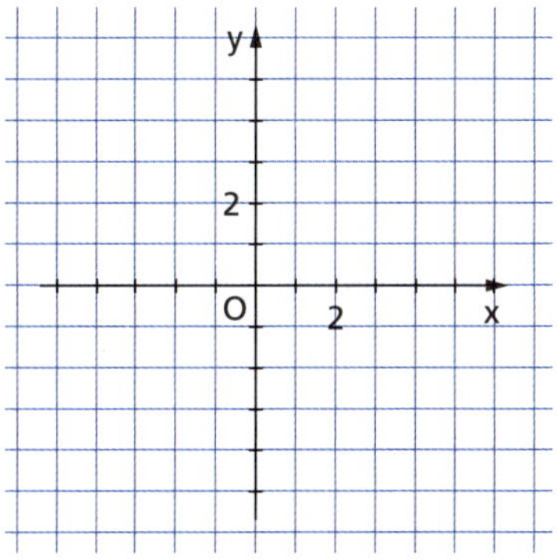

Näherungswerte	Rechteckregel	Trapezregel	Vergleich
a)			
b)			
c)			

***49** Ermitteln Sie einen Näherungswert mithilfe der Rechteckregel für das Integral $\int_0^{\frac{\pi}{2}} \sqrt{\cos x}\,dx$ für $n = 10$.

Keplersche und simpsonsche Regel

***50** Berechnen Sie das Integral $\int_1^2 \frac{e^x}{x}\,dx$ mithilfe der keplerschen Regel und nach der simpsonschen Regel für $n = 10$ (vergleiche Aufgabe 41).

Keplersche Regel (Zerlegung in zwei Streifen)

$\Delta x =$

$x_0 =$ $\quad y_0 \approx$

$x_1 =$ $\quad y_1 \approx$

$x_2 =$ $\quad y_2 \approx$

$\int_1^2 \frac{e^x}{x}\,dx = \frac{\Delta x}{3}(y_0 + 4y_1 + y_2)$

$=$

$=$

Simpsonsche Regel (Zerlegung in geradzahlig viele Streifen)

	y_{Rand}	$y_{ungerade}$	y_{gerade}
1,0		–	–
1,1	–		–
1,2	–	–	
1,3	–		–
1,4	–	–	
1,5	–		–
1,6	–	–	
1,7	–		–
1,8	–	–	
1,9	–		–
2,0		–	–
Summe	$s_1 =$	$s_2 =$	$s_3 =$

$\Delta x =$

$\int_1^2 \frac{e^x}{x}\,dx = \frac{\Delta x}{3}(s_1 + 4s_2 + 2s_3) =$

***51** Berechnen Sie nach der keplerschen Fassregel und nach der simpsonschen Regel (für $n = 10$) Näherungswerte für folgende Integrale. Vergleichen Sie mit den exakten Werten.

a) $\int_1^2 \frac{1}{x}\,dx$ b) $\int_1^3 \frac{1}{x}\,dx$ c) $\int_1^7 \frac{1}{x}\,dx$

***52** Von einer stetigen Funktion f sind im Intervall [0; 1] die folgenden Funktionswerte bekannt:

x	0	0,1	0,2	0,3	0,4	0,5	0,6	0,7	0,8	0,9	1
f(x)	1,375	1,923	0,736	0,841	1,613	3,445	4,502	4,933	5,155	4,112	3,814

Berechnen Sie das Integral $\int_0^1 f(x)\,dx$ nach der simpsonschen Regel.

***53** Berechnen Sie die nachfolgenden Integrale nach der Trapezmethode für $n = 8$ und nach der simpsonschen Regel für $n = 4$ und vergleichen Sie diese Näherungswerte mit den exakten Werten:

a) $\int_1^2 x^3\,dx$ b) $\int_1^2 \frac{1}{x^2}\,dx$ c) $\int_0^3 e^{2x}\,dx$

***54** Von einer stetigen Funktion f sind die folgenden Paare bekannt. Bestimmen Sie $\int_{-2}^2 f(x)\,dx$.

x	−2	−1,5	−1	−0,5	0	0,5	1	1,5	2
f(x)	0	2,1	5,2	9	11,2	7,1	4,8	1,2	0

3 Anwendungen der Integralrechnung

3.1 Berechnen von Flächeninhalten

Gesucht ist der Inhalt der Fläche zwischen dem Graphen der Funktion f und der x-Achse im angegebenen Intervall.

$f(x) = 4x - \frac{1}{2}x^2 \quad [1; 6]$

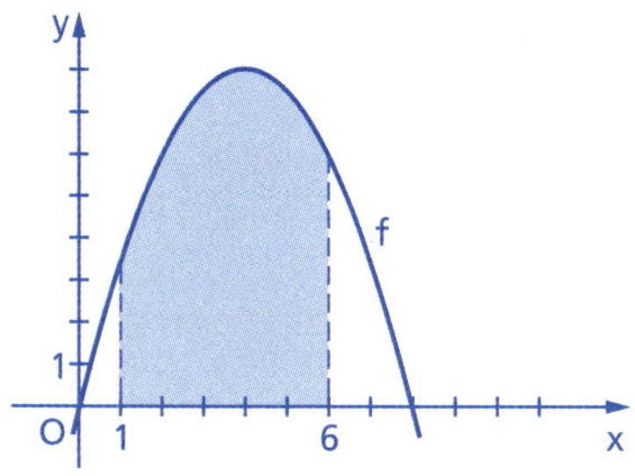

Nullstellen:

$x_1 =$ ___ $\quad x_2 =$ ___

$A = \int_1^6 \left(4x - \frac{1}{2}x^2\right) dx$

$= \left[\quad\right]_1^6$

$\approx$ ___ (FE)

$g(x) = \sqrt{x} - 2{,}5 \quad [1; 5]$

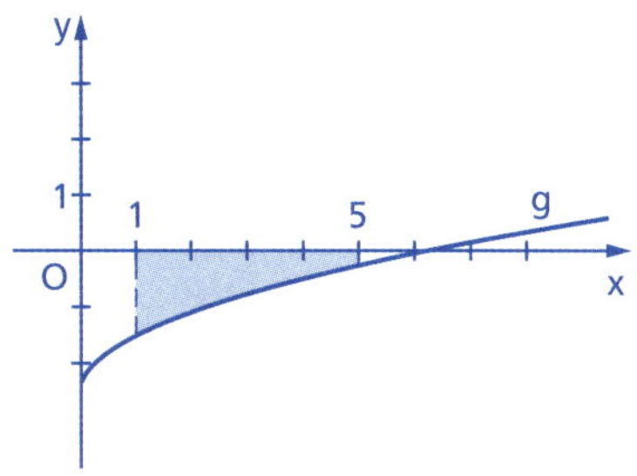

Nullstelle:

$x =$ ___

$A = \left| \int_1^5 (\sqrt{x} - 2{,}5)\, dx \right|$

$= \left| \left[\quad\right]_1^5 \right|$

$\approx$ ___ (FE)

$h(x) = -x^3 + 3x^2 + 4x \quad [-1; 3]$

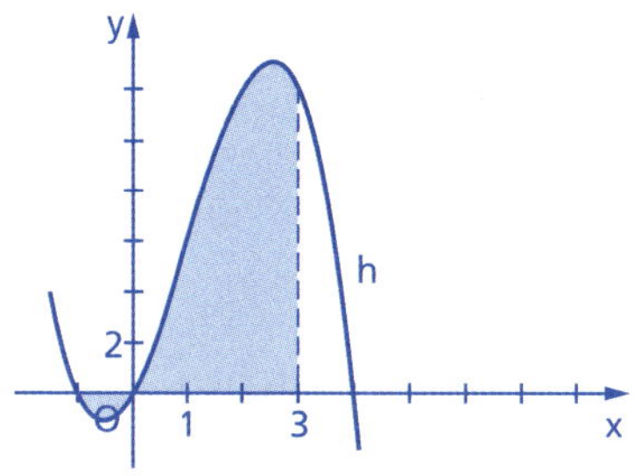

Nullstellen:

$x_1 =$ ___ $\quad x_2 =$ ___ $\quad x_3 =$ ___

$A = A_1 + A_2$

$= \left| \int_{-1}^0 h(x)\, dx \right| + \int_0^3 h(x)\, dx$

$= \left| \left[\quad\right]_{-1}^0 \right| + \left[\quad\right]_0^3$

$\approx$ ___ (FE)

1 Der Graph der Funktion f, die x-Achse und die Geraden $x = a$ und $y = b$ begrenzen eine Fläche vollständig. Berechnen Sie den Inhalt dieser Fläche.

	Funktionsgleichung	a	b	A (auf 2 Dezimalstellen gerundet)
a)	$f(x) = x^2 - 6x + 5$	2	3	
b)	$f(x) = x^3 + 3x^2 - 2x + 3$	–3	1	
c)	$f(x) = \sqrt{2x - 1}$	1	5	
d)	$f(x) = \frac{1}{x-1}$	2	4	
e)	$f(x) = x^2 + x^{-2}$	–2	–1	
f)	$f(x) = \frac{1}{2}e^x + 1$	0	2	
g)	$f(x) = -e^x$	–1	1	
h)	$f(x) = \sin x + 1$	0	π	

2 Durch den Graph der Funktion f und die x-Achse wird ein Flächenstück vollständig begrenzt. Berechnen Sie den Inhalt dieser Fläche.

a) $f(x) = \left(\frac{1}{2}x - 1\right)^2 - \frac{9}{4}$

Skizze:

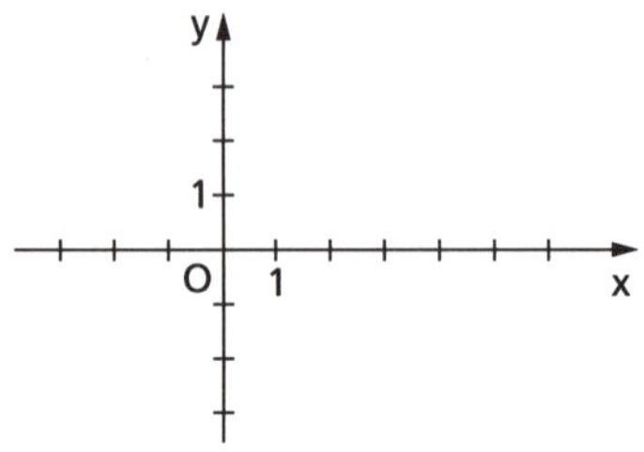

Integrationsgrenzen (Nullstellen):

$x_1 =$ $x_2 =$

Flächeninhaltsberechnung:

A = = =

b) $f(x) = 2x^3 - 8x$

Skizze:

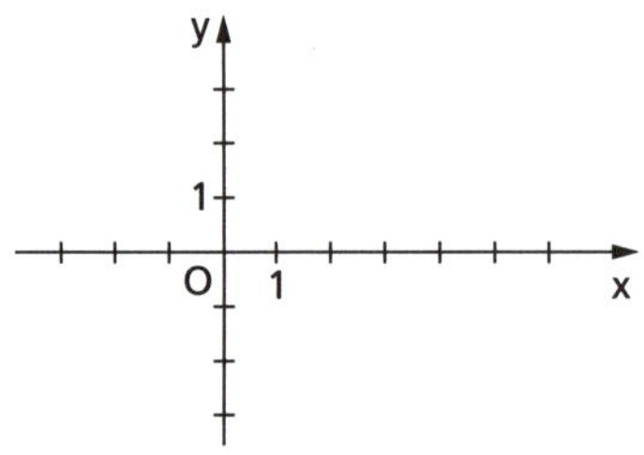

Integrationsgrenzen (Nullstellen):

$x_1 =$ $x_2 =$ $x_3 =$

Flächeninhaltsberechnung:

A = = =

3 Der Graph der Funktion f und die x-Achse begrenzen eine Fläche vollständig. Berechnen Sie den Inhalt dieser Fläche.

	Funktionsgleichung	Nullstellen	A (auf 2 Dezimalstellen gerundet)
a)	$f(x) = x^2 + x - 2$		
b)	$f(x) = \frac{3}{4}x^3 - 3x^2$		
c)	$f(x) = -x^3 + 4x^2 - 3x$		
d)	$f(x) = \sin x$ für $0 < x < 2\pi$		
e)	$f(x) = \cos x + 1$ für $-\pi \le x \le \pi$		

4 Der Graph der Funktion f und die Koordinatenachsen begrenzen eine Fläche vollständig. Berechnen Sie den Inhalt dieser Fläche.

	Funktionsgleichung	Nullstelle	A (auf 2 Dezimalstellen gerundet)
a)	$f(x) = -2x^2 + 8$		
b)	$f(x) = \sqrt{x + 3}$		
c)	$f(x) = \frac{2}{x+1} - 1$		
d)	$f(x) = e^x - e$		
e)	$f(x) = (x + 2)e^x$		
f)	$f(x) = 3\cos x$ für $x \ge 0$		

5 Durch die Graphen der Funktionen f und g wird eine Fläche vollständig begrenzt. Gesucht ist der Inhalt dieser Fläche.

a) $f(x) = -x^2 + \frac{3}{2}x + 4$

$g(x) = \frac{1}{2}x^2 + 1$

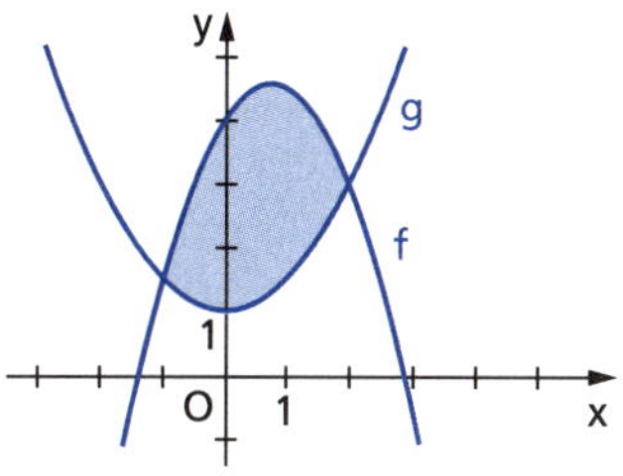

Integrationsgrenzen:
(Abszissen der Schnittpunkte der Graphen)

$-x^2 + \frac{3}{2}x + 4 = \frac{1}{2}x^2 + 1 \quad \Rightarrow \quad x_1 = \qquad x_2 =$

Flächenberechnung:

$A = \int_{x_1}^{x_2} (f(x) - g(x))\,dx = \qquad = \qquad = \qquad$ (FE)

b) Für den Inhalt der markierten Fläche gilt: $A = \int_{x_1}^{x_2} (f(x) - g(x))\,dx$

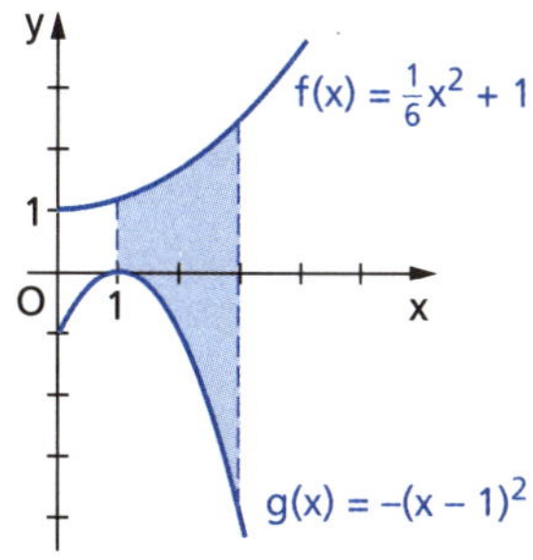

$=$

$=$

$=$

$=$ (FE)

6 Die Graphen der Funktion f und g begrenzen eine Fläche vollständig. Berechnen Sie den Inhalt dieser Fläche. (Veranschaulichen Sie den Sachverhalt ggf. durch eine Skizze)

	f(x)	g(x)	Abszissen der Nullstellen	A (auf 2 Dezimalstellen gerundet)
a)	$x^2 - x - 1$	5		
b)	$(x-3)^2 - 4$	$5 - x$		
c)	$3\sqrt{x}$	x		
d)	$-x^2 + 2x + 1$	$\frac{1}{6}x^2 + 1$		
e)	$\frac{1}{x}$	$-5x + 10{,}5$		
f)	$x^3 + x$	$x - 2x^2$		
g)	$x^3 - 4x$	$x^2 + 2x$		
h)	$x \cdot e^x$	2x		
i)	$e^x + \frac{1}{4}x^2 - 1$	e^x		
j)	$\cos x \quad (0 \le x \le 2\pi)$	$\sin x \quad (0 \le x \le 2\pi)$		

7 Berechnen Sie den Inhalt der Fläche, die durch den Graphen der Funktion f und der x-Achse vollständig begrenzt wird.

a) $f(x) = 3x^3 - 12x$ b) $f(x) = -x^3 + 6x^2 - 5x$ c) $f(x) = x^3 - 8x^2 + 15x$

d) $f(x) = x^4 - 10x^2 + 9$ e) $f(x) = x^5 + x^3 - 12x$ f) $f(x) = x^3 - 9x$

g) $f(x) = (\sqrt{5 - x})(x - 2)$ h) $f(x) = x^5 - 10x^3 + 9x$ i) $f(x) = x^3 - 6x^2 + 8x$

8 Der Graph der Funktion f und die Koordinatenachsen begrenzen ein Flächenstück vollständig. Berechnen Sie den Inhalt dieser Fläche.

a) $f(x) = -\frac{1}{2}x + 4$ b) $f(x) = \sqrt{2 + x}$ c) $f(x) = 3 - \frac{1}{3}x$

d) $f(x) = x - 3\sqrt{x}$ e) $f(x) = (x - 1)(x - 2)(x - 3)$ f) $f(x) = 8 - x^3$

9 Die Graphen der Funktionen f und g mit den angegebenen Gleichnungen schließen jeweils eine Fläche oder mehrere Flächenstücke ein. Berechnen Sie deren Inhalt.

a) $f(x) = x^2$; $g(x) = 5$ b) $f(x) = x^3 - 8$, $g(x) = 4x - 8$

c) $f(x) = 3 - \frac{1}{2}x^4$, $g(x) = 3 - 4x$ d) $f(x) = \sqrt{4x}$, $g(x) = \sqrt{12x - 72}$

e) $f(x) = x^3 - 6x^2 + 8x$, $g(x) = x^2 - 4x$ f) $f(x) = x^3 - 5x^2 + 4x - \sqrt{x}$, $g(x) = -\sqrt{x}$

10 Berechnen Sie den Inhalt der Fläche zwischen dem Graphen der Funktionen f und g im vorgegebenen Intervall.

a) $f(x) = -x^2 + 4x$, $g(x) = x - 4$, $[0; 3]$ b) $f(x) = \frac{1}{2}x^3 - 2x^2$, $g(x) = -x^2 + 6x$, $[1; 3]$

c) $f(x) = -x^2 - 6x$, $g(x) = \frac{1}{4}x^2 - \frac{5}{2}$, $[-3; 0]$ d) $f(x) = x^4 - 4x^2 + 4$, $g(x) = 0{,}5x^3 - 2{,}5$, $[-1; 1]$

e) $f(x) = \frac{1}{2}x^2 - 4$, $g(x) = \sqrt{2 + x}$, $[-1; 2]$ f) $f(x) = -\frac{1}{4}(x^4 - 1)$, $g(x) = x^2 - 2$, $[-1; 1]$

11 Bestimmen Sie den Inhalt der Fläche, die vom Graphen der Funktion f und der x-Achse eingeschlossen wird.

$$f(x) = \begin{cases} x & \text{für } x < 1 \\ 1 & \text{für } 1 \leq x < 2 \\ -\frac{x}{2} + 2 & \text{für } x \geq 2 \end{cases}$$

12 Berechnen Sie den Inhalt der markierten Fläche.

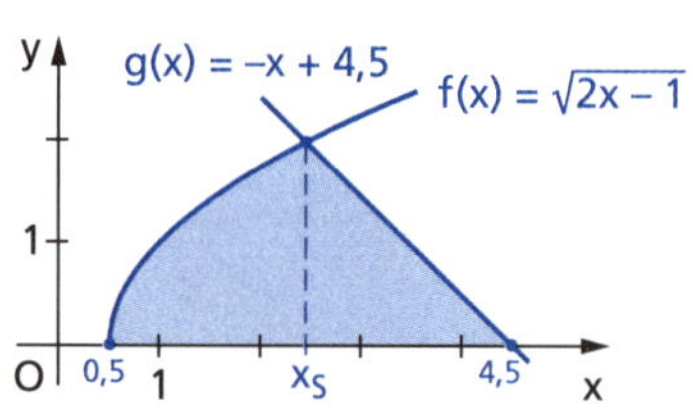

- Ermitteln von x_S:
- Berechnen der Fläche:

$A = \int \quad + \int$

$\approx$

$\approx$

13 Berechnen Sie den Inhalt der markierten Flächen.

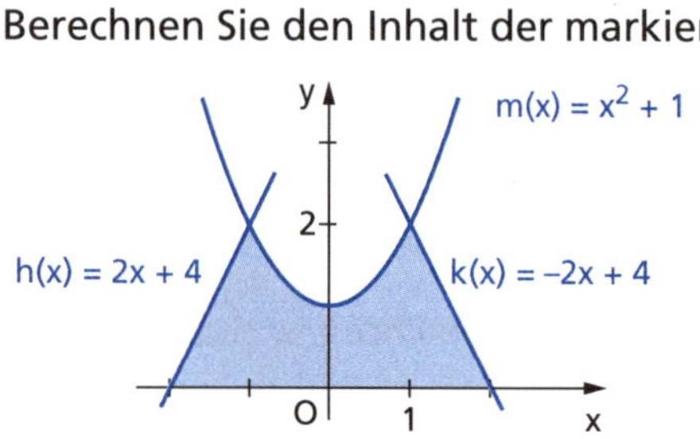

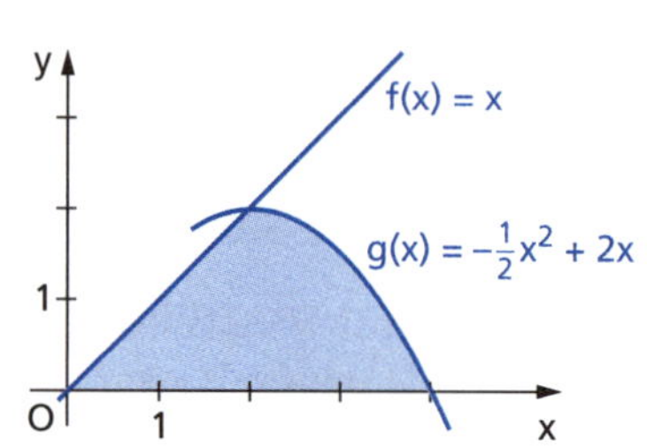

14 Berechnen Sie die Inhalte folgender Flächen.
Skizzieren Sie zunächst den beschriebenen Sachverhalt.

a) Die Graphen der Funktionen f und g mit $y = f(x) = e^x$ bzw. $y = g(x) = 2x + 4$ sowie die Geraden $x = -1$ und $x = 1$ begrenzen eine Fläche vollständig.

b) Gegeben sind die Funktion f mit $y = f(x) = 2\sqrt{x + 1}$ und die Funktion g mit $y = g(x) = -4x + 16$. Die Graphen von f und g und die x-Achse begrenzen eine Fläche vollständig.

c) Zwei Funktionen f und g sind gegeben durch $y = f(x) = -x^2 + 3$ und $y = g(x) = x^2 + 2x - 1$. Die Graphen von f und g und die y-Achse begrenzen eine Fläche vollständig.

d) Zwei Funktionen f und g sind gegeben durch $y = f(x) = \frac{3}{(x + 1)^2}$ $(x \in \mathbb{R},\ x > -1)$ und $y = g(x) = 1{,}5x + 3$.
Die Graphen von f und g, die Gerade $x = 2$ und die x-Achse begrenzen eine Fläche vollständig.

e) Die Parabeln $y = f(x) = 2x^2 - 2x - 4$ und $y = g(x) = (x - 2)^2$, die x-Achse und die Gerade $x = 3$ begrenzen eine Fläche vollständig.

f) Die beiden Parabeln $y = f(x) = \frac{1}{4}x^2 - 1$ und $y = g(x) = -\frac{1}{8}x^2 + 2$ schließen eine Fläche ein.

g) Die Parabel mit der Gleichung $y = \frac{1}{2}x^2$ und die Gerade mit der Gleichung $y = -\frac{4}{3}x + \frac{40}{3}$ schließen für $x \geq 0$ sowohl mit der x-Achse als auch mit der y-Achse jeweils eine Fläche vollständig ein.

h) Die Graphen der Funktion $y = f(x) = -\sqrt{x}$ und $y = g(x) = \frac{2}{(x - 1)^2}$ und die Geraden $x = 2$ und $x = 4$ schließen eine Fläche ein.

15 Der Graph der Funktion $f(x) = -x^2 + 4$ und die x-Achse begrenzen eine Fläche (ein Parabelsegment) vollständig.

a) Berechnen Sie den Inhalt dieser Fläche.

b) Dem Parabelsegment soll ein Quadrat einbeschrieben werden, dessen eine Seite auf der x-Achse liegt. Berechnen Sie die Seitenlänge und den Flächeninhalt dieses Quadrates.

16 Gegeben sind die Funktonen $f(x) = -(x + 2)^2 + 2$ und $g(x) = x + 2$.
Berechnen Sie den Inhalt der markierten Flächen.

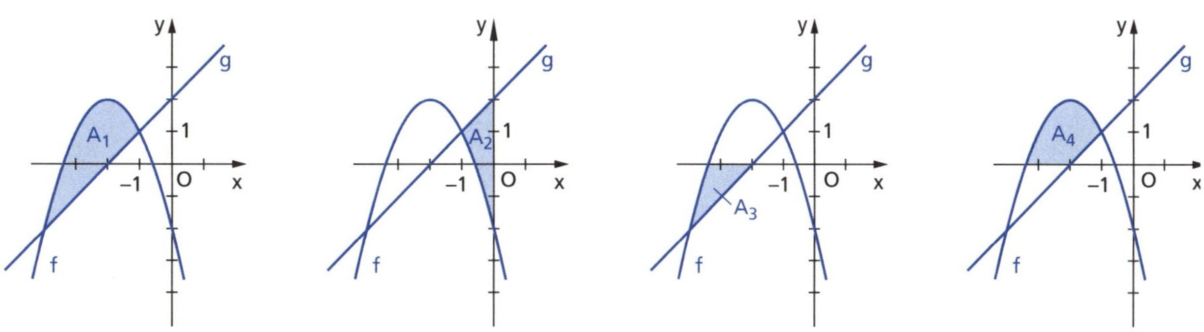

17 Berechnen Sie für folgende Sachverhalte den Wert von k (vgl. Aufgaben auf Seite 65).

a) Der Graph von f mit $y = f(x) = x^2 + 1$, die x-Achse und die Geraden $x = 1$ und $x = k$ mit $k > 0$ begrenzen eine Fläche mit $A = 24$ vollständig.

b) Der Graph der Funktion f mit $y = f(x) = \frac{1}{(x + 2)^2}$ $(x \in \mathbb{R},\ x \geq 0)$, die Koordinatenachsen und die Gerade $x = k$ $(k \in \mathbb{R},\ k > 0)$ begrenzen eine Fläche mit $A = \frac{1}{4}$ vollständig.

c) Der Graph von f mit $y = f(x) = \sqrt{x} + 2$ $(x \in \mathbb{R},\ x \geq 0)$, die Koordinatenachsen und die Gerade $x = k$ begrenzen eine Fläche mit $A = 36$ vollständig.

18 Der Graph der Funktion f, die x-Achse und die Gerade $x = a$ begrenzen eine Fläche vollständig. Für welches $a \in \mathbb{R}$, $a < 0$ hat die Fläche den vorgegebenen Inhalt?

a) $f(x) = x^3 \quad A = 2$ (FE) b) $f(x) = -2x + 2 \quad A = 9$ (FE) c) $f(x) = -3x^2 + 12 \quad A = 27$ (FE)

19 Bestimmen Sie k ($k \in \mathbb{R}$) so, dass der Graph der Funktion f mit der x-Achse eine Fläche mit dem vorgegebenen Inhalt A (in FE) einschließt.

a) $f(x) = kx^2 - 4 \quad A = \frac{32}{3}$ b) $f(x) = x^2 + kx \quad A = \frac{4}{3}$ c) $f(x) = kx^3 - 4x \quad A = 2$

d) $f(x) = k^2 - 4x^2 \quad A = 18$ e) $f(x) = k(x^2 - 1) \quad A = 12$ f) $f(x) = kx^2 + 2x \quad A = \frac{64}{3}$

20 Die Fläche, die vom Graphen der Funktion $f(x) = \sqrt{x}$, der x-Achse und der Geraden $x = 4$ eingeschlossen wird, soll durch eine Parallele zur y-Achse in zwei flächengleiche Teilflächen zerlegt werden. In welchem Abstand zur y-Achse ist diese Parallele zu zeichnen?

21 Ein Flächenstück, welches durch die Kurve der Funktion $f(x) = 2x^2 + 4x + 1$, ein Intervall der x-Achse, die Ordinate an der Stelle $x_1 = 1$ und eine zweite Ordinate (an einer Stelle $x_2 > 1$) begrenzt wird, hat die Größe 35 LE. Wo befindet sich die zweite Ordinate? (Näherung auf 2 Stellen nach dem Komma genau.)

22 Bestimmen Sie den Parameter k ($k \in \mathbb{R}$) in den nachfolgenden Funktionsgleichungen so, dass die von den Graphen der Funktionen f und g eingeschlossene Fläche den angegebenen Inhalt A (in FE) hat.

a) $f(x) = x^2,\ g(x) = kx,\ k > 0,\ A = \frac{9}{2}$ b) $f(x) = -x^2 + k^2,\ g(x) = 3x^2,\ k > 0,\ A = \frac{16}{3}$

c) $f(x) = k^2,\ g(x) = -\frac{1}{2}x^2 + 3k^2,\ k > 0,\ A = \frac{16}{3}$ d) $f(x) = kx,\ g(x) = x^3,\ k > 0,\ A = 16$

23 Gegeben sind die Funktionen f und g mit $f(x) = x^2$ und $g(x) = mx$ ($m \in \mathbb{R}$). Für welches m schließen die Parabel und die Gerade eine Fläche mit dem Inhalt $A = \frac{4}{3}$ (FE) ein?

24 Wie groß ist die Fläche, welche die Normalparabel ($y = x^2$), deren Tangente im Punkt P(2; 4) und die x-Achse einschließen?

25 Berechnen Sie in den nachfolgenden Funktionsgleichungen den Parameter $k \in \mathbb{R}$ so, dass der Graph der Funktion f und die x-Achse im angegebenen Intervall eine Fläche mit vorgegebenem Inhalt A (in FE) einschließen.

a) $f(x) = kx + 1,\ [1; 3],\ A = 14,\ k > 0$ b) $f(x) = kx^2 + 2k,\ [0; 2],\ A = \frac{80}{3},\ k > 0$

c) $f(x) = kx^3,\ [1; 3],\ A = 40,\ k > 0$ d) $f(x) = k(x^4 - 1),\ [-1; 1],\ A = \frac{16}{5},\ k < 0$

26 Welche Parabel mit der Gleichung $f(x) = -x^2 + k$ ($k > 0$) schließt mit der x-Achse eine 2 FE große Fläche ein?

27 Eine Potenzfunktion 3. Grades hat ein Minimum bei (1; 0) und einen Wendepunkt bei (0; 1). Stellen Sie die Gleichung dieser Funktion auf und berechnen Sie den Inhalt der Fläche, die der Graph dieser Funktion und die x-Achse einschließen.

28 Gegeben sei eine Schar von Funktionen f_k mit der Gleichung $f_k(x) = kx + k$ ($k \in \mathbb{R},\ k > 0$).

a) Skizzieren Sie die Graphen der Funktionen f_k für $k_1 = \frac{1}{2}$ und $k_2 = 2$.

b) Berechnen Sie für $k_3 = \frac{3}{2}$ den Inhalt der Fläche zwischen dem Graphen der Funktion f_k und der x-Achse im Intervall [−1; 2].

c) Für welches k hat die Fläche zwischen dem Graphen der Funktion f_k und der x-Achse im Intervall [−1; 4] einen Inhalt von A = 25 (FE)?

29 Die von den Graphen eingeschlossene Fläche soll berechnet werden. Welcher Ansatz kann dafür zutreffen?

① $\int_0^1 \left(\frac{1}{4}x^2 + \frac{1}{4}\sqrt{x}\right)dx$ ② $\int_0^1 \left(\frac{1}{4}\sqrt{x} - \frac{1}{4}x^2\right)dx$

③ $\int_0^1 \left(\frac{1}{4}\sqrt{x} + \frac{1}{4}x^2\right)dx$ ④ $\int_0^1 \left(\frac{1}{4}x^2 - \frac{1}{4}\sqrt{x}\right)dx$

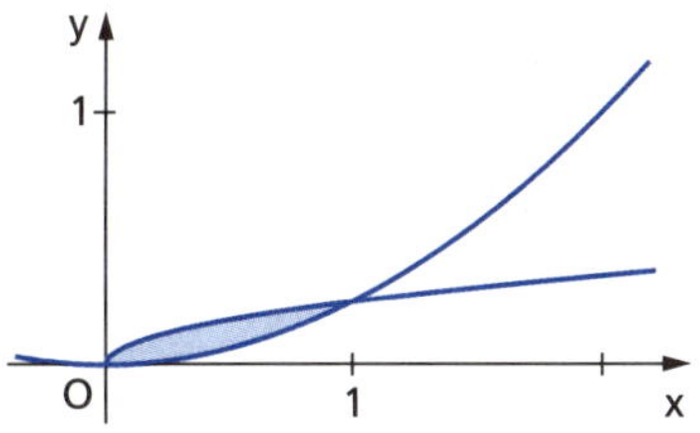

30 Der Graph einer quadratischen Funktion mit einer Gleichung der Form $f(x) = ax^2 + bx + c$ schneidet die x-Achse in den Punkten (–4; 0) und (3; 0). Er schließt mit der x-Achse zwischen diesen Punkten eine Fläche mit dem Inhalt $A = 42\frac{7}{8}$ (FE) ein. Bestimmen Sie die Gleichung dieser Funktion.

31 Eine Potenzfunktion 3. Grades hat einen Minimumpunkt bei (1; –2) und einen Wendepunkt bei (0; 0). Bestimmen Sie die Funktionsgleichung und berechnen Sie den Inhalt der Fläche, die der Graph dieser Funktion und die x-Achse einschließen.

32 Der Graph der Funktion $f(x) = -x^2 + 4$ schneidet die x-Achse in den Punkten P_1 und P_2 und die y-Achse im Punkt Q.
Berechnen Sie den Inhalt der Fläche zwischen der Parabel und den Sehnen $\overline{P_1Q}$ und $\overline{P_2Q}$.

33 Bestimmen Sie den Inhalt der Fläche A, die von den Graphen der Funktionen f, g und h auf die nebenstehende Weise eingeschlossen wird.

Es sei $f(x) = (x-4)^2 - 1$
$g(x) = x^2 - 4x + 5$
$h(x) = x^2 - 12x + 37$

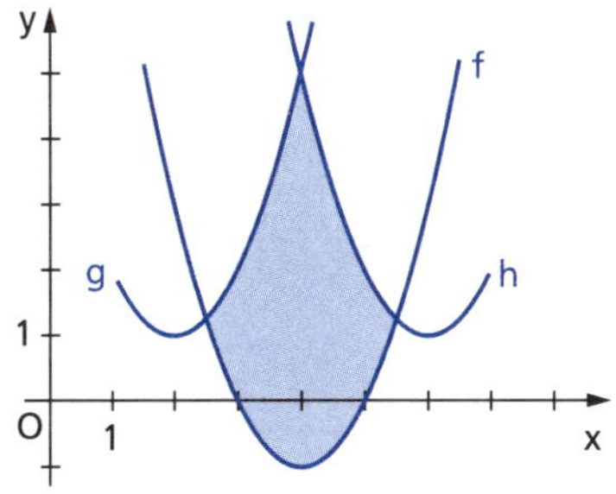

34 Für welchen Wert von m sind die beiden markierten Flächen gleich groß?

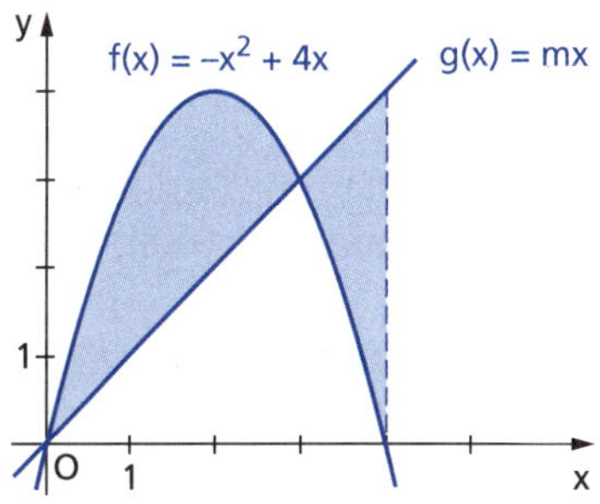

35 Der Graph der Funktion $f(x) = \sqrt{4x}$ wird an der Geraden $f(x) = x$ gespiegelt.
Wie groß ist der Inhalt der Fläche, die Original und Bildgraph einschließen? (Fertigen Sie eine Skizze an.)

36 Zeichnen Sie das Rechteck ABCD mit A(0; 0), B(2; 0), C(2; 4) und D(0; 4). In welchem Verhältnis teilt die Normalparabel (Graph der Funktion $f(x) = x^2$) die Fläche des Rechtecks?

37 In welchem Verhältnis teilt der Graph der Funktion $f(x) = x + 3$ die von den Graphen der Funktionen $g(x) = -x^2 + 9$ und $h(x) = x^2 - 9$ eingeschlossene Fläche? (Fertigen Sie eine Skizze an.)

38 Durch die Gleichung $f(x) = (x - a)^2$ ist für jeden Wert von a ($a \in \mathbb{R}$) eine Parabel gegeben, die mit der x-Achse und den Geraden $x = 0$ und $x = 4$ eine Fläche begrenzt.
Für welches a hat diese Fläche den Inhalt $\frac{28}{3}$ FE?

39 Beim Bau einer Traglufthalle wird eine parabolische Bogenkonstruktion verwendet. Die Maße sind der nebenstehenden Skizze zu entnehmen.

a) Bestimmen Sie die Gleichung dieser Parabel.
b) Berechnen Sie den Inhalt der Querschnittsfläche.
c) Berechnen Sie das Luftvolumen.

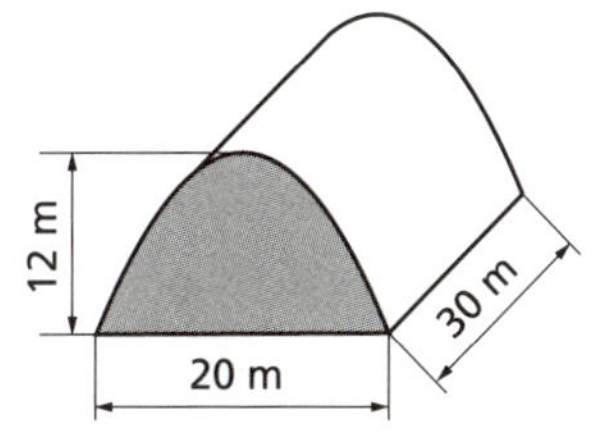

3.2 Physikalische und technische Probleme Modellierungsbeispiele als Anwendung der Integralrechnung

Schwerpunkt einer Fläche

Für die Koordinaten des Schwerpunkts einer Fläche gilt:

$$x_S = \frac{\int_a^b x \cdot f(x)\,dx}{\int_a^b f(x)\,dx} \qquad y_S = \frac{\frac{1}{2} \cdot \int_a^b [f(x)]^2\,dx}{\int_a^b f(x)\,dx}$$

Beispiel

Der Graph der Funktion $f(x) = -x^2 + 3x$ schließt mit der x-Achse eine Fläche ein. Die Koordinaten des Schwerpunkts dieser Fläche sollen berechnet werden.

Integrationsgrenzen: $a =$ ___ $b =$ ___

$f(x) = -x^2 + 3x$ $x \cdot f(x) =$ ___ $(f(x))^2 =$ ___

$\int_a^b f(x)\,dx =$ ___ $\int_a^b x \cdot f(x)\,dx =$ ___ $\int_a^b (f(x))^2\,dx =$ ___

Schwerpunkt S: $x_S = \frac{\_\_\_}{\_\_\_} =$ ___ $y_S = \frac{\_\_\_}{\_\_\_} =$ ___

***40** Berechnen Sie den Schwerpunkt der folgenden Flächen:

a) Halbkreis

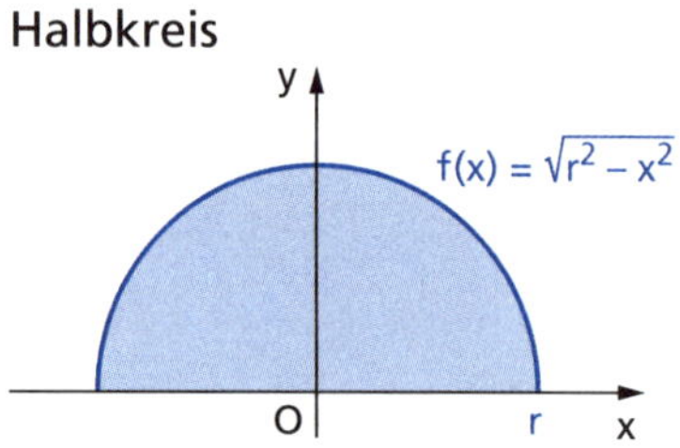

b) Parabelfläche

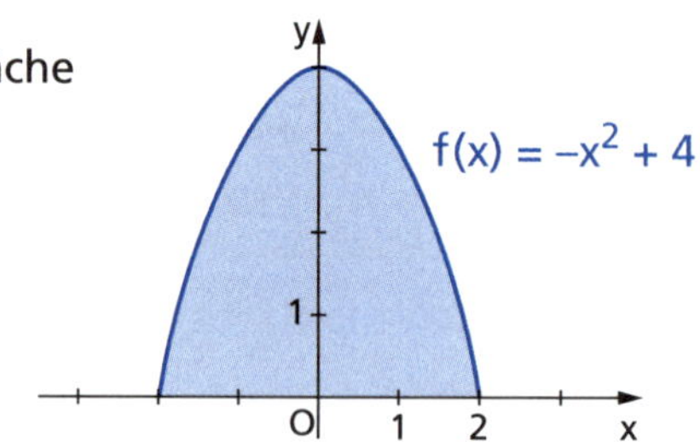

***41** Berechnen Sie den Schwerpunkt eines gleichschenkligen Dreiecks.
Hinweis: Legen Sie das Dreieck symmetrisch zur x-Achse in ein Koordinatensystem.

***42** Berechnen Sie die Schwerpunktskoordinaten eines Viertelkreises.
Hinweis: Wählen Sie den I. Quadranten und beachten Sie die Symmetrie zur Geraden $y = x$.

Physikalische Arbeit

Wird ein Körper längs eines Weges s von s_1 nach s_2 unter Einwirkung der Kraft F bewegt, so gilt für die verrichtete Arbeit W:

$$W = \int_{s_1}^{s_2} F(s)\,ds \qquad \text{(Wegintegral der Kraft)}$$

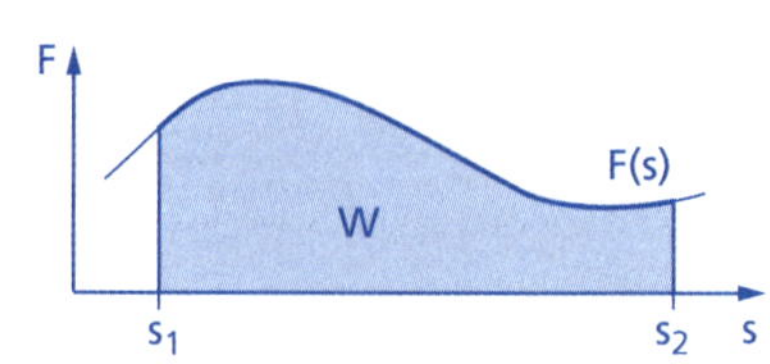

Beispiel

Beim Spannen einer Schraubenfeder ist die erforderliche Kraft F proportional zur Ausdehnung s.
Es gilt $F(s) = D \cdot s$, wobei der Proportionalitätsfaktor D eine Federkonstante ist.
Wie groß ist die beim Spannen verrichtete Arbeit W, wenn eine Feder mit $D = 10\ \text{Nm}^{-1}$ von 0 auf 20 cm ausgedehnt wird?

$F(s) =$ ___ $\cdot s$ $s_1 =$ ___ (m) $s_2 =$ ___ (m)

$W = \int$ ___ $ds = [$ ___ $] =$ ___ $=$ ___ (Nm)

43 Berechnen Sie die Spannarbeit, die beim Spannen einer Schraubenfeder von folgenden Dehnungen aufgebracht werden muss. (Federkonstante $D = 0{,}2\ N \cdot cm^{-1}$)

a) von 0 auf 10 cm b) von 5 cm auf 15 cm c) von 15 cm auf 30 cm

44 Auf einem Weg von 25 m wirkt eine konstante Kraft von 20 N auf einen Körper. Berechnen Sie die verrichtete Arbeit.

***45** Ein Fahrstuhl führt über fünf Stockwerke und hält in jedem. Es steigen jeweils Personen ein und aus, wodurch dich die jeweilige Belastung ändert. Der Abstand zwischen zwei Stockwerken sei Δs. Fertigen Sie ein mögliches Kraft-Weg-Diagramm an und berechnen Sie die verrichtete Arbeit.

Bewegungsvorgänge

Wird ein Körper innerhalb einer Zeit t von t_1 bis t_2 mit einer Geschwindigkeit v bewegt, so gilt für den zurückgelegten Weg:

$$s = \int_{t_1}^{t_2} v(t)\,dt$$

Der Flächeninhalt unter der Kurve ist ein Maß für den zurückgelegten Weg.

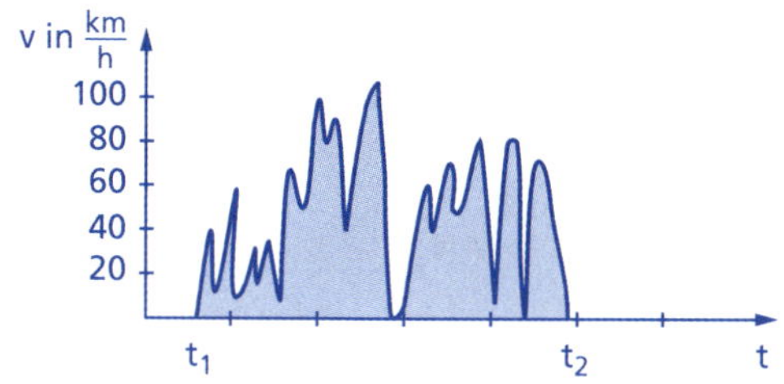

Wird ein Körper innerhalb einer Zeit t von t_1 bis t_2 mit einer Beschleunigung a bewegt, so gilt für die Geschwindigkeit:

$$v = \int_{t_1}^{t_2} a(t)\,dt$$

Der Flächeninhalt unter der Kurve ist ein Maß für die Geschwindigkeit.

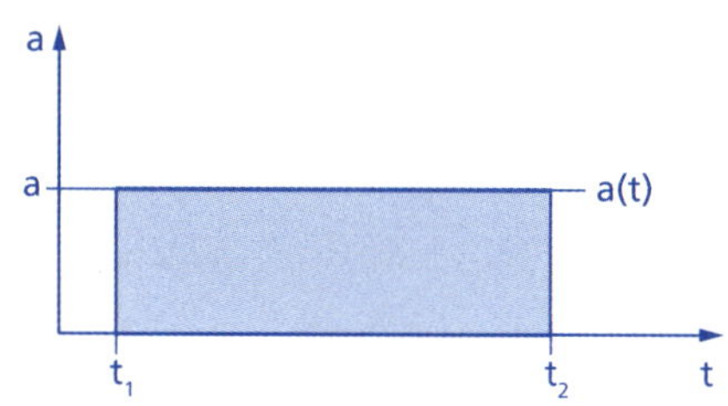

Beispiel

Mithilfe der Integralformeln für Weg und Geschwindigkeit sollen die Weg-Zeit-Funktion und die Geschwindigkeit-Zeit-Funktion für den freien Fall eines Körpers gewonnen werden.
Zum Zeitpunkt $t = 0$ seien die Geschwindigkeit und der bisher zurückgelegte Weg null. Die Beschleunigung ist konstant, es gilt $a(t) = g$ (Fallbeschleunigung).

(1) Für die Fallgeschwindigkeit v zum Zeitpunkt t_0 gilt: $v = \int_0^{t_0} \_\_\_\_\ dt = [\_\_\_\_] = \_\_\_\_$

(2) Für den in der Zeit t_0 zurückgelegten Fallweg s gilt: $s = \int \_\_\_\_\ dt = [\_\_\_\_] = \_\_\_\_$

***46** Ein Körper, der zur Zeit $t_0 = 0$ die Geschwindigkeit $v_0 = 4\ ms^{-1}$ besitzt, erfährt 3 s lang eine linear zunehmende Beschleunigung von 0 auf $6\ ms^{-2}$.
Wie ändert sich in dieser Zeit seine Geschwindigkeit und wie weit kommt er?

***47** Beim Entladen eines Kondensators fließt ein elektrischer Strom I, dessen Stärke nach der Gleichung $I(t) = 2{,}4 \cdot e^{-0{,}4t}$ zu berechnen ist. Der Flächeninhalt zwischen der Kurve I(t) und der Zeitachse ist ein Maß für die durch den Stromfluss transportierte elektrische Ladung.

a) Wie groß ist die Stromstärke zum Zeitpunkt $t = 0$?
b) Berechnen Sie die vom Kondensator in den ersten fünf Sekunden und in der zweiten Sekunde des Entladevorgangs abgegebene Ladungsmenge.
c) Veranschaulichen Sie die berechneten Ladungsmengen.

3.3 Rotationskörper und Bogenlänge

Rotiert das Flächenstück zwischen dem Graphen einer Funktion f und der x-Achse um die x-Achse, so gilt für das Volumen des so entstehenden Rotationskörpers:

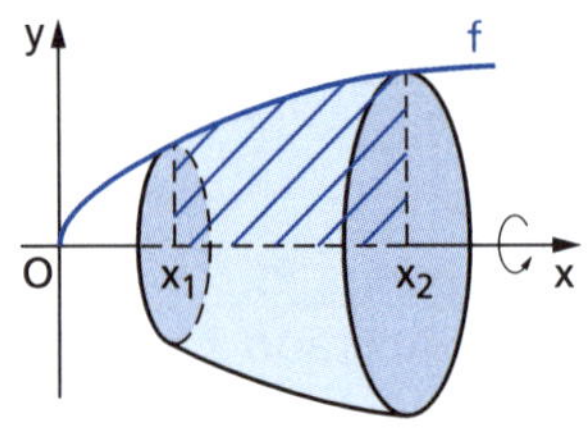

$$V_x = \pi\int_{x_1}^{x_2}[f(x)]^2\,dx$$

Beispiel

$f(x) = \sqrt{x+1}$ $\quad x_1 = 0;\quad x_2 = 3$

$$V_x = \pi\int_0^3(\sqrt{x+1})^2\,dx = \pi\int_0^3(\quad\square\quad)\,dx$$

$$= \pi\Big[\quad\square\quad\Big]_0^3 = \pi(\quad\square\quad) = \frac{15}{2}\pi$$

Rotiert das Flächenstück zwischen dem Graphen einer Funktion f und der y-Achse um die y-Achse, so gilt für das Volumen des Rotationskörpers:

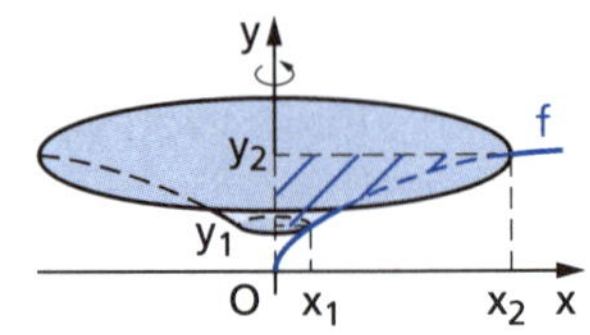

$$V_y = \int_{y_1}^{y_2}[\bar{f}(y)]^2\,dy$$ ($\bar{f}$ ist Umkehrfunktion von f)

Beispiel

$f(x) = \frac{1}{2}x^2$ $\quad x_1 = 0;\quad x_2 = 2$

$x = \bar{f}(y) = \quad\square$

$$V_y = \pi\int_0^2(\quad\square\quad)^2\,dy = \pi\int_0^2\quad\square\quad dy$$

$$= \pi\Big[\quad\square\quad\Big]_0^2 = \pi(\quad\square\quad) = \frac{8}{5}\pi$$

48 Die Fläche unter dem Graphen der Funktion f rotiert im angegebenen Intervall um die x-Achse. Fertigen Sie jeweils eine Skizze an und berechnen Sie das Volumen der Rotationskörper. Welche der Ihnen bekannten Körper entstehen durch die Rotation?

a) $f(x) = 2;\ [0; 5]$

V =

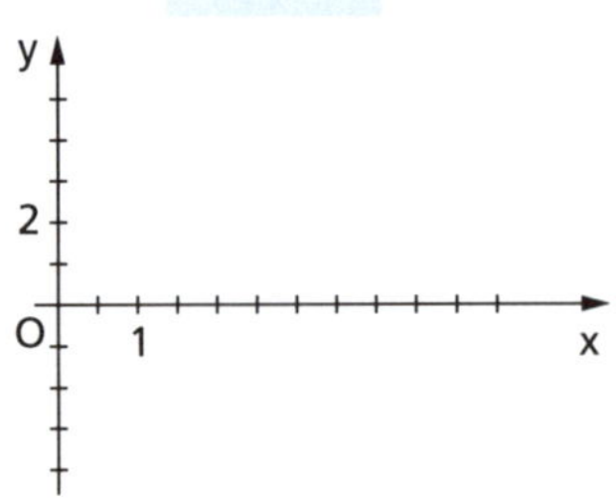

b) $f(x) = \frac{2}{5}x;\ [0; 5]$

V =

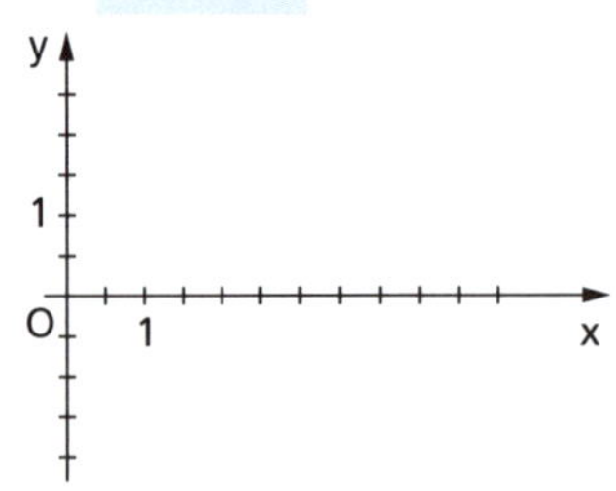

c) $f(x) = \sqrt{4-x^2};\ [-2; 2]$

V =

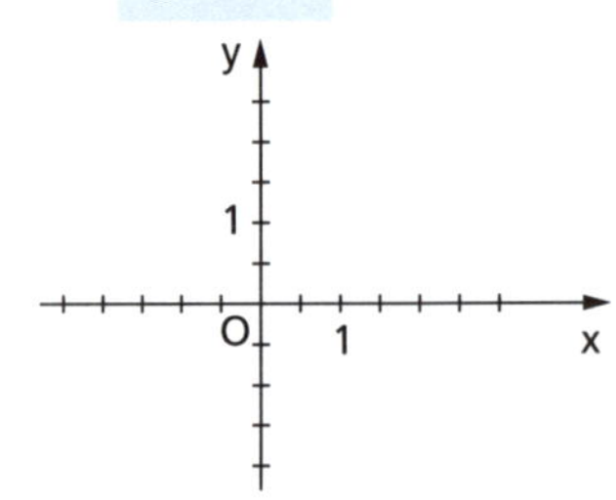

d) $f(x) = \frac{2}{3}x + 1;\ [2; 6]$

V =

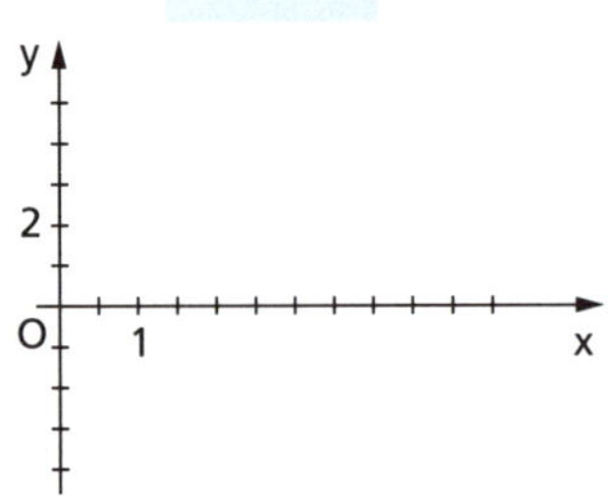

e) $f(x) = x^2 - 3x;\ [0; 3]$

V =

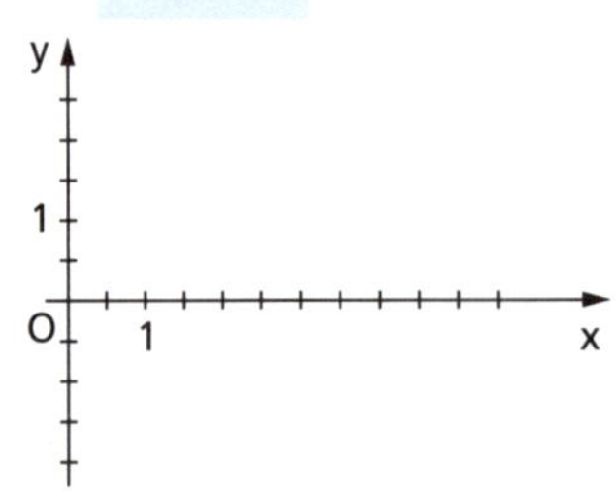

f) $f(x) = x^2 - 1;\ [1; 3]$

V =

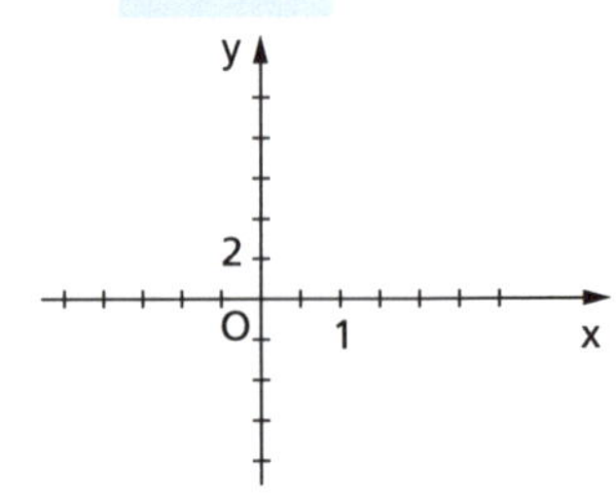

g) $f(x) = \frac{1}{2}x;\ [1; 4]$

V =

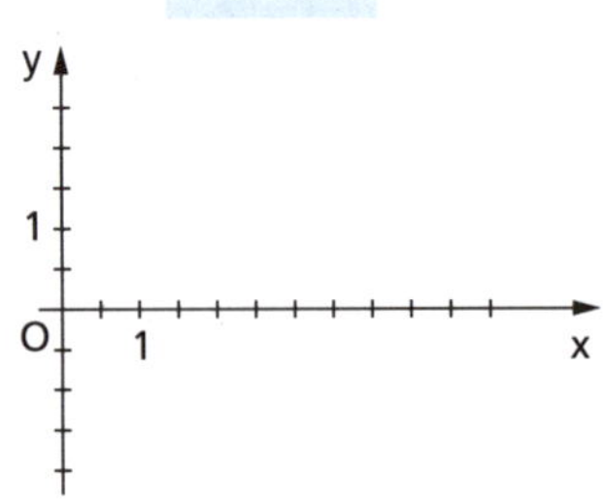

h) $f(x) = \sqrt{x};\ [0; 4]$

V =

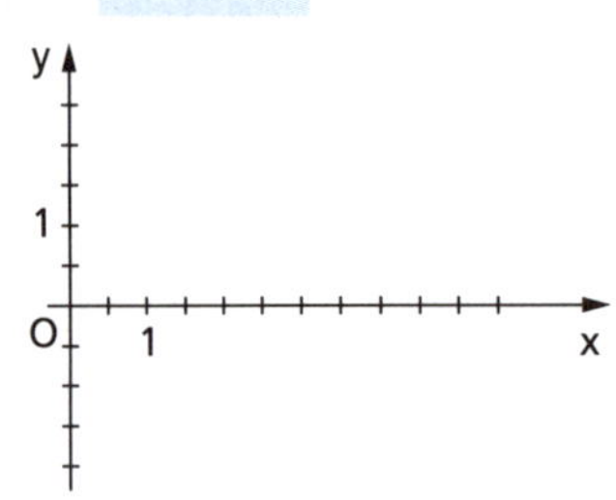

i) $f(x) = \sqrt[4]{x-1};\ [1; 2]$

V =

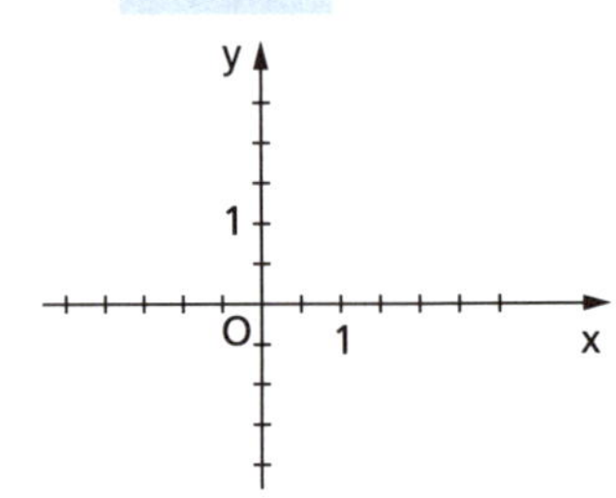

49 Leiten Sie durch geeignete Integration folgende Volumenformeln her:

a) Volumen eines geraden Kreiskegels mit der Höhe h und dem Radius r

b) Volumen eines Kegelstumpfes

c) Volumen einer Kugel mit dem Radius r

50 Durch die Gleichung $\frac{x^2}{a^2} + \frac{y^2}{b^2} = 1$ ist eine Ellipse mit den Halbachsen a und b gegeben.
Die Ellipse mit $a = 5$ und $b = 5$ rotiere um die x-Achse.
Berechnen Sie das Volumen des entstehenden Ellipsoids.

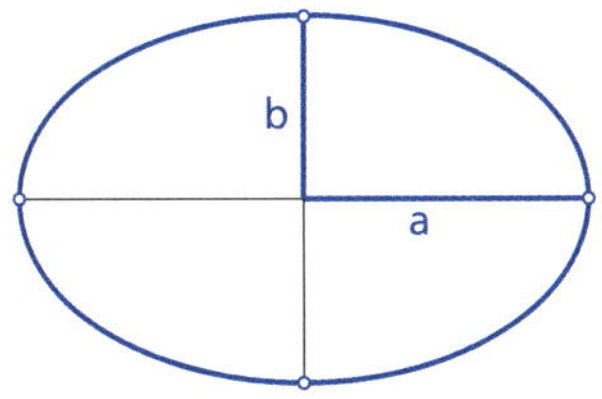

51 Die Fläche zwischen den Graphen der Funktion f und der y-Achse rotiere im (auf der x-Achse) angegebenen Intervall um die y-Achse.
Berechnen Sie das Volumen des entstehenden Rotationskörpers.

a) $f(x) = \frac{5}{3}x$ [0; 3]
b) $f(x) = \frac{1}{4}x^2$ [1; 3]
c) $f(x) = \sqrt{1 + x^2}$ [1; 2]
d) $f(x) = x^3$ [0; 2]

52 Gegeben ist die Funktion $f(x) = \frac{3}{4}x$.

a) Skizzieren Sie den Graphen der Funktion im Intervall [0; 4].

b) Bei Rotation um die x-Achse entsteht ein Rotationskörper. Berechnen Sie dessen Volumen.

c) In diesen Rotationskörper wird ein Zylinder einbeschrieben.
Wie groß sind dessen Höhe h und der Radius r, damit sein Volumen maximal wird?

53 Die Graphen der Funktionen f und g und die x-Achse begrenzen eine Fläche. Diese Fläche rotiert um die x-Achse. Bestimmen Sie das Volumen des Rotationskörpers.

a) $f(x) = x^2$; $g(x) = -x + 2$
b) $f(x) = \frac{1}{2}x^2$; $g(x) = -\frac{1}{2}x + 3$

***54** Welches Volumen hat der Rotationskörper, der entsteht, wenn die Fläche zwischen den Graphen der folgenden Funktionen f und g um die x-Achse rotiert?

a) $f(x) = \frac{1}{2}x$; $g(x) = \sqrt{x}$
b) $f(x) = x^3$; $g(x) = 4x$

55 Ein Behälter zur Herstellung von Eis hat ein parabelförmiges Profil mit den nebenstehenden Maßen.

a) Stellen Sie die Gleichung der Parabel auf.

b) Berechnen Sie das Volumen des Behälters.

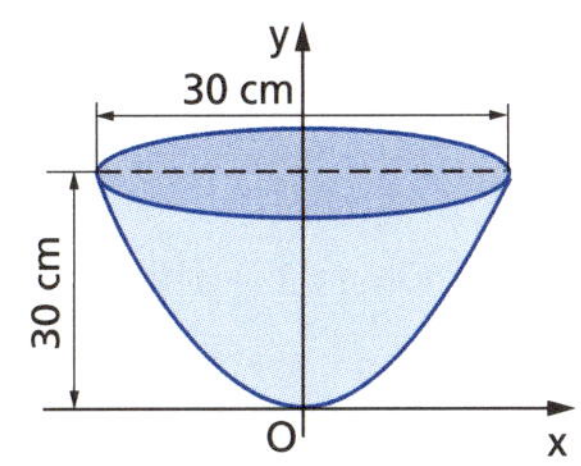

56 Ein Kupferkessel entsteht durch Rotation der markierten Fläche um die x-Achse. (Einheit: 1 dm)

a) Berechnen Sie das Fassungsvermögen.

b) Für welchen Wert a ist der Kessel halb gefüllt?

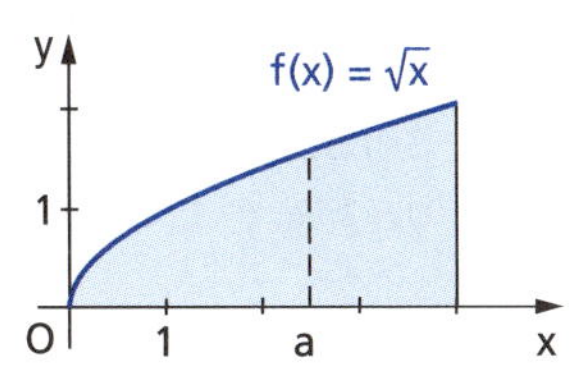

57 Berechnen Sie das Volumen des Rotationskörpers, der entsteht, wenn die von den Graphen der Funktionen f und g mit $f(x) = e^x - 0{,}5$ und $g(x) = e^x + 0{,}5$ und der x-Achse eingeschlossene Fläche um die x-Achse rotiert.

Mantelflächen von Rotationskörpern

Für den Mantelflächeninhalt eines Körpers, der durch Rotation um die x-Achse entsteht, gilt:

$$A_M = 2\pi \int_a^b f(x) \cdot \sqrt{1 + (f'(x))^2}\, dx$$

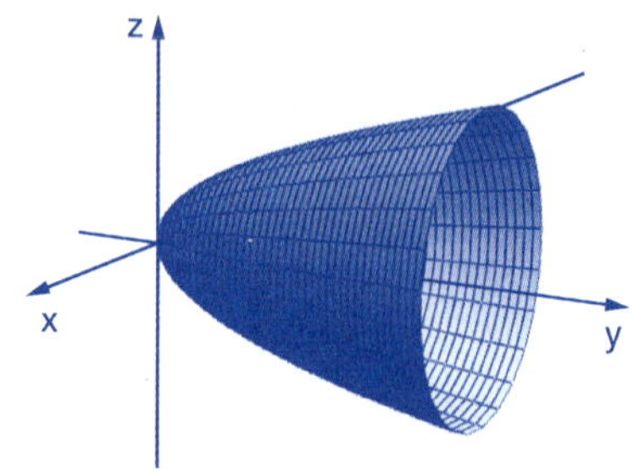

Beispiel

$f(x) = \sqrt{x} \quad a = 0; \quad b = 2$

$f'(x) =$ ___ $\quad (f'(x))^2 =$ ___ $\quad f(x) \cdot \sqrt{1 + (f'(x))^2} =$ ___

$A_M = 2\pi \int_0^2$ ___ $dx = 2\pi\Big[$ ___ $\Big]_0^2$

$= 2\pi\Big($ ___ $\Big) = \frac{13}{3}\pi$

***58** Die Parabel mit der Gleichung $y^2 = 2x$ rotiere um die x-Achse. Berechnen Sie die Mantelfläche des entstehenden Paraboloids über dem Intervall [0; 2].

***59** Bestimmen Sie die Mantelfläche eines geraden Kreiskegels, der durch Rotation des Graphen der Funktion $y = f(x) = mx$ um die x-Achse im Intervall [0; h] entsteht.

***60** Bestätigen Sie mithilfe der Integralrechnung die Formel für die Mantelfläche eines Kegelstumpfes. Berechen Sie den Inhalt der Mantelfläche für den Kegelstumpf, der durch Rotation des Graphen der Funktion $y = -x + 5$ um die x-Achse im Intervall [0; 4] entsteht.

***61** Eine Kettenlinie (Graph der Funktion mit der Gleichung $y = f(x) = \frac{1}{2}\left(e^x + e^{-x}\right)$ erzeugt bei Rotation um die x-Achse einen Körper. Wie groß ist dessen Mantelfläche über dem Intervall [–1; 1]?

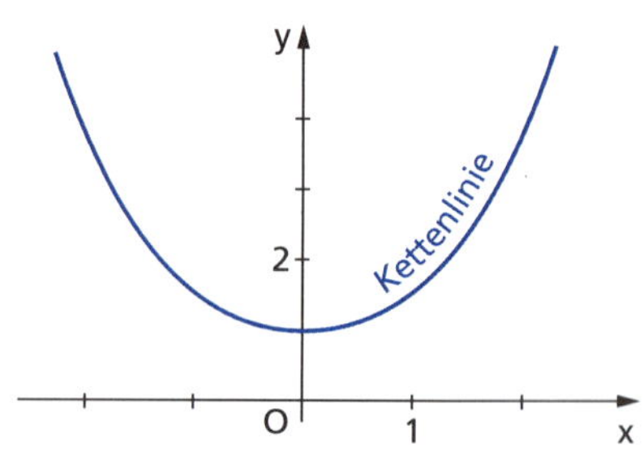

Bogenlänge von Kurven

***62** Der Graph der Funktion f mit $f(x) = \frac{1}{2}\left(e^x + e^{-x}\right)$ heißt Kettenlinie (vgl. Aufgabe 61). Berechnen Sie die Länge s der Kettenlinie („Bogenlänge") im Intervall [–2; 2].

$f(x) = \frac{1}{2}\left(e^x + e^{-x}\right);\quad f'(x) =$ ___ $\quad (f'(x))^2 =$ ___ $\quad \sqrt{1 + f'(x))^2} =$ ___

$s = \int_a^b \sqrt{1 + f'(x))^2}\, dx = \int_{-2}^{2}$ ___ $dx =$ ___ $=$ ___

***63** Die neilsche Parabel ist der Graph der Funktion $f(x) = \sqrt{x^3}$. Berechnen Sie die Bogenlänge der neilschen Parabel im Intervall [0; b]

***64** Berechnen Sie den Umfang der von den Graphen der Funktionen f und –f mit $f(x) = \frac{3 - x}{3}\sqrt{x}$ eingeschlossenen Fläche.

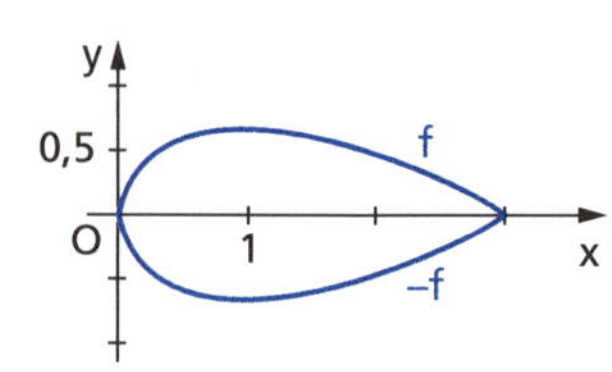

***65** Berechnen Sie die Länge des Graphen der Funktion $f(x) = \frac{2}{3}(x - 1)^{\frac{3}{2}}$ über dem Intervall [1; 4].

***66** Berechnen Sie für die lineare Funktion $f(x) = 3x + 1$ die Bogenlänge über dem Intervall [0; 3]. Überprüfen Sie das Ergebnis, indem Sie die Streckenlänge elementar berechnen

Lösungen
zum Übungsheft „Grundlagen Analysis"

Inhaltsverzeichnis

A Differenzialrechnung

1 Funktionen

1.1 Funktionale Zusammenhänge

1. Potenzfunktion: f_1 Wurzelfunktion: f_1, f_5 Exponentialfunktion: f_8 ganzrationale Funktion: f_2, f_3
gebrochenrationale Funktion: f_4, f_7, f_9
f_6 ist keine Wurzelfunktion, denn $\sqrt{x^2+2x+1} = \sqrt{(x+1)^2} = \pm|x+1|$
f_{10} ist keine gebrochenrationale Funktion, denn in Nenner steht eine Wurzelfunktion.
Der Definitionsbereich ist jeweils die Menge der reellen Zahlen mit folgenden Einschränkungen:
f_1: $x \geq 0$ f_4: $x \neq 0$ f_5: $x \geq -1$ f_7: $x \neq 1$ f_8: $x \geq 0$

2. a) $y = (x+3)^2 - 5$ b) $y = 2\sqrt{x} + 1$ c) $y = -2x + 4$ d) $y = \frac{1}{2}x + \frac{5}{2}$
e) z. B. $f_1(x) = x^2 - x - 6$, $f_2(x) = 2x^2 - 2x - 12$, $f_3(x) = -x^2 + x + 6$
f) z. B. $f_1(x) = -\frac{1}{2}x + 1$ $f_2(x) = \frac{1}{4}x^2 + 1$ $f_3(x) = \begin{cases} 1 & \text{für } x \leq 0 \\ 0 & \text{für } x > 0 \end{cases}$

3. a)

x	-3	0	$\frac{1}{2}$	3	4
f(x)	22	1	$\frac{11}{4}$	34	57

b) $P_1(2; 17)$ $P_{2_1}(-2; 9)$; $P_{2_2}\left(\frac{4}{3}; 9\right)$
$P_{3_1}\left(-\frac{14}{3}; 57\right)$ $P_{3_2}(4; 57)$

4.

x \ f(x)	① $\frac{1}{2}x^3 - x^2$	② $(x-1)^2 - 1$	③ 2^{2x}	④ $\log_2 x$
-1	$-\frac{4}{3}$	3	$\frac{1}{4}$	n. d.
0	0	0	1	n. d.
$\frac{1}{2}$	$-\frac{5}{24}$	$-\frac{3}{4}$	2	-1

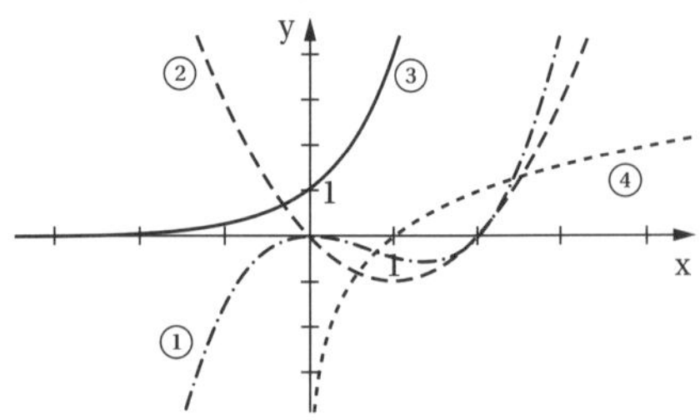

5. a)

x	0,1	0,01	1	1 000
f(x)	-1	-2	0	3

b)

x	-2	0	$\frac{1}{2}$	3
f(x)	$\frac{1}{25}$	1	$\sqrt{5}$	125

c)

x	$\frac{1}{4}\pi; \frac{7}{4}\pi$	$\frac{\pi}{3}$	$\frac{\pi}{2}$	π
f(x)	$\sqrt{2}$	1	0	-2

6. a) $y_1 = -211$; $y_2 = 32$; $x_3 = 2$; $x_4 = \sqrt[5]{x^3}$ b) $y_1 = -\frac{1}{8}$; $y_2 = -\frac{4}{5}$; $x_3 = 4$; $x_4 = -\frac{29}{4}$

7. $f(x) = x^2$ $g(x) = x + 1$
$s(x) = x^2 + x + 1$ $d(x) = x^2 - x - 1$
$p(x) = x^3 + x^2$
$q_1(x) = \frac{x^2}{x+1}$ $q_2(x) = \frac{x+1}{x^2}$

x	-4	-3	-2	-1	0	1	2	3	4
s(x)	13	7	3	1	1	3	7	13	21
d(x)	19	11	5	1	-1	-1	1	5	11
p(x)	-48	-18	-4	0	0	2	12	36	80
$q_1(x)$	$-\frac{16}{3}$	$-\frac{9}{2}$	-4	∞	0	$\frac{1}{2}$	$\frac{4}{3}$	$\frac{9}{4}$	$\frac{16}{5}$
$q_2(x)$	$-\frac{3}{16}$	$-\frac{2}{9}$	$-\frac{1}{4}$	0	∞	2	$\frac{3}{4}$	$\frac{4}{9}$	$\frac{5}{16}$

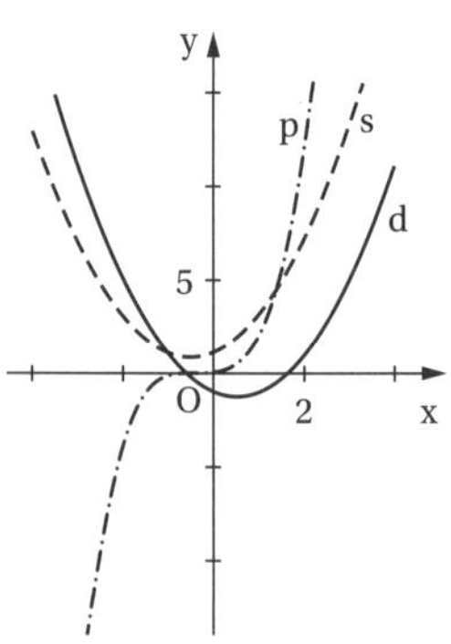

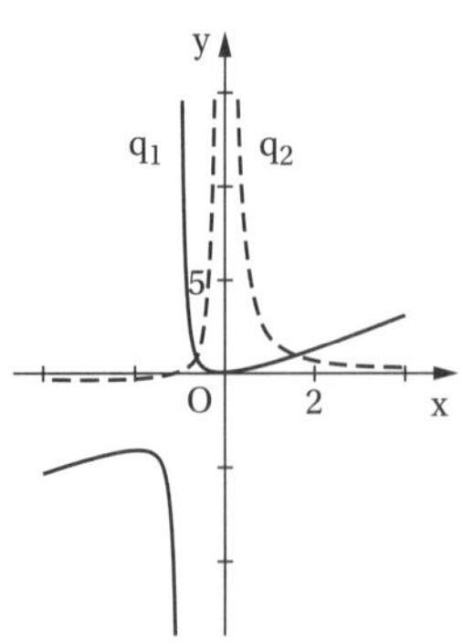

8. a) $f(x) = x(x+2)$ b) $f(x) = (x-1)(x-3)$ c) $f(x) = \frac{1}{x}(x^2+1)$

9. a) $v_1 = f \circ g = \sin 2x$; $D_{v_1} = \mathbb{R}$; $W_{v_1} = [-1; 1]$ b) $v_1 = g \circ f = 2\sin x$; $D_{v_2} = \mathbb{R}$; $W_{v_2} = [-2; 2]$

10. a) $v_1(x) = 2 + (2x+4) = 2x + 6$; $v_2(x) = 2(2+x) + 4 = 2x + 8$
b) $v_1(x) = 2 \cdot 3^{x+1}$; $v_2(x) = 2 \cdot 3^x + 1$
c) $v_1(x) = \frac{2}{\frac{1}{2}x^3} = 4x^{-3}$; $v_2(x) = \frac{1}{2}\left(\frac{2}{x}\right)^3 = 4x^{-3}$

11. a) $f(x) = x^2$; $g(x) = x + 2$
b) $f(x) = \sqrt{x}$; $g(x) = x^2 - 2$
c) $f(x) = x^2$; $g(x) = \cos x$
d) $f(x) = \sin x$; $g(x) = 2x - 1$
e) $f(x) = 10^x$; $g(x) = x - 1$
f) $f(x) = \frac{1}{x^4}$; $g(x) = x^2 + 3$

12. $f(x)$ ist streng monoton wachsend; Auflösen nach x: $x = 2y + 2$; Vertauschen der Variablen: $y = \bar{f}(x) = 2(x+1)$

13. a) $\bar{f}(x) = \frac{1}{3}(x-2)$ b) $\bar{f}(x) = \frac{x}{1-x}$, $(x \neq 1)$ c) $\bar{f}(x) = x^2 - 1$, $(x \geq 0)$

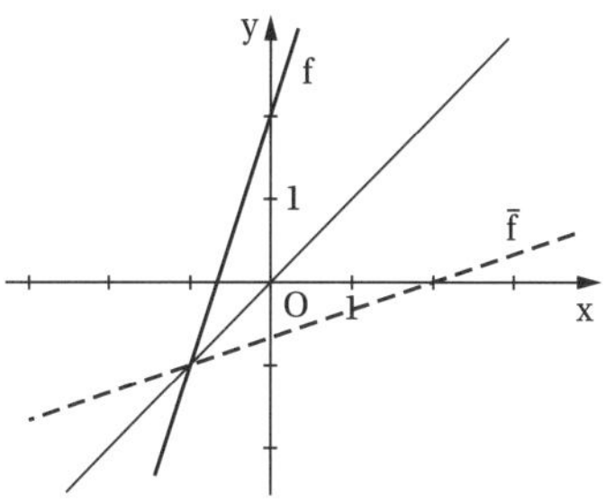

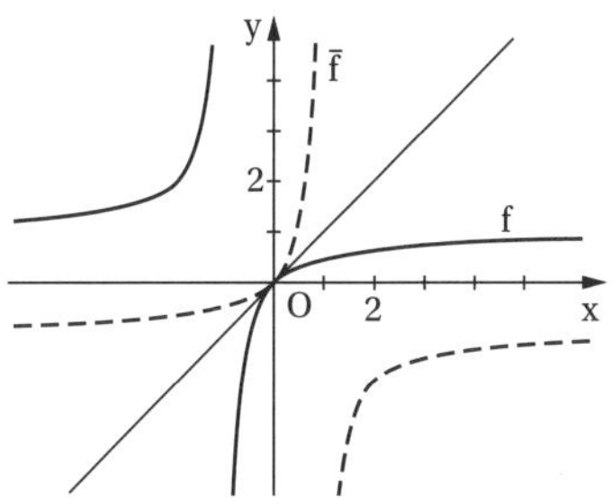

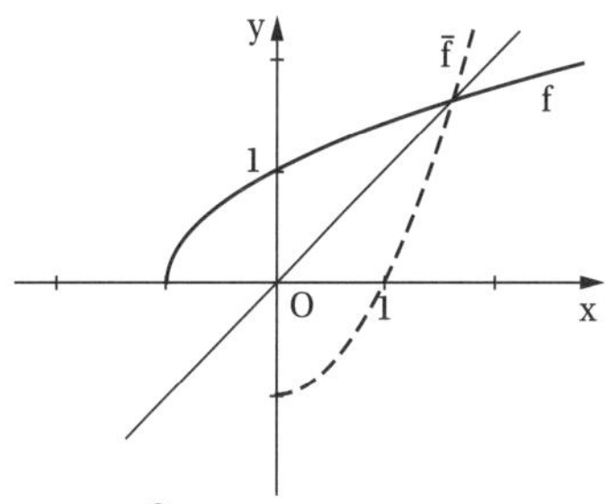

d) $\bar{f}(x) = -\frac{2}{3}x + \frac{2}{3}$ $(x \in \mathbb{R})$
e) $\bar{f}_1(x) = \sqrt{x-2}$, $(x \geq 2)$; $\bar{f}_2(x) = -\sqrt{x-2}$, $(x \geq 2)$
f) $\bar{f}(x) = \sqrt[3]{x^2}$, $(x \geq 0)$

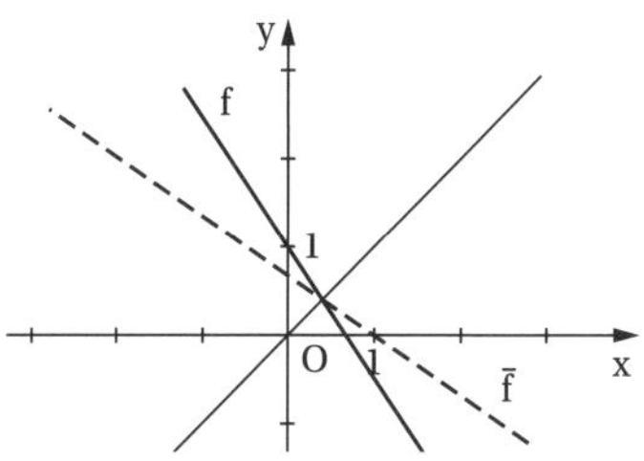

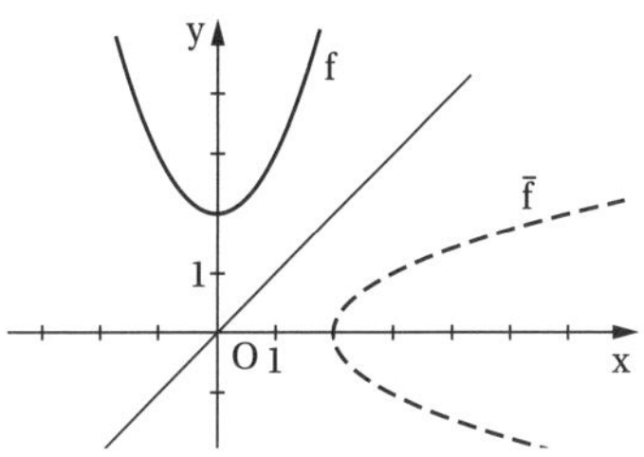

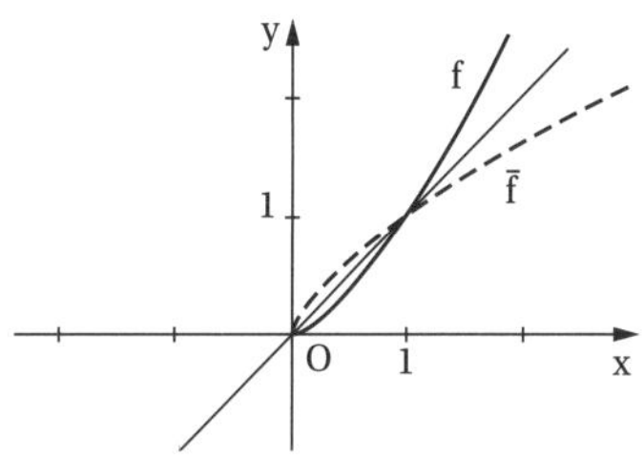

14. a) $f(x) = \begin{cases} 2; & x \leq -2 \\ -x; & -2 \leq x \leq 2 \\ -2; & x \geq 2 \end{cases}$ b) $f(x) = \begin{cases} -x; & x \leq -2 \\ (x+2)^2; & x > -2 \end{cases}$

15. a) $f(x) = \begin{cases} 2x; & x \geq 0 \\ 0; & x < 0 \end{cases}$ b) $f(x) = \begin{cases} \sin x; & x \geq 0 \\ -\sin x; & x < 0 \end{cases}$ c) $f(x) = \begin{cases} 10^x; & x > 0 \\ 1; & x = 0 \\ 10^{-x}; & x < 0 \end{cases}$

1.2 Funktionsuntersuchungen

16. f_1: punktsymmetrisch zu P(0; –1); streng monoton wachsend
f_2: axialsymmetrisch zur y-Achse; monoton wachsend für $x < 0$; monoton fallend für $x > 0$
f_3: axialsymmetrisch zur Geraden $x = 2$; monoton fallend für $x \leq 2$; monoton wachsend für $x \geq 2$
f_4: punktsymmetrisch zu P(–1; 2); streng monoton fallend

17. gerade:

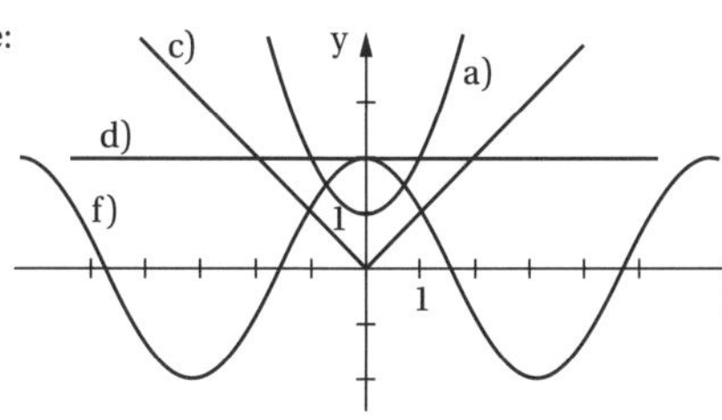

ungerade:

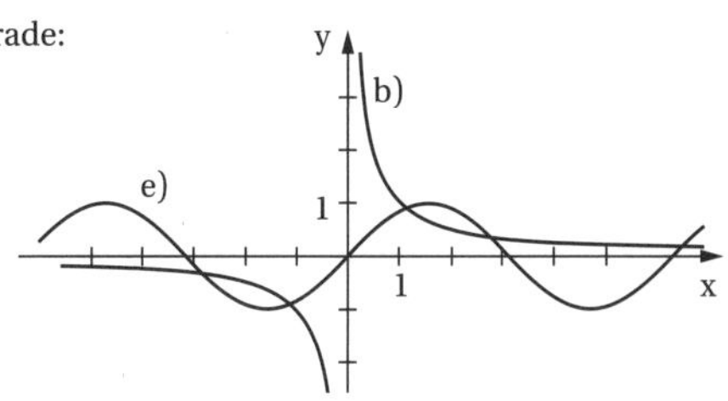

18.

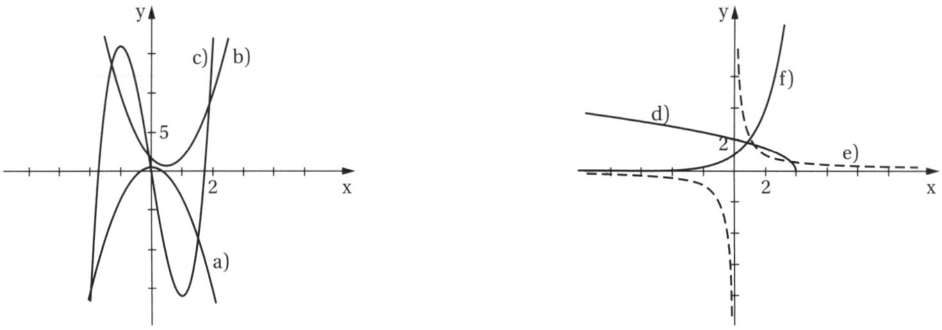

19.

	a)	b)	c)	d)	e)	f)
D_f	$\mathbb{R}$	$\mathbb{R}$	$\mathbb{R}$	$x \leq 4$	$x \neq 0$	$\mathbb{R}$
W_f	$]-\infty; 0{,}5[$	$\left[\frac{3}{4}; \infty\right[$	$\mathbb{R}$	$[0; \infty[$	$y \neq 0$	$]0; \infty]$
Symmetrie	symmetrisch zur y-Achse	symmetrisch zu $x = 1$	symmetrisch zum Ursprung	nicht symmetrisch	symmetrisch zum Ursprung	nicht symmetrisch
Monotonie	$x \leq 0$: m. w. $x \geq 0$: m. f.	$x \leq 1$: m. f. $x \geq 1$: m. w.	$]-\infty; -2]$, $[2; \infty[$: m. w. $[-2; 2]$: m. f.	m. f.	$x \neq 0$: m. f.	m. w.
Extrempunkte	$\text{Max}\left(0; \frac{1}{2}\right)$	$\text{Min}\left(1; \frac{3}{4}\right)$	Max $(-2; 16)$ Min $(2; -16)$	Min $(4; 0)$	–	–

20. a) $r = 5$ b) $x = 2$ c) $x_1 = 5; x_2 = -7$ d) $b = 1$ e) $x_1 = -\frac{9}{2}; x_2 = 3$ f) $x_1 = 0; x_{2/3} = \pm\sqrt{2}$

21. a) $x_1 = 0; x_2 = 2$ b) $x_1 = -2; x_2 = 1$ c) $x_1 = 0; x_2 = 3; x_3 = 6$
d) $x_1 = 0; x_2 = -\sqrt{2}; x_3 = \sqrt{2}$ e) $x_1 = -6; x_2 = -3; x_3 = 0; x_4 = 2$
f) $x_1 = k\pi \;\; k \in \mathbb{Z};\quad x_2 = \frac{2}{3}\pi + 2k\pi \;\; k \in \mathbb{Z};\quad x_3 = \frac{4}{3}\pi + 2k\pi \;\; k \in \mathbb{Z}$

22. $16t^2 - 33t + 16 = 0;\quad t_1 = \frac{33 + \sqrt{65}}{32} \Rightarrow x_1 = 1{,}1328;\quad x_2 = -1{,}1328 \quad t_2 = \frac{33 - \sqrt{65}}{32} \Rightarrow x_3 = 0{,}8828;\quad x_4 = -0{,}8828$

23. a) $x_1 = -2;\; x_2 = -1;\; x_3 = 1;\; x_4 = 2$ b) $x_1 = -2;\; x_2 = -1;\; x_3 = 0;\; x_4 = 1;\; x_5 = 2$
c) $x_1 = \sqrt[4]{2};\; x_2 = -\sqrt[4]{2}$ d) $x_1 = -1;\; x_2 = 1$
e) keine Nullstellen f) $x_1 = 10^{-2};\; x_2 = 10$

24. $x_1 = -1 \Rightarrow (x^3 - 6x^2 + 3x + 10) : (x + 1) = x^2 - 7x + 10 \Rightarrow x_2 = 2;\; x_3 = 5$

25. a) $x_1 = -1;\; x_2 = -3;\; x_3 = 2$ b) $x = -1$ c) $x_1 = -1;\; x_2 = 0;\; x_3 = -2;\; x_4 = 2$
d) $x_1 = -1;\; x_2 = 2;\; x_3 = 5$ e) $x_1 = -1;\; x_2 = \frac{3}{4};\; x_3 = 6$ f) $x_1 = -1;\; x_2 = -3$

26.

	f_1	f_2	f_3
a)	$S_{x_1}(-2; 0);\; S_{x_2}(4; 0);\; S_y(0; -8)$	$S_y(0; 1)$	$S_{x_1}(0; 0);\; S_{x_2}(3; 0);\; S_y(0; 0)$
b)	$P\left(-1; \frac{5}{4}\right)$	$P(-1; 4)$	$P(-1; 4)$
c)	kein Punkt	$P_1(0; 1);\; P_2(1; 1)$	$P_1\left(\frac{3 - \sqrt{13}}{2}; 1\right);\; P_2\left(\frac{3 + \sqrt{13}}{2}; 1\right)$
d)	$x_P = 1$	$x_P = -\frac{4}{3}$	keine Polstelle

27. a) $x_1 = -4;\; x_2 = -2 \quad x_P = 3$ b) $x_1 = -\sqrt{2};\; x_2 = \sqrt{2};\; x_3 = -3$ keine Polstelle
c) keine Nullstelle $x_{P_1} = -\sqrt{2};\; x_{P_2} = \sqrt{2}$ d) $x_1 = -\sqrt{3};\; x_2 = \sqrt{3}$ $x_P = 1$
e) keine Nullstelle $x_P = -1$ f) $x_0 = 1$ $x_P = -1$

28. a) $x_0 = -0{,}883$ b) keine Nullstelle c) $x_0 = 3$

29. a) $x_1 = \frac{1-\sqrt{33}}{4} \approx -1{,}186$; $\left(x_2 = \frac{1+\sqrt{33}}{4}\right.$ entfällt)

b) $f(x)$ hat keine Nullstelle. (Quadrieren führt zur „Lösung" $x = 3$, die durch die Probe wieder entfällt.)

c) $f(x) = 0 \Rightarrow x^2 - 6x + 8 = 0 \Rightarrow x_1 = 2;\quad x_2 = 4$

30. a) $x = \frac{3}{4}$ b) $x = -1$ c) $a = 9$

31. a) kein Schnittpunkt b) $S\left(\frac{5}{4}; \frac{3}{2}\right)$ c) $S_1(0; 0)$; $S_2(2; 4)$

32.

	Funktionsgleichung	Nullstelle	Schnittpunkt mit der x-Achse	Schnittpunkt mit der y-Achse	Schnittpunkt mit der Geraden $y = 2$	Schnittpunkt mit der Geraden $x = -1$
a)	$f(x) = 2^x$	–	–	$(0; 1)$	$(1; 2)$	$(-1; 2)$
b)	$f(x) = 0{,}5^x$	–	–	$(0; 1)$	$(-1; 2)$	$(-1; 2)$
c)	$f(x) = e^x$	–	–	$(0; 1)$	$(0{,}693; 2)$	$\left(-1; \frac{1}{e}\right)$
d)	$f(x) = \log_2 x$	1	$(1; 0)$	–	$(100; 2)$	–
e)	$f(x) = \ln x$	1	$(1; 0)$	–	$(7{,}389; 2)$	–

33. a) $x = 0$ b) $x_1 = 0$; $x_2 = 1$ c) $x = -\frac{1}{2}$ d) $x = -8$ e) $x_1 = 1$; $x_2 = 5$

f) $x = \frac{3}{2}$ g) $x_1 = 1$; $x_2 = 2$ h) $x_1 = 0$; $x_2 = e^2$ i) $x_1 = 0$; $x_2 = 1$

34. a) $x = 2$ b) $x = -\frac{3}{2}$ c) $x_1 = 0$; $x_2 = 2$

35.

	Funktionsgleichung	Nullstellen	kleinste Periode	S_y	Schnittpunkt mit der Geraden $y = 2$	Schnittpunkt mit der Geraden $x = \frac{\pi}{4}$
a)	$f_1(x) = 2\sin x$	$0; \pi; 2\pi$	2π	$(0; 0)$	$(0{,}5\pi; 2)$	$\left(\frac{\pi}{4}; \sqrt{2}\right)$
b)	$f_2(x) = \sin 2x$	$0; 0{,}5\pi; \pi;$ $1{,}5\pi; 2\pi$	π	$(0; 0)$	–	$\left(\frac{\pi}{4}; 1\right)$
c)	$f_4(x) = \sin x + 2$	–	2π	$(0; 2)$	$(0; 2); (\pi; 2); (2\pi; 2)$	$\left(\frac{\pi}{4}; \frac{1}{2}\sqrt{2} + 2\right)$
d)	$f_3(x) = \sin\left(x + \frac{\pi}{2}\right)$	$0{,}5\pi; 1{,}5\pi$	2π	$(0; 1)$	–	$\left(\frac{\pi}{4}; \frac{1}{2}\sqrt{2}\right)$
e)	$f_5(x) = 4\cos\frac{x}{2}$	π	4π	$(0; 4)$	$\left(\frac{2}{3}\pi; 2\right)$	$\left(\frac{\pi}{4}; 4\cos\frac{\pi}{8}\right)$ bzw. $\left(\frac{\pi}{4}; 0{,}69551\right)$

36.

		Wertebereich	kleinste Periode	Nullstellen
a)	$f(x) = 3\cdot\sin 2x$	$W = [-3; 3]$	π	$x_{0_k} = k\cdot\frac{\pi}{2}$ $(k\in\mathbb{Z})$
b)	$f(x) = 2\cdot\sin\frac{x}{3}$	$W = [-2; 2]$	6π	$x_{0_k} = k\cdot 3\pi$ $(k\in\mathbb{Z})$
c)	$f(x) = 3\cdot\cos(2x - 1)$	$W = [-3; 3]$	π	$x_{0_k} = \frac{(2k+1)\pi + 2}{4}$ $(k\in\mathbb{Z})$

37. a) $z = \sin x \Rightarrow z_{1,2} = \frac{-1\pm 3}{4}$, also $z_1 = (\sin x)_1 = -1$ und $z_2 = (\sin x)_2 = \frac{1}{2} \Rightarrow L = \left\{\frac{\pi}{6}; \frac{5}{6}\pi; \frac{3}{2}\pi\right\}$

b) $(\sin\alpha)_1 = 0$ und $1 - (\sin\alpha)_2 = 0 \Rightarrow L = \{0°; 90°, 360°\}$

c) $x_1 + \frac{\pi}{3} = 0$ und $x_2 + \frac{\pi}{3} = 2\pi \Rightarrow L = \left\{\frac{5}{3}\pi\right\}$

38. $f_1(x) = \sin 2x - 1$ $f_2(x) = \sin(x - 1{,}5\pi) + 1$ $f_3(x) = \sin\left(\frac{1}{2}x - \frac{\pi}{4}\right)$

39. a) Graph von $y = e^x$ an der y-Achse spiegeln (ergibt $y = e^{-x}$) und mit dem Faktor 4 in Richtung x-Achse strecken $\left(\text{ergibt } y = e^{-\frac{1}{4}x}\right)$

b) Graph von $y = \sin x$ in Richtung y-Achse strecken (Faktor 3), in Richtung x-Achse stauchen (Periode $\frac{2\pi}{2} = \pi$) und um 1 Einheit in Richtung y-Achse verschieben

40.

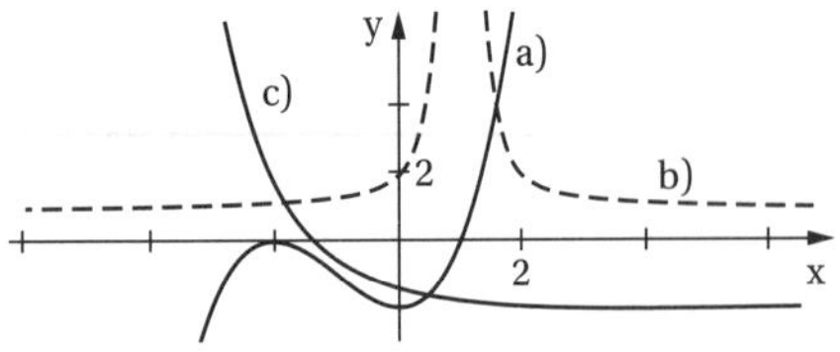

41. ① f_2 ② f_4 ③ f_3 ④ f_1 ⑤ f_6 ⑥ f_5 ⑦ f_9 ⑧ f_8 ⑨ f_7

2 Zahlenfolgen

2.1 Eigenschaften von Zahlenfolgen

1. $f(x) = 3x - 2;\quad x \in \mathbb{R};\quad f(x) \in \mathbb{R}$

x	-2	-1	0	1	$\frac{3}{2}$	2	3
f(x)	-8	-5	-2	1	$\frac{5}{2}$	4	7

$f(7) = 19 \quad f(15) = 43 \quad f(18{,}5) = 53{,}5$

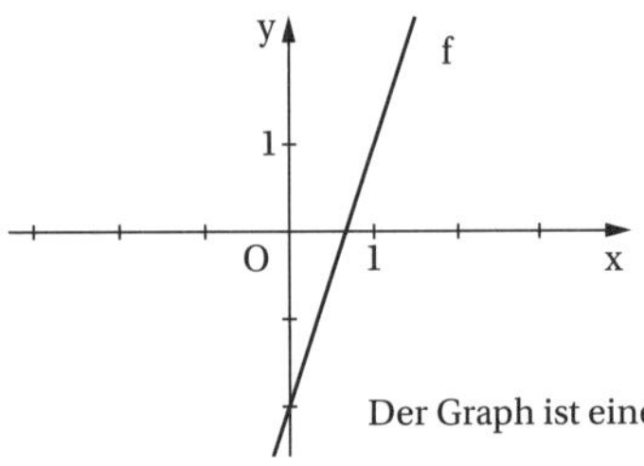

Der Graph ist eine Gerade.

$(a_n) = (3n - 2);\quad n \in \mathbb{N}^*,\ (n > 0);\quad a_n \in \mathbb{R}$

n	1	n. d.	3	4	5
a_n	1	2,5	7	10	13

$a_7 = 19 \quad a_{15} = 43 \quad a_{18} = 52$

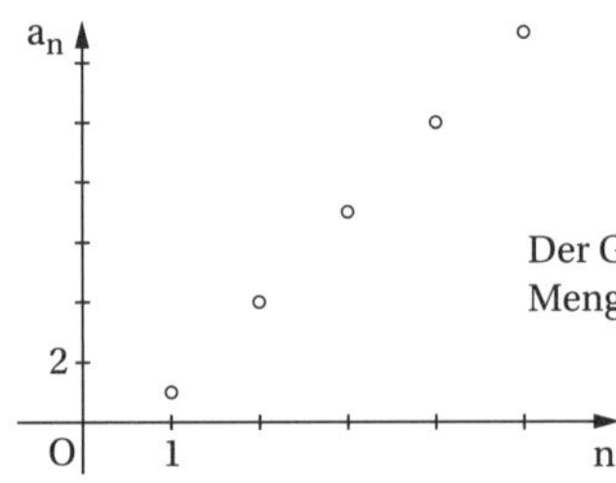

Der Graph ist eine Menge isolierter Punkte.

2. a) $(a_n) = -1; 2; 7; 14; 23; \ldots;\ n^2 - 2; \ldots$

b) $(a_n) = 4; \frac{11}{4}; \frac{7}{3}; \frac{17}{8}; 2; \ldots;\ \frac{3n+5}{2n}; \ldots$

c) $(a_n) = \frac{1}{2}; \frac{1}{6}; \frac{1}{12}; \frac{1}{20}; \frac{1}{30}; \ldots;\ \frac{1}{n(n-1)}; \ldots$

3. a) $a_{n+1} = a_n + 7$ b) $a_1 = 2 \quad a_2 = 9 \quad a_3 = 16 \quad a_4 = 23 \quad a_5 = 30 \quad a_6 = 37$ c) $a_n = 7n - 5$

4. a) $-2; 1; 4; 7 \quad a_1 = -2;\ a_{n+1} = a_n + 3$

b) $a_n = \frac{1}{2^n};\quad a_1 = \frac{1}{2};\ a_{n+1} = \frac{1}{2}a_n$

c) $(-1)^n \cdot 5;\quad -5; 5; -5; 5$

d) $a_n = 2 \cdot 4^n = 2^{2n+1};\quad 8; 32; 128; 512$

e) $1; 2; 4; 7;\quad a_1 = 1;\ a_{n+1} = a_n + n$

5. ① $a_1 = \frac{1}{7};\ a_2 = \frac{1}{9};\ a_3 = \frac{1}{11};\ a_4 = \frac{1}{13};\ a_5 = \frac{1}{15}$

② (a_n) ist vermutlich streng monoton fallend.

③ Es ist zu zeigen, dass für alle $n \geq 1$ gilt: $a_{n+1} - a_n < 0$.

$a_n = \frac{1}{2n+5};\quad a_{n+1} = \frac{1}{2n+7};\quad a_{n+1} - a_n = \frac{1}{2n+7} - \frac{1}{2n+5} = \frac{2n+5-(2n+7)}{(2n+5)(2n+7)} = \frac{-2}{(2n+5)(2n+7)}$

④ Zähler stets -2 und Nenner stets positiv; damit ist der Quotient stets negativ.

⑤ (a_n) ist streng monoton fallend.

6. a) ① $(a_n) = 1; 0; -3; -8; -15; \ldots$

② (a_n) ist vermutlich streng monoton fallend.

③ $a_{n+1} - a_n = \ldots = -2n + 1$

④ $-2n + 1$ ist für alle $n \geq 1$ $(n \in \mathbb{N})$ negativ.

⑤ (a_n) ist streng monoton fallend.

b) ① $(a_n) = 12; 9; 0; -15; -36; \ldots$

② (a_n) ist vermutlich streng monoton fallend.

③ $a_{n+1} - a_n = \ldots = 3 - 6n$

④ $3 - 6n$ ist für alle $n \geq 1$ $(n \in \mathbb{N})$ negativ.

⑤ (a_n) ist streng monoton fallend.

c) $(a_n) = 25; 9; 1; 1; 9; \ldots$ ist nicht monoton.

d) ① $(a_n) = \frac{1}{2}; \frac{2}{3}; \frac{3}{4}; \frac{4}{5}; \frac{5}{6}; \ldots$

② (a_n) ist vermutlich streng monoton wachsend.

③ $a_{n+1} - a_n = \frac{n+1}{n+2} - \frac{n}{n+1} = \frac{(n+1)^2 - n(n+2)}{(n+1)(n+2)}$

$= \frac{1}{(n+1)(n+1)}$

e) ① $(a_n) = -1; -\frac{1}{4}; -\frac{1}{9}; -\frac{1}{16}; -\frac{1}{25}; \ldots$

② (a_n) ist vermutlich streng monoton wachsend.

③ $a_{n+1} - a_n = -\left(\frac{1}{n+1}\right)^2 - \left(-\left(\frac{1}{n}\right)^2\right) = -\frac{1}{(n+1)^2} + \frac{1}{n^2}$

$= \frac{(n+1)^2 - n^2}{(n+1)^2 n^2} = \frac{2n+1}{(n+1)^2 n^2}$

④ Der Term ist stets positiv.
⑤ (a_n) ist streng monoton wachsend.

④ Der Term ist stets positiv.
⑤ (a_n) ist streng monoton wachsend.

f) $(a_n) = -\frac{3}{2}; \frac{3}{2}; -\frac{9}{8}; \frac{3}{4}; -\frac{15}{32}; \ldots$ ist nicht monoton.

8. a) $(2\cdot1+3)+(2\cdot2+3)+(2\cdot3+3)+(2\cdot4+3) = 5+7+9+11$
b) $(0^2-2)+(1^2-2)+(2^2-2)+(3^2-2)+(4^2-2)+(5^2-2) = -2-1+2+7+14+23$

9. a) $\sum_{k=1}^{6}(2k-1)$ b) $\sum_{k=3}^{7}2^k$ c) $\sum_{k=-1}^{3}2^{-k}$ d) $\sum_{k=0}^{4}(-1)^{k+1}\cdot\frac{1}{10^k}$

10. a) 12 b) $\frac{4}{27}$ c) -5 d) 85 e) 57 f) 3

11. $a_1 = 1$; $a_2 = 4$; $a_3 = 7$; $a_4 = 10$; $a_5 = 13$
$s_1 = 1$; $s_2 = 5$; $s_3 = 12$; $s_4 = 22$; $s_5 = 35$; $s_{12} = 210$ $\Rightarrow$ $(s_n) = 1; 5; 12; 22; 35; \ldots; s_n$
$a_1 = 1$; $d = 3$; $s_n = n\cdot1 + \frac{n(n-1)\cdot3}{2} = \frac{3n^2-2}{2}$

12.

	a_1	a_2	a_3	a_4	a_5	s_1	s_2	s_3	s_4	s_5	s_{12}	s_n
a)	$\frac{9}{2}$	6	$\frac{15}{2}$	9	$\frac{21}{2}$	$\frac{9}{2}$	$10\frac{1}{2}$	18	27	$37\frac{1}{2}$	153	$\frac{3}{4}n^2+\frac{15}{4}n$
b)	7	5	3	1	-1	7	12	15	16	15	-48	$8n-n^2$
c)	7	10	13	16	19	7	17	30	46	65	282	$\frac{3n^2+11n}{2}$

13. $s_1 = -3$; $s_2 = -2$; $s_3 = 3$; $s_4 = 12$; $s_5 = 25$ $\Rightarrow$ $a_1 = -3$; $a_2 = 1$; $a_3 = 5$; $a_4 = 9$; $a_5 = 13$ $\Rightarrow$ $a_n = 4n-7$

14.

	a_1	a_2	a_3	a_4	a_5	s_1	s_2	s_3	s_4	s_5	s_{12}	s_n
a)	1	$\frac{1}{2}$	$\frac{1}{4}$	$\frac{1}{8}$	$\frac{1}{16}$	1	$\frac{3}{2}$	$\frac{7}{4}$	$\frac{15}{8}$	$\frac{31}{16}$	$\frac{4095}{2048}$	$2-\left(\frac{1}{2}\right)^{n-1}$
b)	1,5	6	24	96	384	1,5	7,5	31,5	127,5	511,5	83 886 075,5	$1{,}5\cdot\frac{4^n-1}{3}$
c)	$\frac{1}{2}$	$\frac{1}{4}$	$\frac{1}{8}$	$\frac{1}{16}$	$\frac{1}{32}$	$\frac{1}{2}$	$\frac{3}{4}$	$\frac{7}{8}$	$\frac{15}{16}$	$\frac{31}{32}$	$\frac{4095}{4096}$	$1-\frac{1}{2^n}$

2.2 Arithmetische und geometrische Zahlenfolgen

15. a) $4{,}5-3=1{,}5$; $6-4{,}5=1{,}5$; $7{,}5-6=1{,}5$; $9-7{,}5=1{,}5$ Die Differenz benachbarter Folgeglieder ist stets 1,5.
b) rekursive Bildungsvorschrift: $a_1 = 3$; $a_{n+1} = a_n + 1{,}5$; $d = 1{,}5$
$a_6 = a_5 + 1{,}5 = 9 + 1{,}5 = 10{,}5$; $a_7 = 12$; $a_8 = 13{,}5$; $a_9 = 15$; $a_{10} = 16{,}5$
c) explizite Bildungsvorschrift: $a_n = a_1 + (n-1)d = 3 + (n-1)\cdot1{,}5 = 1{,}5n + 1{,}5$
$a_{15} = 1{,}5\cdot15 + 1{,}5 = 24$; $a_{23} = 36$; $a_{38} = 58{,}5$; $a_{50} = 76{,}5$

16. a) $a_1 = 7$; $a_{n+1} = a_n - 3$; $a_n = -3n + 10$
$a_6 = -8$; $a_7 = -11$; $a_8 = -14$; $a_9 = -17$; $a_{10} = -20$; $a_{15} = -35$; $a_{23} = -59$; $a_{38} = -104$; $a_{50} = -140$
b) $b_1 = \frac{11}{3}$; $b_{n+1} = b_n + \frac{1}{2}$; $b_n = \frac{1}{2}n + \frac{19}{6}$
$b_6 = 6\frac{1}{2}$; $b_7 = 6\frac{2}{3}$; $b_8 = 7\frac{1}{6}$; $b_9 = 7\frac{2}{3}$; $b_{10} = 8\frac{1}{6}$; $b_{15} = 10\frac{2}{3}$; $b_{23} = 14\frac{2}{3}$; $b_{38} = 22\frac{1}{6}$; $b_{50} = 28\frac{1}{6}$
c) $c_1 = -4$; $c_{n+1} = c_n - 5$; $c_n = -5n + 1$
$c_6 = -29$; $c_7 = -34$; $c_8 = -39$; $c_9 = -44$ $c_{10} = -49$; $c_{15} = -74$; $c_{23} = -114$; $c_{38} = -189$; $c_{50} = -249$
d) $d_1 = -1$; $d_{n+1} = d_n + \frac{4}{3}$; $d_n = \frac{4}{3}n - \frac{7}{3}$
$d_6 = \frac{17}{3}$; $d_7 = 7$; $d_8 = \frac{25}{3}$; $d_9 = \frac{29}{3}$ $d_{10} = 11$; $d_{15} = \frac{53}{3}$; $d_{23} = \frac{85}{3}$; $d_{38} = \frac{145}{3}$; $d_{50} = \frac{193}{3}$
e) $e_1 = -\sqrt{2}$; $e_{n+1} = e_n + 2\sqrt{2}$; $e_n = 2\sqrt{2}\cdot n - 3\sqrt{2}$
$e_6 = 9\sqrt{2}$; $e_7 = 11\sqrt{2}$; $e_8 = 13\sqrt{2}$; $e_{10} = 17\sqrt{2}$ $e_{15} = 27\sqrt{2}$; $e_{23} = 43\sqrt{2}$ $e_{38} = 73\sqrt{2}$; $e_{50} = 97\sqrt{2}$

17. a) $a_1 = \frac{1}{2}$; $q = -3$ b) $a_n = \frac{1}{2}(-3)^{n-1}$ c) $a_9 = \frac{1}{2}(-3)^8 = \frac{6561}{2}$
d) $s_4 = -10$ e) $a_1 = 3$; $q = \frac{1}{3}$; $(a_n) = 3; 1; \frac{1}{3}; \frac{1}{9}; \frac{1}{27}; \ldots$

18. a) $(a_n) = 1; 3; 9; 27; 81; 243; 729; \ldots; 3^{n-1}$

b) $(b_n) = -2; -1; -\frac{1}{2}; -\frac{1}{4}; -\frac{1}{8}; -\frac{1}{16}; -\frac{1}{32}; \ldots; -2\cdot\left(\frac{1}{2}\right)^{n-1}$

c) $(c_n) = 2; -1; \frac{1}{2}; -\frac{1}{4}; \frac{1}{8}; -\frac{1}{16}; \frac{1}{32}; \ldots; 2\cdot\left(-\frac{1}{2}\right)^{n-1}$

d) $(d_n) = \frac{1}{2}; \frac{3}{4}; \frac{9}{8}; \frac{27}{16}; \frac{81}{32}; \frac{243}{64}; \frac{729}{128}; \ldots; \frac{1}{2}\cdot\left(\frac{3}{2}\right)^{n-1}$

19. a) $a_1 = 0{,}7;\quad q = 2;\quad a_n = a_1\cdot q^{n-1} = 0{,}7\cdot 2^{n-1};\quad a_5 = 11{,}2;\quad a_{15} = 11\,468{,}8$

b) $a_1 = \frac{5}{3};\quad q = 3;\quad a_n = \frac{5}{3}\cdot 3^{n-1} = 5\cdot 3^{n-2};\quad a_5 = 135;\quad a_{15} = 7\,971\,615$

c) $a_1 = 2;\quad q = -1;\quad a_n = 2\cdot(-1)^{n-1};\quad a_5 = 2;\quad a_{15} = 2$

d) $a_1 = -16;\quad q = -\frac{1}{4};\quad a_n = -16\cdot\left(\frac{1}{4}\right)^{n-1};\quad a_5 = -0{,}0625;\quad a_{15} \approx -5{,}96\cdot 10^{-8}$

2.3 Konvergenz von Zahlenfolgen

20. a) $a_1 = 1;\quad a_2 = 2;\quad a_3 = \frac{7}{3};\quad a_4 = \frac{5}{2};\quad a_5 = \frac{13}{5};\quad a_7 = \frac{19}{7}$

b) $1; \frac{1}{2}; 0; -5$ u. a. sind untere Schranken.

c) 3; 5; 10; 100 u. a. sind obere Schranken

d) Die Zahlenfolge ist nach oben beschränkt, weil sie obere Schranken besitzt und sie ist nach unten beschränkt, weil sie untere Schranken besitzt.

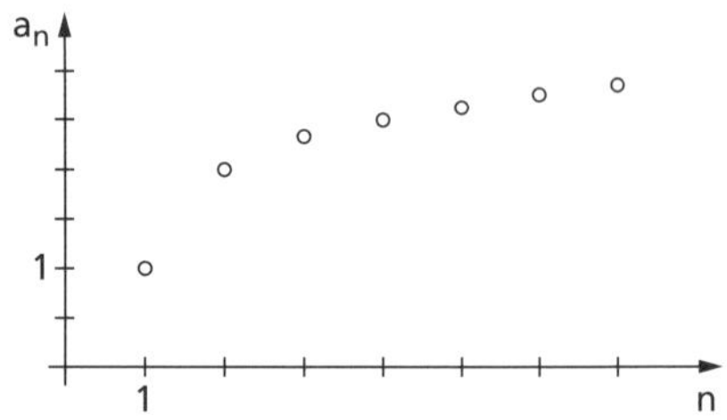

21. a) $s_u = 0{,}5; 0; -3; \ldots;\quad s_o = 4; 5; 10; \ldots$ b) keine s_u; $s_o = -3; -1; 0; \ldots$ c) keine s_u; keine s_o

22. a) $(a_n) = \left(\frac{n-1}{n}\right)$ b) $(a_n) = (3-n)$ c) $(a_n) = \left(1 + \frac{1}{n}\right)$ d) $(a_n) = \left(3 - \frac{1}{2n}\right)$ e) $(a_n) = \left(\frac{2n+2}{2n}\right)$ f) $(a_n) = \left((-1)^n\cdot\frac{5}{n}\right)$

23. a) $(a_n) = \left(2 + \frac{1}{n}\right)$

b) Die Folgeglieder nähern sich bei wachsendem n der Zahl 2.

c) außerhalb von $U_{\frac{1}{4}}(2)$ liegen 4 Folgenglieder;
außerhalb von $U_{\frac{1}{10}}(2)$ liegen 10 Folgenglieder

d) außerhalb von $U_{\frac{1}{10\,000}}(2)$ liegen 10 000 Folgenglieder

e) Ab $n = 1\,000\,001$ liegen die Folgenglieder in $U_{\frac{1}{10^6}}(2)$

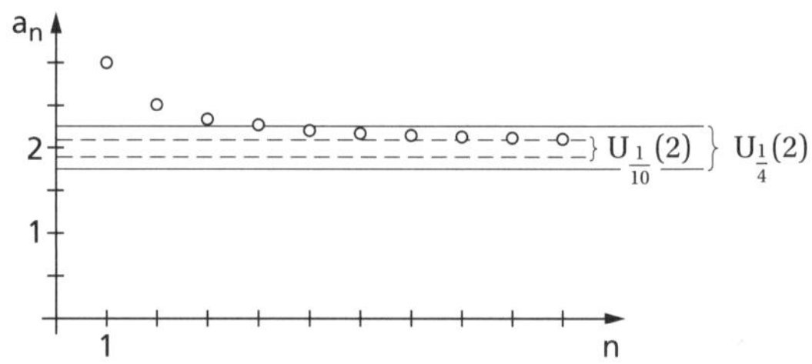

f) $\left|2 + \frac{1}{n} - 2\right| < \varepsilon \Rightarrow \frac{1}{n} < \varepsilon \Rightarrow n > \frac{1}{\varepsilon}$ (ist erfüllt für fast alle n bei beliebigem $\varepsilon > 0$) $\Rightarrow \lim\limits_{n\to\infty}\left(2 + \frac{1}{n}\right) = 2$

24.

	$\left(\frac{2n-1}{2n}\right)$	$\left((-1)^n\cdot\frac{2}{n}\right)$	$\left(\frac{4-n}{2n}\right)$
a)	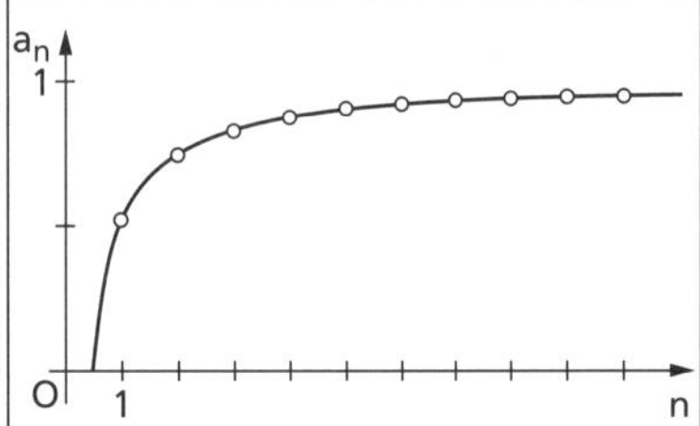	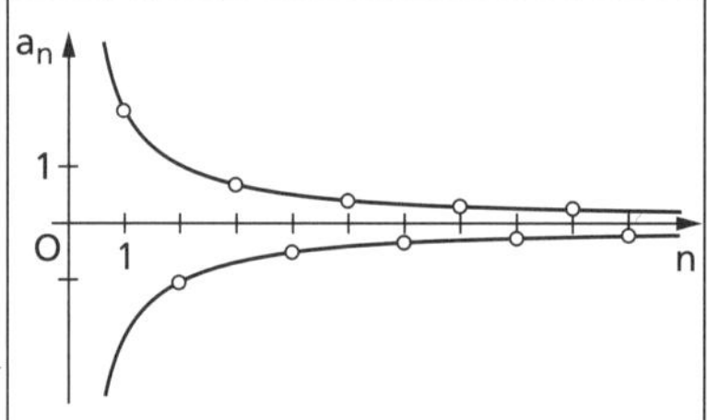	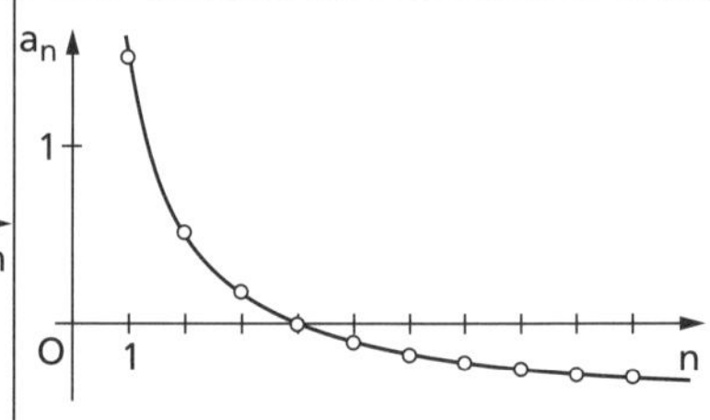
b)	a_n nähert sich 1	b_n nähert sich 0	c_n nähert sich $-\frac{1}{2}$
c)	außerhalb $U_{\frac{1}{4}}(1)$: 2 außerhalb $U_{\frac{1}{10}}(1)$: 5	außerhalb $U_{\frac{1}{4}}(0)$: 8 außerhalb $U_{\frac{1}{10}}(0)$: 20	außerhalb $U_{\frac{1}{4}}\left(-\frac{1}{2}\right)$: 8 außerhalb $U_{\frac{1}{10}}\left(-\frac{1}{2}\right)$: 20
d)	5 000	20 000	20 000
e)	$n = 500\,001$	$n = 2\,000\,001$	$n = 2\,000\,001$
f)	$\left\lvert\frac{2n-1}{2n} - 1\right\rvert = \left\lvert\frac{-1}{2n}\right\rvert = \frac{1}{2n}$ $\frac{1}{2n} < \varepsilon \Rightarrow n > \frac{1}{2\varepsilon}$	$\left\lvert(-1)n\cdot\frac{2}{n}\right\rvert = \frac{2}{n}$ $\frac{2}{n} < \varepsilon \Rightarrow n > \frac{2}{\varepsilon}$	$\left\lvert\frac{4-n}{2n} + \frac{1}{2}\right\rvert = \frac{2}{n}$ $\frac{2}{n} < \varepsilon \Rightarrow n > \frac{2}{\varepsilon}$

25. a) 0 b) $\frac{1}{3}$ c) $\frac{8}{3}$ d) 1 e) 5 f) 8 g) $\frac{1}{2}$ h) 2 i) 0 j) 1

26. a) -1 b) 3 c) 0 d) bis f) Zahlenfolge divergent g) 4 h) 0 i) 0

27. a) $\pm\infty$ b) 0

28. ③

3 Grenzwerte und Stetigkeit von Funktionen

3.1 Verhalten einer Funktion im Unendlichen

1. a) ① $f(x) = 3x^3 - 4x^2 + 7x = x^3\left(3 - \frac{4}{x} + \frac{7}{x^2}\right)$

② $\lim\limits_{x\to\pm\infty} f(x) = \lim\limits_{x\to\pm\infty} x^3 \cdot \lim\limits_{x\to\pm\infty}\left(3 - \frac{4}{x} + \frac{7}{x^2}\right)$
$= 3 \lim\limits_{x\to\pm\infty} x^3$

③ $\lim\limits_{x\to+\infty} f(x) = +\infty;\quad \lim\limits_{x\to-\infty} f(x) = -\infty$

b) ① $g(x) = \frac{2x^3 + 4x^2 - 4}{4x^3 + 6x + 3} = \frac{x^3\left(2 + \frac{4}{x} - \frac{4}{x^3}\right)}{x^3\left(4 + \frac{6}{x^2} + \frac{3}{x^3}\right)} = \frac{1\left(2 + \frac{4}{x} - \frac{4}{x^3}\right)}{1\left(4 + \frac{6}{x^2} + \frac{3}{x^3}\right)}$

② $\lim\limits_{x\to\pm\infty} g(x) = \lim\limits_{x\to\pm\infty} 1 \cdot \frac{\lim\limits_{x\to\pm\infty}\left(2 + \frac{4}{x} - \frac{4}{x^3}\right)}{\lim\limits_{x\to\pm\infty}\left(4 + \frac{6}{x^2} + \frac{3}{x^3}\right)}$

③ $\lim\limits_{x\to+\infty} g(x) = \lim\limits_{x\to-\infty} g(x) = \frac{2}{4} = \frac{1}{2}$ ④ $y = \frac{1}{2}$

2. a) $\pm\infty$ b) $-\infty$ c) ∞ d) $\pm\infty$ e) $+\infty$ f) $\pm\infty$

3. a) $\lim\limits_{x\to\pm\infty} \frac{1 - \frac{1}{x^2}}{1 + \frac{1}{x^2}} = 1;\quad y = 1$ b) $\lim\limits_{x\to\pm\infty} \frac{2 - \frac{8}{x^2}}{1 + \frac{2}{x^2}} = 2;\quad y = 2$ c) $\lim\limits_{x\to\pm\infty} \frac{x - \frac{6}{x}}{1 - \frac{3,5}{x}} = \pm\infty;\quad y = x + 3{,}5$

4. a) $\frac{1}{4}$ b) $\frac{3}{4}$ c) 0 d) $\frac{1}{5}$ e) $-\frac{1}{4}$ f) -3

5. a) 1 b) 0 c) 1 d) ∞ e) $\frac{1}{2}$ f) 1 g) 2 h) ∞ i) 0

3.2 Grenzwert an einer Stelle

6. $\lim\limits_{\substack{x\to2\\x<2}} f(x) = \lim\limits_{\substack{x\to2\\x<2}} (5x - 6) = 4 = g_l;\quad \lim\limits_{\substack{x\to2\\x>2}} f(x) = \lim\limits_{\substack{x\to2\\x>2}} x^2 = 4 = g_r;$ Vergleich: $g_l = g_r = g = 4$

7. a) $g_l = g_r = 0 = g$ b) $g_l = g_r = 1 = g$

8. $f(x) = \frac{x^2 - 5x}{x^2 + 8x} = \frac{x(x-5)}{x(x+8)};\quad x \neq 0;$ $\lim\limits_{x\to0} f(x) = \lim\limits_{x\to0} \frac{x-5}{x+8} = -\frac{5}{8}$

9. a) 2 b) 16 c) -7 d) 8 e) -2 f) -4 g) $\frac{16}{3}$ h) 0

10. a) $-\frac{2}{5}$ b) 2 c) $2x_0$ d) 0 e) 2 f) 2

11. $\lim\limits_{\substack{x\to0\\x>0}} f(x) = 1$ und $\lim\limits_{\substack{x\to0\\x<0}} f(x) = -1;$ Es existiert kein Grenzwert an der Stelle $x_0 = 0$.

$\lim\limits_{x\to+\infty} f(x) = \lim\limits_{x\to+\infty} \frac{|x|}{x} = \lim\limits_{x\to\infty} \frac{x}{x} = 1;\quad \lim\limits_{x\to-\infty} f(x) = \lim\limits_{x\to-\infty} \frac{-x}{x} = -1$

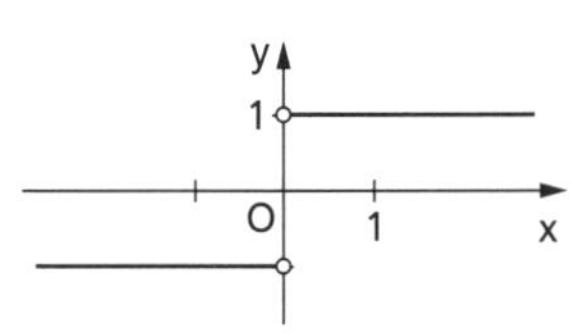

12. Es ist $y = f(x) = \frac{(x+1)(x+1)}{(x+1)(x-1)} = \frac{(x+1)}{(x-1)}.\quad x_1 = -1\quad x_2 = 1$

a) $\lim\limits_{x\to\infty} f(x) = \lim\limits_{x\to\infty} \frac{x\left(1 + \frac{1}{x}\right)}{x\left(1 - \frac{1}{x}\right)} = 1$ b) $\lim\limits_{x\to-\infty} f(x) = 1$ c) $\lim\limits_{x\to-1} f(x) = 0$ d) $\lim\limits_{x\to1} f(x)$ existiert nicht

13.

	a)	b)	c)	d)	e)	f)	g)	h)	i)
x_0	2	0	0	2	0; $\pm\sqrt{5}$	2	-1	3	0; 1
Grenzwert g	–	2	–	4	$g(0) = \frac{4}{5}$ $g(\pm\sqrt{5})$ ex. nicht	–	-2	-1	$g(1) = 1$ $g(0)$ ex. nicht

14. a) $x=-3$: Polstelle b) $x=1$: Sprungstelle c) $x=0$: Sprungstelle
d) keine Definitionslücke e) $x_1=2$; $x_2=-2$; zwei Polstellen f) $x=3$: Lücke
g) $x=0$ Polstelle h) $x=-1$ Lücke i) $x_1=0$ Polstelle; $x_2=-2$; Lücke

15. a) $f(x)=\frac{2x^2+2}{x-2}$; $f(x)=\frac{2x^2+a}{x-a}$ b) $f(x)=\frac{x^2-4}{x-2}$; $f(x)=\frac{x^2-ax}{x-a}$ c) $f(x)=\frac{2x^2-8}{x+2}$; $f(x)=\frac{2x^2-ax}{x+a}$

3.3 Stetigkeit von Funktionen

16. a) stetig in x_0; nicht stetig in [a; b] b) stetig in x_0; stetig in [a; b]
c) nicht stetig in x_0; nicht stetig in [a; b] d) nicht stetig in x_0; nicht stetig in [a; b]
e) nicht stetig in x_0; nicht stetig in [a; b] f) stetig in x_0; stetig in [a; b]
g) stetig in x_0; stetig in [a; b] h) stetig in x_0; nicht stetig in [a; b]

17. $f(2)=\frac{7}{5}$; $\lim\limits_{x\to 2} f(x)=\frac{7}{5}$; $\lim\limits_{x\to x_0} f(x)=f(x_0)$; f(x) ist stetig in $x_0=2$

18. a) $f(1)=\lim\limits_{x\to 1} f(x)=-\frac{4}{3}$; f(x) ist stetig an der Stelle $x_0=1$.
b) $x_0=0$ gehört nicht zum Definitionsbereich von f(x), d. h., f(0)existiert nicht. f(x) ist in x_0 nicht stetig.
c) $f(0)=\lim\limits_{\substack{x\to 0\\ x>0}} f(x)=-1$; f(x) ist stetig an der Stelle $x_0=0$.

19. a)

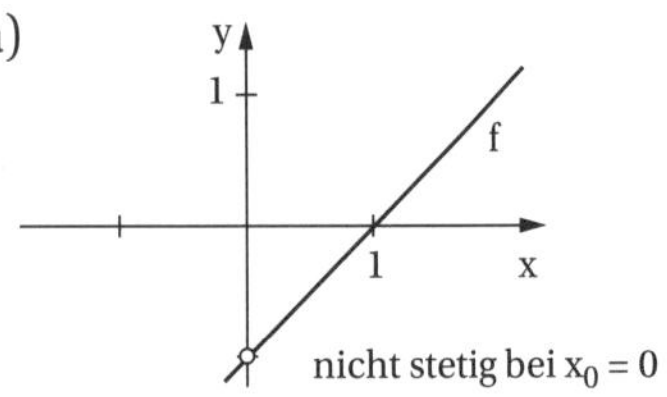

b)

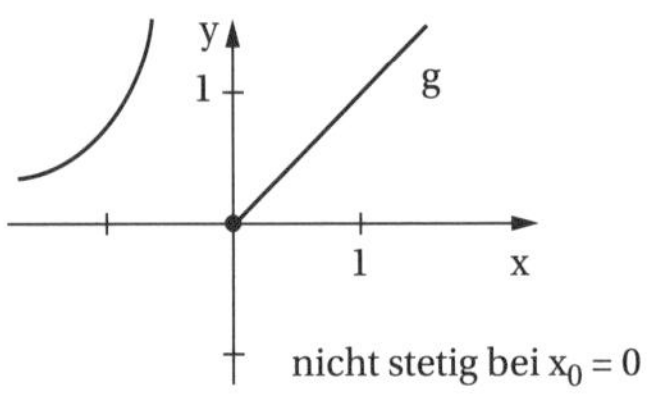

c)

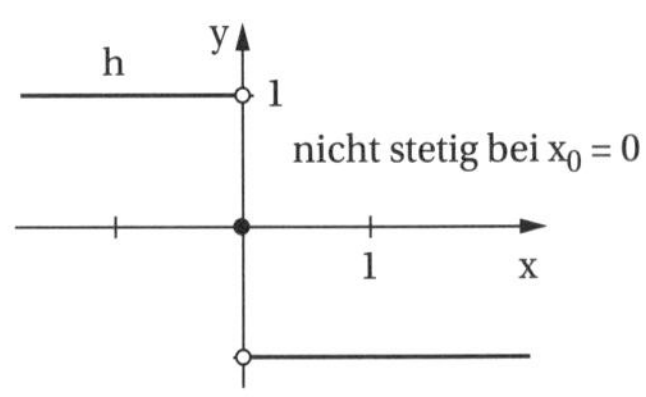

20. a)

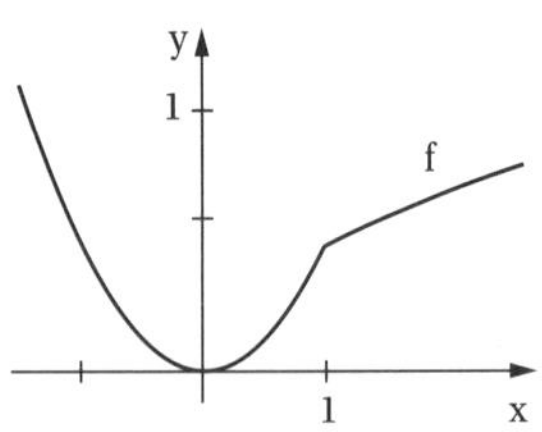

f(x) ist in $x_0=1$ stetig, da $x_0 \in D_f$ und $f(1)=g_r=g_l=1$.

b)

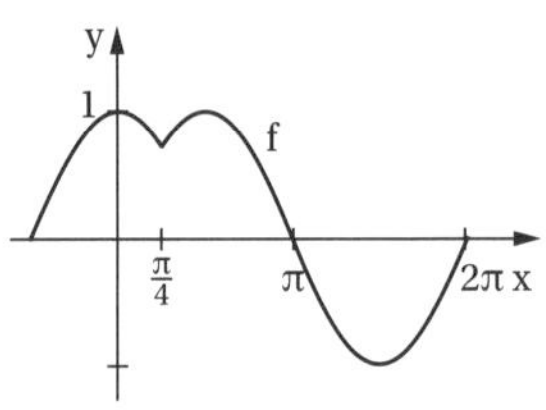

f(x) ist in $x_0=\frac{\pi}{4}$ nicht stetig, da $x_0 \notin D_f$.

c)

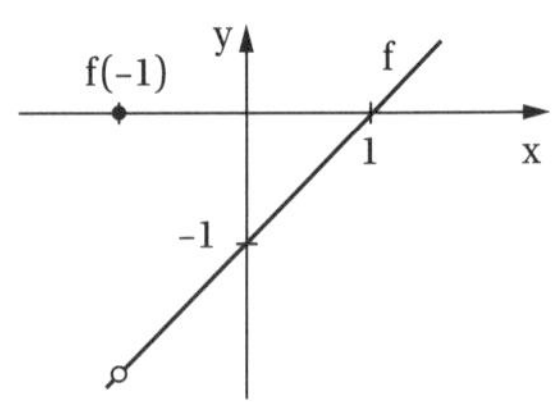

f(x) ist in $x_0=-1$ nicht stetig, da $g_r=g_l=-2\neq 0=f(-1)$.

21. a) $r=1$; $\lim\limits_{x\to x_0} f(x)=1$ b) $r=2$; $\lim\limits_{x\to x_0} f(x)=1$ c) $r=3$; $\lim\limits_{x\to x_0} f(x)=-3$

4 Ableitung von Funktionen

4.1 Differenzierbarkeit und Ableitungsfunktion

1. a) 2 b) $h-2$ c) h^2+3h+3 d) $3h-2$

2. a) $\overline{m}=\frac{f(x_2)-f(x_1)}{x_2-x_1}=0$ b) $m=1$ c) $m=-\frac{1}{2}$ d) $m=\sqrt{2}-1\approx 0{,}414$

3. a) $\frac{1}{2}$ b) $4x_0+2h+1$ c) $\frac{\sqrt{x_0+h}-\sqrt{x_0}}{h}=\frac{(\sqrt{x_0+h}-\sqrt{x_0})(\sqrt{x_0+h}+\sqrt{x_0})}{h}=\frac{1}{\sqrt{x_0+h}+\sqrt{x_0}}$

4. a) $d(h)=\frac{f(x_0+h)-f(x_0)}{h}=2x_0+h-4$ $h=1 \Rightarrow m_s=-7$ $h=0{,}01 \Rightarrow m_s=-7{,}99$
b) $d(h)=-\frac{1}{4}(2x_0+h-2)$ $h=1 \Rightarrow m_s=0{,}75$ $h=0{,}01 \Rightarrow m_s=0{,}9975$
c) $d(h)=2x_0+h$ $h=1 \Rightarrow m_s=-2$ $h=0{,}01 \Rightarrow ms=-2{,}99$
d) $d(h)=3x_0^2+3x_0h+h^2-\frac{1}{2}x_0^4-x_0^3h-x_0^2h^2-\frac{1}{2}x_0h^3-\frac{1}{10}h^4$ $h=1 \Rightarrow m_s=-2{,}1$ $h=0{,}01 \Rightarrow m_s\approx 3{,}98$

5. a) $10x_0;\ -10$ b) $2x_0;\ -1$ c) $\frac{2}{3}x_0;\ 1$ d) $2x_0+1;\ 5$ e) $3x_0^2-6x_0+3;\ 3$

6. 1) $d(h)=\frac{(1{,}5+h)^3-1{,}5^3}{h}$ 2) $d(h)=6{,}75+4{,}5h+h^2$ 3) $\lim\limits_{h\to 0} d(h)=\lim\limits_{h\to 0}(6{,}75+4{,}5h+h^2)=6{,}75=f'(1{,}5)$

7. a) $d(h)=\frac{(x_0+h)^3-2(x_0+h)^2+1-(x_0^3-2x_0^2+1)}{h}=3x_0^2-4x_0+3x_0h-2h+h^2;\ \lim\limits_{h\to 0} d(h)=3x_0^2-4x_0;\ f'(2)=4$

b) $g'(-1)=-1$ c) $h'\left(-\frac{1}{2}\right)=2$ d) $k'(2)=48$

8. a) $f'(1)=4$ b) $f'(0)=0$ c) $f'(2)=8$ d) $f'\left(\frac{1}{2}\right)=1$ e) $f'(0)=1$ f) $f'(1)=-1$

9. a)

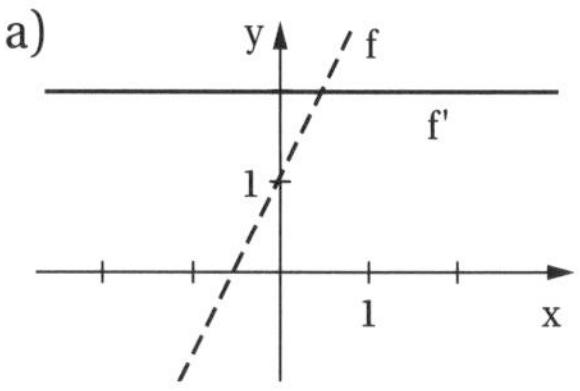

b)

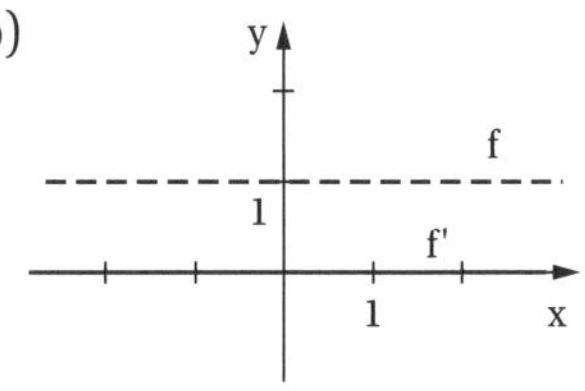

c)

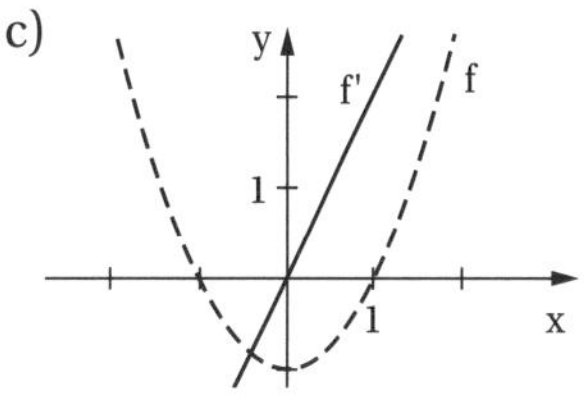

10. a) geometrische Darstellung des Sekantenproblems

b) $\lim\limits_{h\to 0}\frac{|x_0+h|-|x_0-h|}{2h}=\frac{|0+h|-|0-h|}{2h}=0;\ g_l=g_r \Rightarrow$ Die Funktion ist an der Stelle $x_0=0$ differenzierbar.

11. a) $d(h)=\frac{\sqrt{x_0+h-1}-\sqrt{x_0-1}}{h}$; in $x_0=1$ gilt $\lim\limits_{h\to 0} d(h)=f_1'(2)=\frac{1}{2}$

b) $d(h)=\frac{|x_0+h-1|-|x_0-1|}{h}$; in $x_0=1$ gilt $d(h)=\frac{|h|}{h};\ \lim\limits_{\substack{h\to 0\\ h>0}}\frac{|h|}{h}=1;\ \lim\limits_{\substack{h\to 0\\ h<0}}\frac{|h|}{h}=-1 \Rightarrow f'(1)$ existiert nicht

c) $d(h)=\frac{\sqrt[3]{(x_0+h)^2}-\sqrt[3]{x_0^2}}{h}$; in $x_0=0$ gilt $d(h)=\frac{\sqrt[3]{h^2}}{h};\ \lim\limits_{\substack{h\to 0\\ h>0}}\frac{\sqrt[3]{h^2}}{h}=+\infty;\ \lim\limits_{\substack{h\to 0\\ h<0}}\frac{\sqrt[3]{h^2}}{h}=-\infty \Rightarrow f'(0)$ existiert nicht

d) $d(h)=\frac{\sqrt{2(x_0+h)-6}-\sqrt{2x_0-6}}{h}$; in $x_0=3$ gilt $d(h)=\frac{\sqrt{2h}}{h}=\frac{\sqrt{2}}{\sqrt{h}};\ \lim\limits_{\substack{h\to 0\\ h>0}}\frac{\sqrt{2}}{\sqrt{h}}=+\infty \Rightarrow f'(3)$ existiert nicht

12. $f(x)=\sqrt[3]{|x|};\ x\in\mathbb{R}$

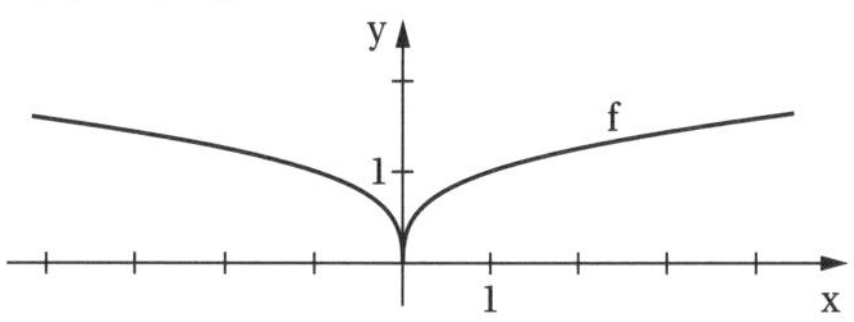

Stetigkeit: $f(0)=0=\lim\limits_{x\to x_0} f(x)=0$; Ergebnis: $f(x)$ ist stetig in x_0.
Differenzierbarkeit:
$d(h)=\frac{\sqrt[3]{|x_0+h|}-\sqrt[3]{|x_0|}}{h}=\frac{\sqrt[3]{|h|}}{h}=\frac{1}{\sqrt[3]{h^2}}$ für $x_0=0$; $\lim\limits_{h\to 0} d(h)=+\infty$

13. a)

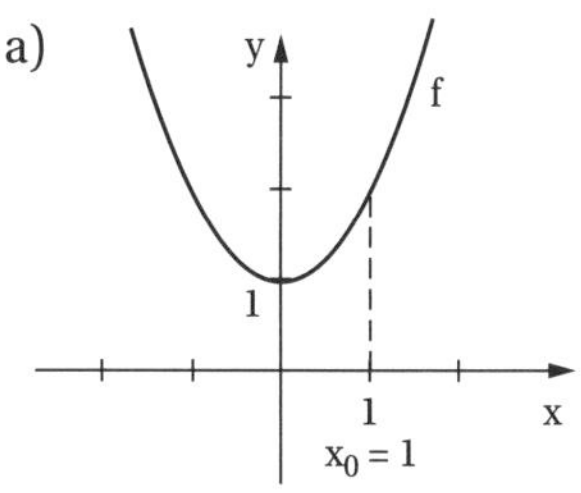

stetig und differenzierbar an der Stelle $x_0=1$

b)

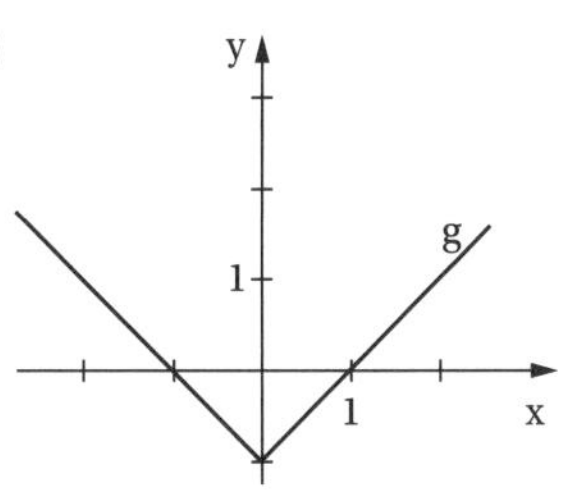

stetig, aber nicht differenzierbar an der Stelle $x_0=0$

c)

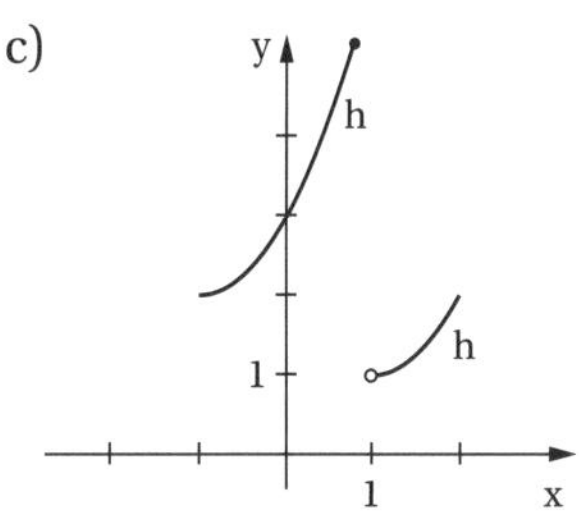

nicht stetig an der Stelle $x_0=1$ und dort auch nicht differenzierbar

14. Die Funktion hat die Nullstellen $x_1=-1$ und $x_2=1$, an denen sie stetig, aber nicht differenzierbar ist.

4.2 Regeln zum Ableiten von Funktionen

15. a) $f'(x)=12x^{11}$ b) $f'(x)=3x^2+4x^3$ c) $f'(x)=0$ d) $f'(x)=10x^9+1$ e) $f'(x)=18x^2$
f) $f'(x)=2x^7$ g) $f'(x)=-\frac{1}{x^2}-\frac{2}{x^3}-\frac{3}{x^4}$ h) $f'(x)=-12x^{-4}+x^{-2}$ i) $f'(x)=0$

16.

	a)	b)	c)	d)	e)	f)	g)	h)	i)	j)
$f'(x)$	$-2x^{-3}$	$-3x^{-4}$	$-8x^{-5}$	$-\frac{35}{3}x^{-8}$	$6x$	$\frac{3}{2}x^{\frac{1}{2}}$	$\frac{1}{3}x^{-\frac{2}{3}}$	$\frac{3}{4}x^{-\frac{1}{4}}$	$-\frac{1}{2}x^{-\frac{3}{2}}$	$\frac{4}{3}x^{\frac{1}{3}}$

17.

	a)	b)	c)	d)	e)	f)	g)	h)
f'(x)	$2x-6$	1	$3x^2+6x+3$	$2x^2-x$	$1-\frac{1}{2\sqrt{x}}$	$-6x^{-4}$	$1\,000x^3-27$	$-6x^{-7}+2x^{-6}$
x_0 von f'(x)	3	–	-1	0; $\frac{1}{2}$	$\frac{1}{4}$	–	0,3	3

18. a) $f'(x)=7x^6+12x^5$ b) $f'(x)=5x^4-28x^3+10x-35$ c) $f'(x)=\frac{125}{2}x^{-\frac{7}{2}}-20x^{-3}$ d) $f'(x)=2-\frac{1}{x^2}$

19. a) $f'(x)=3x^2+x$ b) $f'(z)=z^2+2z$ c) $f'(x)=1-\frac{1}{x^2}$ d) $f'(x)=\frac{1}{2}x+1$ e) $f'(x)=4x$ f) $f'(x)=3t^2-2t-2$

20. a) $h'(s)=2as$ b) $r'(s)=5s^4+3\sqrt{2}$ c) $f'(x)=3ax^2+2bx+c$
d) $f'(x)=2at^3x+t^2$ e) $f'(t)=-2t+2$ f) $o'(r)=4\pi r+2\pi h$
g) $f'(x)=\frac{4-2x}{x^3}$ h) $f'(a)=24a^2-8a$ i) $f'(x)=2x+\frac{2}{x^3}$
j) $f'(x)=\frac{1}{12}\sqrt{x}(28x^2-15x+18)$ k) $f'(x)=\frac{9}{2x^2\sqrt{x}}+\frac{9}{2x^2}+\frac{3}{\sqrt{x}}$ l) $f'(r)=\pi^2(10r^4+4r^3-20r-5)$
m) $f'(a)=t^2(-3ta^2-a+t^3)+(t^2a-4t+3)(-6ta-1)$ n) $f'(x)=-28x^6+42x^5-25x^4+28x^3-3x^2$

21. a) $f'(x)=\frac{-2}{(x-1)^2}$ b) $g'(x)=\frac{3x^2+12x+12}{(3x+6)^2}$ c) $h'(x)=\frac{-8x}{(x^2+1)^2}$ d) $k'(x)=\frac{1}{2}x$

22.

	a)	b)	c)	d)	e)	f)	g)	h)	i)
Ableitung	$\frac{-21x^2}{(x^3+1)}$	$\frac{x^2-12x-2}{(x^2+2)^2}$	$\frac{-3}{4x^4}$	0	$-\frac{7}{x^8}$	$-\frac{4}{t^5}-\frac{2}{t^3}$	$\frac{6x^4-4x^3-2}{(2x-1)^2}$	$\frac{-x^2-1}{x^2}$	$\frac{3x\sqrt{x}+4x+\sqrt{x}+2}{2(\sqrt{x}+1)^2}$
Nullstellen	$x=1$	keine	$x=0$	$r=\pm 2$	$x=0$	$t=0$	$x=\frac{1}{2}$	$x=0$	keine
Anstieg	3,5	$\frac{11}{9}$	-12	0	$-\frac{7}{256}$	-144	$\frac{62}{9}$	-2	$\frac{22}{9}$

23. a) $f'(x)=\frac{3x^2+2}{2\sqrt{x^3+2x}}$ b) $f'(x)=300x^3+105x^{\frac{5}{2}}+99x^2+15x^{\frac{3}{2}}+6x$
c) $f'(x)=-\frac{18}{(6x-7)^4}$ d) $f'(x)=\frac{2x-1}{2\sqrt{x^2-x}}+7(x+5)^6$

4.3 Ableiten elementarer Funktionen

24. a) $f'(x)=-3\cdot\frac{4}{3}\cdot x^{-4}=(-4)\cdot\frac{4}{3}\cdot x^{-4}=-4x^{-4}$ b) $f'(x)=\frac{2}{3}x^{-\frac{1}{3}}=\frac{2}{3\sqrt[3]{x}}$

25. a) $f'(x)=-\frac{8}{x^5}$; $x\neq 0$ b) $f'(x)=-\frac{3a}{x^4}$; $x\neq 0$ c) $f'(x)=\frac{7}{4}\sqrt[4]{x^3}$; $x\geq 0$
d) $f'(x)=-\frac{a}{n}\frac{a}{\sqrt[n]{x^{n+1}}}$; $x>0$ e) $f'(x)=2x\cdot\sqrt[3]{x}+\frac{x^2+1}{3\sqrt[3]{x^2}}$; $x>0$ f) $f'(x)=\frac{-\sqrt{x}}{2x^2}$; $x>0$

26. a) $f'(1)=0{,}5$; $f'(10)=0{,}16$; $f'(100)=0{,}05$ b) $f'(1)=\frac{2}{3}$; $f'(10)\approx 0{,}3$; $f'(100)\approx 0{,}14$
c) $f'\left(\frac{1}{2}\right)=\sqrt{3}$ d) $f'(\sqrt{3})=\frac{\sqrt{2}}{3}$ e) $f'(b^3)=\frac{2}{3b^2}$ f) $f'(3t)=-\frac{2}{27t}$

27. a) $u'(x)=4^x\cdot\ln 4$; $v'(x)=4x^3$; $f'(x)=4^x\cdot x^3\cdot(x\cdot\ln 4+4)$ b) $u'(x)=2x$; $v'(x)=\frac{1}{x\ln 10}$; $g'(x)=2x\cdot\lg x+\frac{x}{\ln 10}$

28. a) $f'(x)=\ln 3\cdot 3^x$ b) $f'(x)=\frac{1}{2}\ln 3\cdot 3^x$ c) $f'(x)=3^x(3x^2+x^3\cdot\ln 3)$ d) $f'(x)=\frac{x\cdot 3^x\cdot\ln 3-2\cdot 3^x}{x^3}$
e) $f'(x)=5e^{5x}$ f) $f'(x)=-e^{-x}$ g) $f'(x)=e^x(x^2+2x)$ h) $f'(x)=\frac{2x-x^2}{e^x}$

29. a) $f'(x)=\frac{1}{x\ln 10}$ b) $f'(x)=\frac{3}{x\ln 10}$ c) $f'(x)=\log_{10}x+\frac{1}{\ln 10}$ d) $f'(x)=\frac{nx^{n-1}}{x^n}=\frac{n}{x}$
e) $f'(x)=2\cdot\lg x\cdot\frac{1}{x\ln 10}$ f) $f'(x)=1+\ln x$ g) $f'(x)=\frac{3}{2x\ln 10}$ h) $f'(x)=\frac{2x}{x^2-5}$
i) $f'(x)=\frac{2}{x}$ j) $f'(x)=x(2\cdot\ln x+1)$ k) $f'(x)=\frac{1-\ln x}{x^2}$ l) $f'(x)=\frac{-2}{x^3}+\frac{3}{x}-\frac{1-\ln x}{x^2}$

30. a) $f'(a)=3e^{3a}$ b) $f'(t)=-\frac{1}{2}e^{-\frac{1}{2}t}$ c) $f'(x)=-2e^{-2x}$ d) $f'(x)=2e^{2x+2}$
e) $f'(x)=\sqrt{2}\,e^{\sqrt{2}x-2}$ f) $f'(t)=(2t+t^2)e^t$ g) $f'(x)=\frac{4x-1}{2x\sqrt{x}}e^{2x}$ h) $f'(x)=-\frac{x+2}{(x+1)^2}e^{-x}$
i) $f'(x)=\frac{2e^z}{(e^z+1)^2}$ j) $f'(x)=e^x(2+x^2+2x)-4x$ k) $f'(x)=ke^{kx}$ l) $f'(x)=\frac{e^x}{(1+e^x)^2}$

31. a) $f'(x) = \frac{1}{x \ln 3}$ b) $f'(x) = \frac{1}{(x-1)\ln 3}$ c) $f'(x) = \frac{1}{x \ln 2}$ d) $f'(x) = \frac{4}{x \ln 2}$

32. a) $f'(x) = 3x^2 - 3\cos x$ b) $f'(x) = -2\sin 2x$ $v'(z) = -\sin z$; $u'(x) = 2$

33. a) $f'(x) = \cos x$ b) $f'(x) = -2\sin x$ c) $f'(x) = 0{,}9\cos(1{,}2x)$

d) $f'(x) = 6x^2\cos 3x - x\sin 3x$ e) $f'(z) = \cos(\pi \cdot z)$ f) $f'(t) = -\frac{k}{2} \cdot \sin\frac{1}{2}$

g) $f'(x) = 2\cos 2x$ h) $f'(x) = 4\sin x \cdot \cos^3 x$ i) $f'(x) = \frac{1}{2}\cos\frac{1}{2}x + 2\sin(-x)$

j) $f'(t) = \frac{1}{2}\sin t + \frac{2}{3}\cos t$ k) $f'(t) = 0{,}8\cos 2t$ l) $f'(x) = 3\cos\left(x - \frac{\pi}{2}\right)$

m) $f'(x) = \cos 2x$ n) $f'(a) = -\frac{\sin a}{\cos a}$ o) $f'(x) = -(2x+4)\sin(2x^2 + 8x + 4)$

34. $f'(x) = 4x^3 + 6x + 2$ $f''(x) = 12x^2 + 6$ $f'''(x) = 24x$

35.

a) $f'(x) = 3x^2 - 6x - 0{,}5$	$f''(x) = 6x - 6$	$f'''(x) = 6$
b) $f'(x) = 7x^6 - 12x^3 - \frac{1}{2}x$	$f''(x) = 42x^5 - 36x^2 - \frac{1}{2}$	$f'''(x) = 210x^4 - 72x$
c) $f'(x) = 2x - 0{,}5$	$f''(x) = 2$	$f'''(x) = 0$
d) $f'(x) = 18x^2 + 4$	$f''(x) = 36x$	$f'''(x) = 36$
e) $f'(x) = -e^{-x}$	$f''(x) = e^{-x}$	$f'''(x) = -e^{-x}$
f) $f'(x) = e^x \cdot (x^2 + 2x)$	$f''(x) = e^x \cdot (x^2 + 4x + 2)$	$f'''(x) = e^x \cdot (x^2 + 6x + 6)$
g) $f'(x) = 8e^{\frac{1}{2}x + 3}$	$f''(x) = 4e^{\frac{1}{2}x + 3}$	$f'''(x) = 2e^{\frac{1}{2}x + 3}$
h) $f'(x) = 3\cos x$	$f''(x) = -3\sin x$	$f'''(x) = -3\cos x$
i) $f'(x) = -\sin x - \cos 2x$	$f''(x) = -\cos x + 2\sin 2x$	$f'''(x) = \sin x + 4\cos 2x$
j) $f'(x) = \frac{1}{x}$	$f''(x) = -\frac{1}{x^2}$	$f'''(x) = \frac{2}{x^3}$
k) $f'(x) = e^x(ex + e)$	$f''(x) = e^x(ex + 2e)$	$f'''(x) = e^x(ex + 3e)$
l) $f'(x) = 2x\ln x + x$	$f''(x) = 2\ln x + 3$	$f'''(x) = \frac{2}{x}$
m) $f'(x) = 2\cos^2 x - 1$	$f''(x) = -4\sin x \cdot \cos x$	$f'''(x) = 4 - 8\cos^2 x$

36. a)

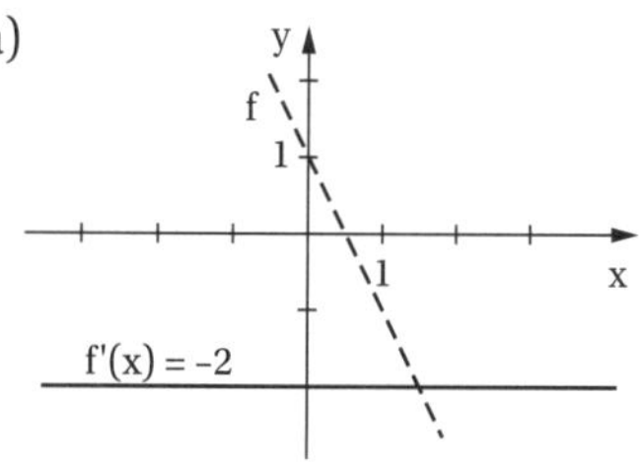

b)

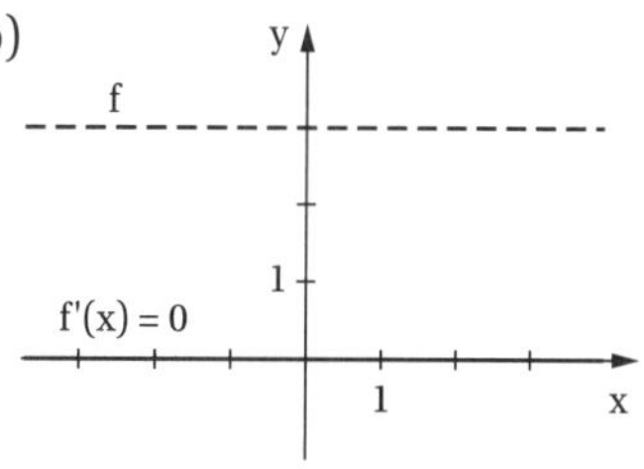

c)

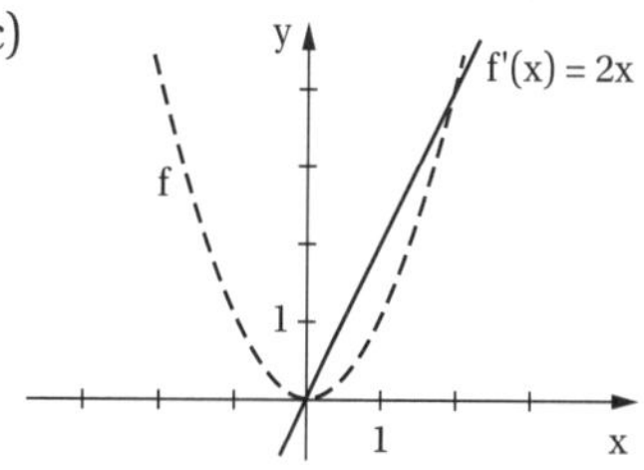

d)

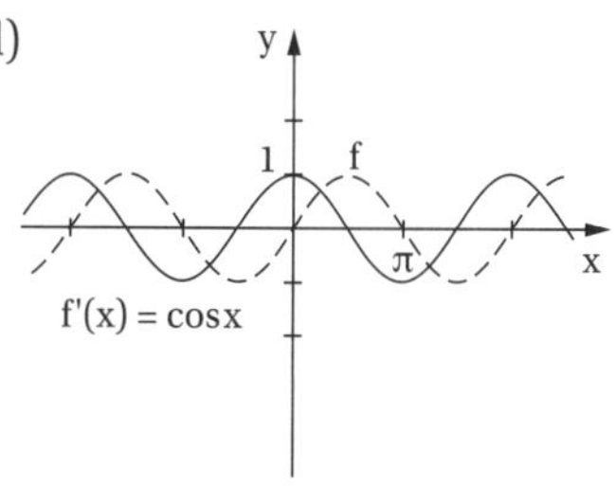

e)

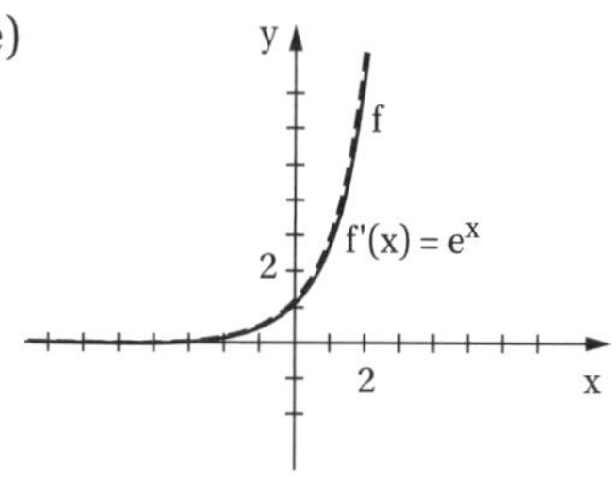

f)

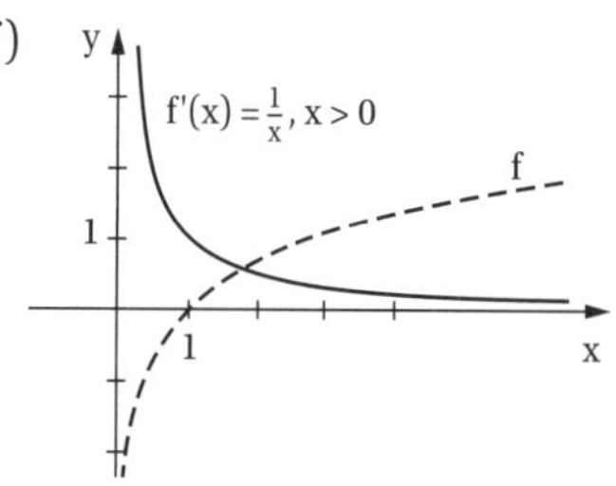

37. a) $x = -2$ b) $x = 1$ c) $x_1 = 0$; $x_2 = -2$ d) $x_1 = 0$; $x_2 = \frac{4}{3}$ e) $x = 1 - \ln 2$ f) $x = \frac{\pi}{4}$

38. a) $f'(x) = 3x^2$; $f'(x_0) = 27$; d.h. $x_1 = 3$; $x_2 = -3$ b) $g'(x) = 20x^3$; $g'(x_0) = 20$; d.h. $x_0 = 1$

39. Aussagen zur Ableitung der Funktionen $y = t^2$ und $y = t^3$. Beim Ableiten der Betragsfunktion $y = |t^2|$ erhält der Rechner $y' = 2t$, da die Funktion keine negativen Werte innerhalb der Betragszeichen haben kann. Bei $y = |t^3|$ ist eine Fallunterscheidung für $t^3 \geq 0$ und $t^3 < 0$ notwendig. Der Rechner realisiert das, in dem er das Produkt $3t \cdot |t|$ darstellt. Die Ableitungsfunktion kann also, je nach dem Wert t, $\pm 3t^2$ lauten.

40. $y = f_1(x) = e^{-x} \cdot x^2$

① $-e^{-x} \cdot (2x - x^2)$ (Vorzeichenfehler beim Bilden von u')

② $-e^{-x} \cdot (x^2 - 2x)$ (Subtraktion bei Produktregel)

③ $e^{-x} \cdot (2x - x^2)$ **LÖSUNG**

④ $e^{-x} \cdot (-2x^3)$ (Fehler beim Ausklammern)

$y = f_2(x) = \frac{x-2}{x^2+4}$

① $\frac{3x^2 - 4x + 4}{(x^2+4)^2}$ (Addition bei Quotientenregel)

② $-\frac{x^2 - 4x - 4}{(x^2+4)^2}$ **LÖSUNG**

③ $\frac{3x^2 - 4x + 4}{(x^2+4)}$ (Quadrat im Nenner fehlt)

④ $\frac{1 + 4x}{(x^2+4)}$ (aus Summe gekürzt)

41. a)

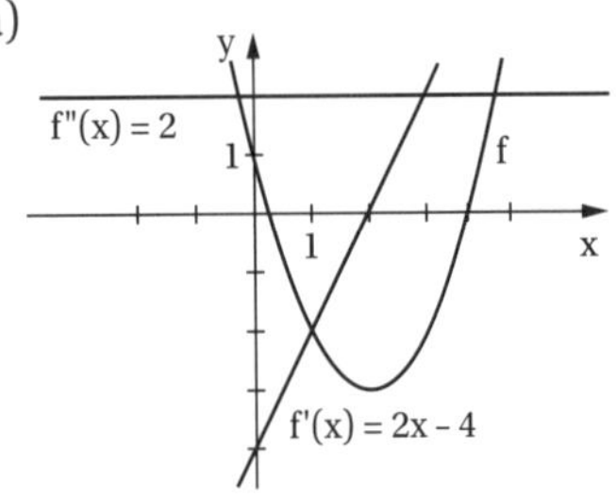

b)

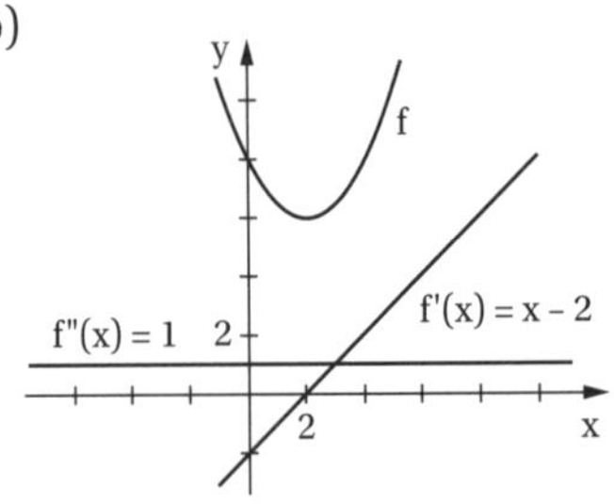

c)

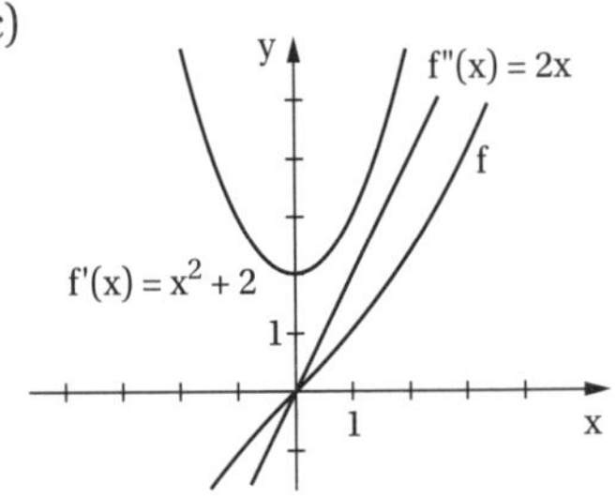

42. $f(x) = \sin x$; $f'(x) = \cos x$; $m_1 = f'(0) = 1$; $m_2 = f'\left(\frac{\pi}{2}\right) = 0$; $m_3 = f'(\pi) = -1$; $m_4 = f'\left(\frac{3}{2}\pi\right) = 0$; $m_5 = f'(2\pi) = 1$

$g(x) = \cos x$; $g'(x) = -\sin x$; $m_1 = g'(0) = 0$; $m_2 = g'\left(\frac{\pi}{2}\right) = -1$; $m_3 = g'(\pi) = 0$; $m_4 = g'\left(\frac{3}{2}\pi\right) = 1$; $m_5 = g'(2\pi) = 0$

43. $S\left(\frac{\pi}{4}; \frac{1}{2}\sqrt{2}\right)$; $\alpha_S = 70{,}5°$

44.

a)	b)	c)	d)	e)	f)
$0; 2\pi$	$\frac{7}{6}\pi; \frac{11}{6}\pi$	$0; 2\pi$	$0; \pi; 2\pi$	π	$0; 2\pi$

5 Anwendungen der Differenzialrechnung

5.1 Analyse der Eigenschaften von Funktionen

1.

	a)	b)	c)	d)	e)	f)
m. w. für	$\left[-\frac{1}{2}; \infty\right[$	$[-2; 0], [2; \infty[$	–	$\left[\frac{1}{e}; \infty\right[$	$[0; \infty[$	–
m. f. für	$\left]-\infty; -\frac{1}{2}\right]$	$]-\infty; -2], [0; 2]$	$]-\infty; 4{,}5]$	$\left]0; \frac{1}{e}\right]$	$]-\infty; 0]$	$]-\infty; -4[,]-4; \infty[$

2. a) $f'(x) = \frac{1}{2}x^2 - 4x + 6$; monoton wachsend: $x \in]-\infty; 2] \cup [6; \infty[$; monoton fallend: $x \in [2; 6]$

b) $f'(x) = 3x^3 + 3x^2 - 6x = 3x(x-1)(x+2)$; monoton wachsend: $x \in [1; \infty[\cup [-2; 0]$;
monoton fallend: $x \in]-\infty; -2] \cup [0; 1]$

c) $f'(x) = -3x^2 + 4x - 4$; $f'(x)$ stets kleiner als 0; $f(x)$ für alle x monoton fallend

d) $f'(x) = e^x(x-4)$; monoton wachsend: $x \in [3; \infty[$; monoton fallend: $]-\infty; 3]$

e) $f'(x) = 2\sin x$; monoton wachsend: $x \in [0; \pi]$; monoton fallend: $x \in [\pi; 2\pi]$

f) $f'(x) = -\frac{2}{x}$; monoton wachsend: $x < 0$; monoton fallend: $x > 0$

3. a) f_1 m. w. für $x \le x_1$ und $x \ge x_2$; m. f. für $x_1 \le x \le x_2$ oder f_2 m. w. für $x_1 \le x \le x_2$; m. f. für $x \le x_1$ und $x \ge x_2$

b) f ist streng m. w.

c) f_1 nur m. w. oder f_2 nur m. f.
oder f_3 m. w. für $x \ge -3$; m. f. für $x \le -3$ oder f_4 m. w. für $x \le -3$; m. f. für $x \ge -3$
oder f_5 m. w. für $x \ge -3$; m. f. für $x \le -3$ oder f_6 m. w. für $x \le -3$; m. f. für $x \ge -3$

d) f_1 m. w. für $x \le 4$; m. f. für $x \ge 4$ oder f_2 m. w. für $x \ge 4$; m. f. für $x \le 4$

4. a)
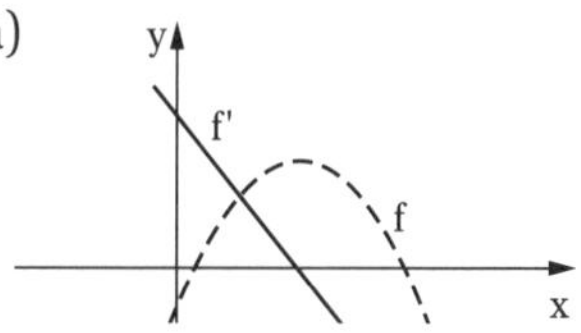

b)
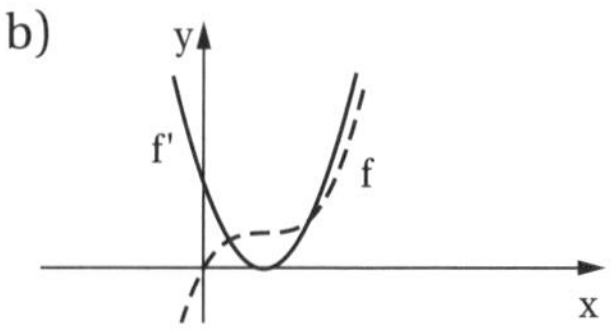

c)
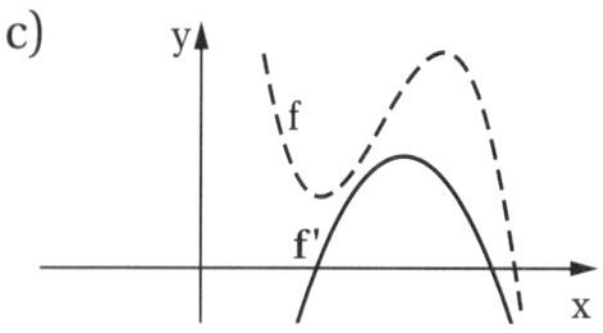

5. $[-1; 0]$ m. f., denn $f'(x) \geq 0$; $[0; 1]$ m. f., denn $f'(x) \leq 0$; achsensymmetrisch, denn $f'(-x) = -f'(x)$, d. h., die Tangensteigungen haben an allen Stellen $\pm x_0$ den selben Betrag, aber unterschiedliche Vorzeichen; drei Extrempunkte, denn $f'(-3) = f'(3) = f'(0) = 0$; bei $x = \pm 3$ liegen Tiefpunkte vor, denn f' hat dort einen Vorzeichenwechsel von „–" nach „+", bei $x = 0$ liegt ein Hochpunkt vor, denn f' hat einen Vorzeichenwechsel von „+" nach „–".

6.

Funktion f (z. B.: $f(x) = \frac{1}{2}x^2 + 2x$)	Funktion g (z. B.: $g(x) = 2x$)
– für $-\infty < x < -2$ ist der Anstieg von $f(x)$ negativ, d. h., $f(x)$ ist streng monoton fallend; – für $-2 < x < \infty$ ist der Anstieg von $f(x)$ positiv, d. h., $f(x)$ ist streng monoton wachsend; – für $x = -2$ ist $f'(-2) = 0$, d. h., der Graph von $f(x)$ hat an dieser Stelle eine horizontale Tangente.	- Die Funktion g ist im gesamten Definitionsbereich streng monoton wachsend. - Der Anstieg ist konstant ($m = 2$), g ist eine lineare Funktion.

7. a) Die Tangenten an den Graphen von f verlaufen bei $x_1 = -1$ und $x_2 = 3$ parallel zur x-Achse; $m_t = 0$.
b) $f'(x)$ ist in $]-1; 3[$ monoton fallend.
c) In den Intervallen $]-\infty; -1[$ und $]3; +\infty[$ ist $f'(x) > 0$.

8. a)
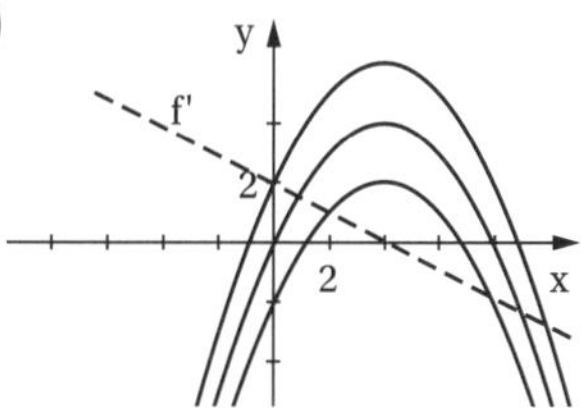

b)
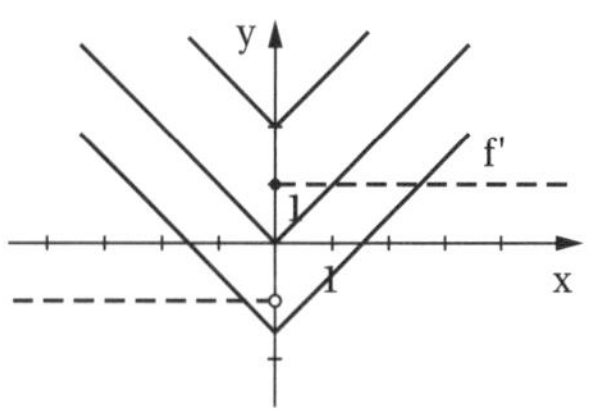

c)
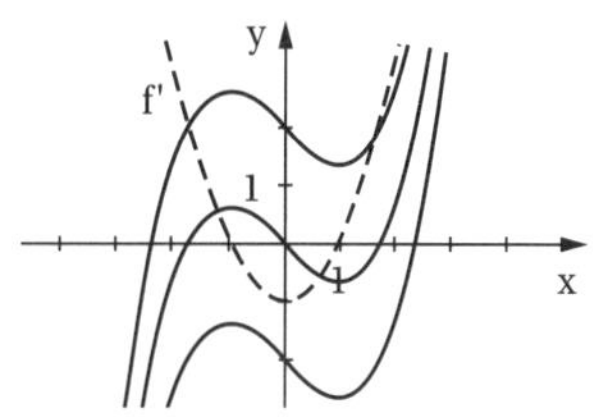

9. a) $m = -1$; $\alpha = 135°$
b) $m = -4$; $\alpha = 104{,}04°$
c) $m = -3$; $\alpha \approx 108{,}4°$
d) $m = e$; $\alpha \approx 69{,}8°$
e) $m = 1$; $\alpha = 45°$
f) $m = 2$; $\alpha \approx 63{,}4°$

10. a) $P_1(3; 0)$ $P_2(-3; 0)$
b) $m_1 = f'(3) = 6$; $t_1: y = 6x - 18$; $m_2 = f'(-3) = -6$; $t_2: y = -6x - 18$
c) $\alpha_1 \approx 81°$; $\alpha_2 \approx 99°$

11. $f'(x_0) = 6x_0^2$; $f'(1) = 6$

$y = 6x + n$; $P_0(1\,; 2) \Rightarrow 2 = 6 + n \Rightarrow n = -4 \Rightarrow y = f_t(x) = 6x - 4$; $\alpha \approx 80{,}5°$

12. $x_1 = \sqrt{2}$; $x_2 = -\sqrt{2}$; t_1: $y = 6x - 4\sqrt{2}$ t_2: $y = 6x + 4\sqrt{2}$

13. Anstieg der Sekante: $m_s = 3$; aus $m_s = m_t = f'(x_0) = 3x_0^2$ folgt für die gesuchten Stellen $x_{0_1} = 1$; $x_{0_2} = -1$.

14. Es gibt zwei Tangenten von P aus.
Es sei $B(x_B\,; y_B)$ ein Punkt des Graphen von $f(x) = \frac{1}{4}x^2$, durch den eine Tangente verläuft, die außerdem durch $P(-1; -2)$ bestimmt ist. Für den Anstieg der Tangente gilt dann:

1. $m_t = f'(x_B) = \frac{1}{2}x_B$ 2. $m_t = \frac{y_B - y_P}{x_B - x_P} = \frac{\frac{1}{4}x_B^2 - (-2)}{x_B - (-1)}$; $\frac{1}{2}x_B = \frac{\frac{1}{4}x_B^2 - (-2)}{x_B - (-1)} \Rightarrow x_{B_1} = 2$; $x_{B_2} = -4 \Rightarrow B_1(2; 1)$; $B_2(-4; 4)$

Tangentengleichungen: $y = x - 1$; $y = -2x - 4$

15. a) t_P: $y = 4x - 2$; t_Q: $y = -2x - \frac{1}{2}$
b) t_P: $y = -\frac{1}{4}x + 1$; t_Q: $y = -\frac{1}{4}x - 1$

16. Aus $f'(x_0) = g'(x_0)$ folgt $-3x_0^2 + x_0 = 3x_0^2$; $x_{0_1} = 0$; $x_{0_2} = \frac{1}{6}$.

17. Wenn g Tangente an f ist, dann gibt es einen Berührungspunkt $B(x_B; y_B)$ mit $f(x_B) = g(x_B)$;
also $\frac{1}{3}x_B^2 - 2x_B = -4x_B - 3$; $x_B = -3$; $y_B = 9$. $\Rightarrow$ Berührungspunkt $B(-3; 9)$

18. Aus $g \parallel t$ folgt $m_t = \frac{3}{2}$. Damit ist $f'(x_0) = x_0 = \frac{3}{2}$.
Der Berührungspunkt der Tangente hat die Koordinaten $P_0\left(\frac{3}{2}; \frac{9}{8}\right)$. Tangentengleichung t: $y = \frac{3}{2}x - \frac{9}{8}$

19. a) $f'(-1) = -1$ t_1: $y = -x - 2$; $f'(2) = -\frac{1}{4}$ t_2: $y = -\frac{1}{4}x + 1$
b) $f'(-1) = 3$ t_1: $y = 3x + 4{,}5$; $f'(2) = -\frac{3}{8}$ t_2: $y = -\frac{3}{8}x + \frac{9}{8}$
c) $f'(-1) = -\frac{1}{4}$ t_1: $y = -\frac{1}{4}x + \frac{1}{4}$; $f'(2) = -1$ t_2: $y = -x + 4$

20. $m_t = m_s = \frac{1}{e-1}$; $m_t = f'(x_0) = \frac{1}{x_0} = \frac{1}{e-1}$; $P((e-1); \ln(e-1))$

21. a) ① b) ② c) ④

22. a) t: $y = x + 1$ b) t: $y = -x + \frac{\pi}{2}$ c) t: $y = 0{,}85x - 0{,}96$

23. a) $y = x - 1{,}5$ b) $y = \frac{1}{4}x + \frac{11}{4}$ c) $y = \frac{1}{3}x - \frac{19}{12}$ d) $y = -\frac{1}{e}x - e$ e) $y = -x + 1$ f) $y = -\frac{1}{2}x + \frac{1}{2}$

24. a) $f'(x) = 3x^2 - 10x - 8$; $f''(x) = 6x - 10$
b) $0 = 3x^2 - 10x - 8$; $x_{E_1} = 4$; $x_{E_2} = -\frac{2}{3}$; x_{E_1} und x_{E_2} sind mögliche Extremstellen der Funktion f.
c) $f'(4) = 14 \Rightarrow$ in $x_{E_1} = 4$ hat f ein lokales Minimum; $f''\left(-\frac{2}{3}\right) = -14 \Rightarrow$ in $x_{E_2} = -\frac{2}{3}$ hat f ein lokales Maximum
d) $P_{min}(4; -46)$; $P_{max}\left(-\frac{2}{3}; \frac{130}{27}\right)$

25.

	f	f'; f"	x_E	$f''(x_E)$	P_{max}; P_{min}
a)	$f(x) = \frac{3}{4}x^4 - x^3 - 3x^2$	$f'(x) = 3x^3 - 3x^2 - 6x$ $f''(x) = 9x^2 - 6x - 6$	$x_{E_1} = 0$ $x_{E_2} = 2$ $x_{E_3} = -1$	$f''(0) = -6$ $f''(2) = 18$ $f''(-1) = 9$	$P_{max}(0; 0)$ $P_{min}(2; -8)$ $P_{max}\left(-1; -\frac{5}{4}\right)$
b)	$f(x) = 30 - 24x + 9x^2 - x^3$	$f'(x) = -24 + 18x - 3x^2$ $f''(x) = 18 - 6x$	$x_{E_1} = 2$ $x_{E_2} = 4$	$f''(2) = 6$ $f''(4) = -6$	$P_{min}(2; 10)$ $P_{max}(4; 14)$
c)	$f(x) = \frac{1}{5}\left(x^5 - \frac{19}{3}x^3 - 4x\right)$	$f'(x) = x^4 - \frac{19}{5}x^2 - \frac{4}{5}$ $f''(x) = 4x^3 - \frac{38}{5}x$	$x_{E_1} = 2$ $x_{E_2} = -2$	$f''(2) = 16{,}8$ $f''(-2) = -16{,}8$	$P_{min}\left(2; -\frac{16}{3}\right)$ $P_{max}\left(-2; \frac{16}{3}\right)$
d)	$f(x) = x^4 - 4x^3 + 1$	$f'(x) = 4x^3 - 12x^2$ $f''(x) = 12x^2 - 24x$	$x_{E_1} = 0$ $x_{E_2} = 3$	$f''(0) = 0$ $f''(3) = 36$	an x_{E_1} kein Extremum $P_{min}(3; -26)$

26. a) $P_{min}(0; -1)$ b) $P_{min}(0; -4)$ c) $P_{max}(1; 2)$; $P_{min}(6; 12)$
d) $P_{min}\left(-1; -\frac{1}{e}\right)$ e) $P_{min}\left(\frac{1}{\sqrt{e}}; -\frac{1}{2e}\right)$ f) $P_{max}(-1; 2)$
g) $P_{max}\left(\frac{\pi}{2}; 1\right)$, $P_{min}(\pi; 0)$, $P_{max}\left(\frac{3}{2}\pi; 1\right)$ h) $P_{max}\left(\frac{\pi}{4} + k\pi; 2\right)$, $P_{min}\left(\frac{3}{4}\pi + k\pi; 0\right)$
i) $P_{max_1}\left(\frac{\pi}{3} + 2k\pi; \frac{5}{4}\right)$, $P_{max_2}\left(\frac{5}{3}\pi + 2k\pi; \frac{5}{4}\right)$, $P_{min_1}(2k\pi; 1)$, $P_{min_2}([2k+1]\pi; -1)$

27. a) $f'(x) = 3x^2 - 10x - 8$ $f''(x) = 6x - 10$ $f'''(x) = 6$
b) $0 = 6x - 10 \Rightarrow x_W = \frac{5}{3}$ ist mögliche Wendestelle.
c) $f'''\left(\frac{5}{3}\right) = 6 \Rightarrow x_W = \frac{5}{3}$ ist eine Wendestelle von f.
d) $f\left(\frac{5}{3}\right) = -\frac{556}{27} \Rightarrow P_W\left(\frac{5}{3}; -\frac{556}{27}\right)$

28.

a)	$f''(x) = 2x - 4$	$f'''(x) = 2$	$x_W = 2$	$f'''(2) = 2$	$P_W\left(2; -\frac{46}{3}\right)$
b)	$f''(x) = 9x^2 - 6x - 6$	$f'''(x) = 18x - 6$	$x_{W_1} = 1{,}2$	$f'''(1{,}2) = 15{,}6$	$P_{W_1}(1{,}2; -4{,}6)$
			$x_{W_2} = -0{,}5$	$f'''(-0{,}5) = -15$	$P_{W_2}(-0{,}5; -0{,}7)$
c)	$f''(x) = 4x^3 - \frac{38}{5}x$	$f'''(x) = 12x^2 - \frac{38}{5}$	$x_{W_1} = 0$	$f'''(0) = -\frac{38}{5}$	$P_{W_1}(0; 0)$
			$x_{W_2} = \sqrt{\frac{19}{10}} \approx 1{,}4$	$f'''\left(\sqrt{\frac{19}{10}}\right) \approx \frac{76}{5}$	$P_{W_2}(1{,}4; -3{,}42)$
			$x_{W_3} = -\sqrt{\frac{19}{10}} \approx -1{,}4$	$f'''\left(-\sqrt{\frac{19}{10}}\right) \approx \frac{76}{5}$	$P_{W_3}(-1{,}4; 3{,}42)$

29. a) $P_{W_1}(0; 0)$; $P_{W_2}\left(-1; -\frac{1}{2}\right)$; $t_1\!: y = 0$; $t_2\!: y = x + \frac{1}{2}$ b) $P_W\left(-2; -\frac{2}{e^2}\right)$; $t\!: y = -\frac{1}{e^2}x - \frac{4}{e^2}$
c) $P_W\left(\frac{3}{8}\pi; 0\right)$; $t\!: y = -2x + \frac{3}{4}\pi$

30. a)
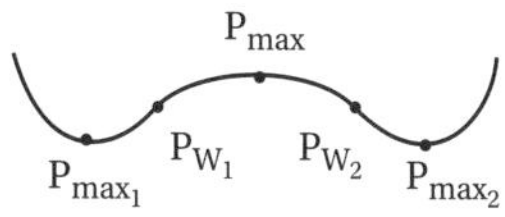

b)
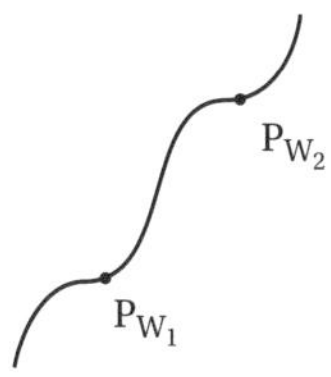

c)
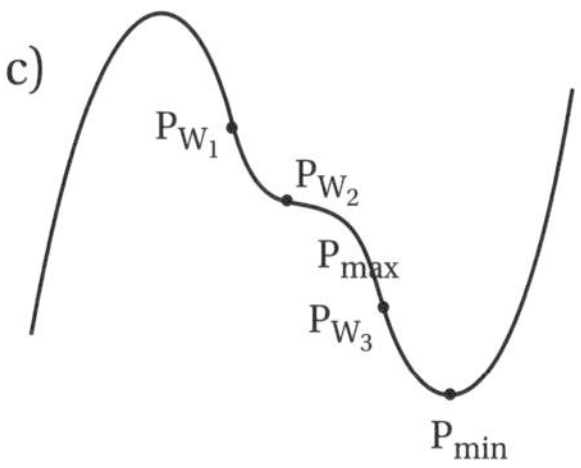

d)
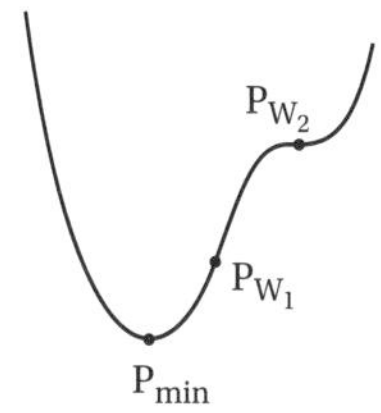

31. a) Wendepunkte b) Grenzwert für $t \to \infty$
c) Intervall, in dem die Funktion monoton wächst d) lokale Extremstelle des lokalen Maximumpunktes

32. a) Funktion f:
- besitzt drei lokale Extrema ($x_{E_1} = -4$ lokales Max.; $x_{E_2} = 0$ lokales Min.; $x_{E_3} = 4$ lokales Max.)
- ist streng monoton fallend in $]-4; 0[$ und $]4; \infty[$
- ist streng monoton wachsend in $]-\infty; -4[$ und $]0; 4[$
- besitzt zwei Wendepunkte an den Stellen $x_{W_1} = -2$ und $x_{W_2} = 2$
- Graph geht in x_{W_1} von konkav zu konvex und in x_{W_2} von konvex zu konkav über

b) Funktion f:
- besitzt keine lokalen Extrema
- ist streng monoton wachsend im gesamten Definitionsbereich
- besitzt einen Wendepunkt an der Stelle $x_W = 0$
- Graph geht in x_W von konkav zu konvex über

a)
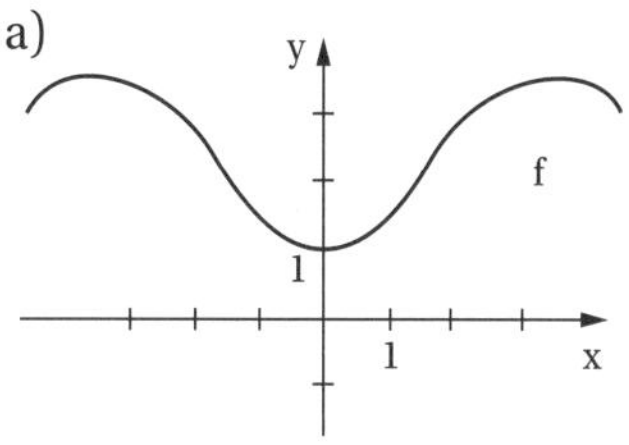

b)
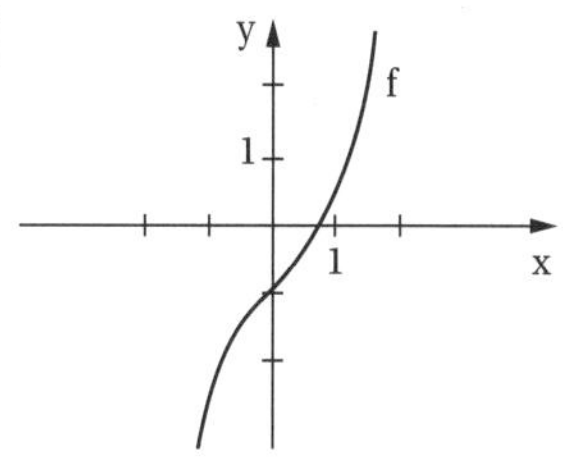

33.

Ableitungen	Symmetrie	Verhalten im ∞	Schnittpunkt mit x-Achse	Extrempunkt	Wendepunkt
$f'(x) = 4x^3 - 10x$ $f''(x) = 12x^2$ $f'''(x) = 24x$	axialsymmetrisch zur y-Achse	$\lim\limits_{x \to \pm\infty} f(x) = +\infty$	$P_1(2; 0)$ $P_2(-2; 0)$ $P_3(1; 0)$ $P_4(-1; 0)$	$P_{Max}(0; 4)$ $P_{Min}\left(\sqrt{\frac{5}{2}}; -\frac{9}{4}\right)$ $P_{Min}\left(-\sqrt{\frac{5}{2}}; -\frac{9}{4}\right)$	$W_1\left(\sqrt{\frac{5}{6}}; \frac{19}{36}\right)$ $W_2\left(-\sqrt{\frac{5}{6}}; \frac{19}{36}\right)$

34.

	Ableitungen	Symmetrie	Verhalten im ∞	Schnittpunkt mit x-Achse	Extrempunkt	Wendepunkt
a)	$f'(x) = 3x^2 + 12x + 9$ $f''(x) = 6x + 12$ $f'''(x) = 6$	keine Symmetrie	$\lim\limits_{x \to \pm\infty} f(x) = \pm\infty$	$P_1(0; 0)$ $P_2(-3; 0)$	$P_{Max}(-3; 0)$ $P_{Min}(-1; -4)$	$W(-2; -20)$
b)	$f'(x) = \frac{1}{2}x^3 - \frac{3}{2}x^2$ $f''(x) = \frac{3}{2}x^2 - 3x$ $f'''(x) = 3x - 3$	keine Symmetrie	$\lim\limits_{x \to \infty} f(x) = +\infty$	$P_1(0; 0)$ $P_2(4; 0)$	$P_{Min}\left(3; -\frac{27}{8}\right)$	$W_1(0; 0)$ $W_2(2; -2)$
c)	$f'(x) = \frac{1}{4}(4x^3 - 3x^2 - 6x + 5)$ $f''(x) = \frac{1}{4}(12x^2 - 6x - 6)$ $f'''(x) = \frac{1}{4}(24x - 6)$	keine Symmetrie	$\lim\limits_{x \to \pm\infty} f(x) = +\infty$	$P_1(1; 0)$ $P_2(-2; 0)$	$P_{Min}\left(-\frac{5}{4}; \frac{3^7}{4^5}\right)$ $\approx P_{Min}\left(-\frac{5}{4}; -2{,}1\right)$	$W_1(1; 0)$ $W_2\left(-\frac{1}{2}; -\frac{3^4}{2^6}\right)$ $\approx W_2$ $\left(-\frac{1}{2}; -1{,}26\right)$
d)	$f'(x) = x^2 - x - \frac{1}{3}$ $f''(x) = 2x - 1$ $f'''(x) = 2$	keine Symmetrie	$\lim\limits_{x \to \pm\infty} f(x) = \pm\infty$	$P_1(2; 0)$ $P_2(0; 0)$ $P_3\left(-\frac{1}{2}; 0\right)$	$P_{Min}(1{,}26; -0{,}55)$ $P_{Max}(-0{,}26; 0{,}05)$	$W\left(\frac{1}{2}; -\frac{13}{12}\right)$

	Ableitungen	Symmetrie	Verhalten im ∞	Schnittpunkt mit x-Achse	Extrempunkt	Wendepunkt
e)	$f'(x) = -3x^2 + 16$ $f''(x) = -6x$ $f'''(x) = -6$	punktsymmetrisch zum Ursprung	$\lim\limits_{x \to \pm\infty} f(x) = \mp\infty$	$P_1(4; 0)$ $P_2(0; 0)$ $P_3(-4; 0)$	$P_{Max}\left(\frac{4}{3}\sqrt{3}; \frac{128}{9}\sqrt{3}\right)$ $P_{Min}\left(-\frac{4}{3}\sqrt{3}; -\frac{128}{9}\sqrt{3}\right)$	$W(0; 0)$
f)	$f'(x) = 3x^2 + 6x$ $f''(x) = 6x + 6$ $f'''(x) = 6$	keine Symmetrie	$\lim\limits_{x \to \pm\infty} f(x) = \pm\infty$	$P_1(-2; 0)$ $P_2(1; 0)$	$P_{Max}(-2; 0)$ $P_{Min}(0; -4)$	$W(-1; -2)$

35. $f'(x) = -\frac{4x}{(x^2-1)^2}$; $f''(x) = \frac{4(3x^2+1)}{(x^2-1)^3}$

$D_f = \mathbb{R}\setminus\{1; -1\}$; $x_{P_1} = 1$; $x_{P_2} = -1$; axialsymmetrisch zur y-Achse

$\lim\limits_{x \to \pm\infty} f(x) = 1$; keine Nullstellen; $P_y(0; -1)$; $P_{Max}(0; -1)$; kein Wendepunkt

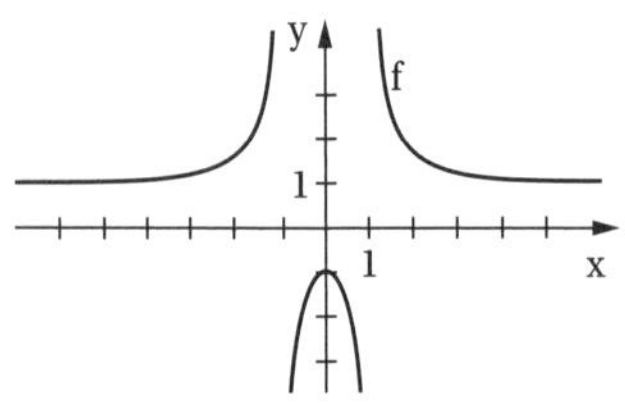

36.

	Ableitungen	Definitionslücken Polstellen Polasymptote	Symmetrie	$\lim\limits_{x \to \pm\infty}$	x_0	Extrempunkte	Wendepunkte
a)	$f'(x) = \frac{1}{x^2}$ $f''(x) = -\frac{2}{x^3}$ $f'''(x) = \frac{6}{x^4}$	$\mathbb{R}\setminus\{0\}$ $x_P = 0$	–	1	1	–	–
b)	$f'(x) = \frac{-2x+2}{x^3}$ $f''(x) = \frac{4x-6}{x^4}$ $f'''(x) = \frac{-12x+24}{x^5}$	$\mathbb{R}\setminus\{0\}$ $x_P = 0$	–	0	$\frac{1}{2}$	$P_{Max}(1; 1)$	$W\left(\frac{3}{2}; \frac{8}{9}\right)$
c)	$f'(x) = \frac{1-x^2}{(x^2+1)^2}$ $f''(x) = \frac{2x^3-6x}{(x^2+1)^3}$ $f'''(x) = \frac{-6(x^4-6x^2+1)}{(x^2+1)^4}$	$\mathbb{R}$ keine	punktsymmetrisch zum Ursprung	0	0	$P_{Max}(1; 0{,}5)$ $P_{Min}(-1; -0{,}5)$	$W_1\left(-\sqrt{3}; -\frac{1}{4}\sqrt{3}\right)$ $W_2(0; 0)$ $W_3\left(\sqrt{3}; \frac{1}{4}\sqrt{3}\right)$
d)	$f'(x) = \frac{-24x}{(x^2+3)^2}$ $f''(x) = \frac{72x^2-72}{(x^2+3)^3}$ $f'''(x) = \frac{-288x^3+864x}{(x^2+3)^4}$	$\mathbb{R}$ keine	axialsymmetrisch	-1	±3	$P_{Max}(0; 3)$	$W_1(1; 2)$ $W_2(-1; 2)$
e)	$f'(x) = \frac{2x}{(3-x^2)^2}$ $f''(x) = \frac{6x^2+6}{(3-x^2)^3}$ $f'''(x) = \frac{24x^3+72x}{(3-x^2)^4}$	$\mathbb{R}\setminus\{\sqrt{3}; -\sqrt{3}\}$ $x_{P_1} = \sqrt{3}$ $x_{P_2} = -\sqrt{3}$	axialsymmetrisch	-1	$\pm\sqrt{2}$	$P_{Min}\left(0; -\frac{2}{3}\right)$	–
f)	$f'(x) = \frac{x^2-6x+5}{(x-3)^2}$ $f''(x) = \frac{8}{(x-3)^3}$ $f'''(x) = \frac{-24}{(x-3)^4}$	$\mathbb{R}\setminus\{3\}$ $x_P = 3$	–	±∞	$\pm\sqrt{5}$	$P_{Min}(5; 10)$; $P_{Max}(1; 2)$	–
g)	$f'(x) = \frac{18}{(x-1)^3}$ $f''(x) = \frac{-54}{(x-1)^4}$ $f'''(x) = \frac{216}{(x-1)^5}$	$\mathbb{R}\setminus\{1\}$ $x_P = 1$	nicht symmetrisch zur y-Achse	1	-2; 4	–	–

	Ableitungen	Definitionslücken Polst./Polasym.	Symmetrie	$\lim\limits_{x \to \pm\infty}$	x_0	Extrempunkte	Wendepunkte
h)	$f'(x) = \frac{3x^2+8x+17}{(3x+4)^2}$ $f''(x) = \frac{-70}{(3x+4)^3}$ $f'''(x) = \frac{630}{(3x+4)^4}$	$\mathbb{R} \setminus \{-\frac{4}{3}\}$ $x_P = -\frac{4}{3}$	–	$\pm\infty$	-3; 1	–	–
i)	$f'(x) = 2x - 3$ $f''(x) = 2$ $f'''(x) = 0$	$\mathbb{R} \setminus \{-2\}$ keine	nicht symmetrisch zur y-Achse	$+\infty$	0; 3	$P_{Min}\left(\frac{3}{2}; -\frac{9}{4}\right)$	–

a)

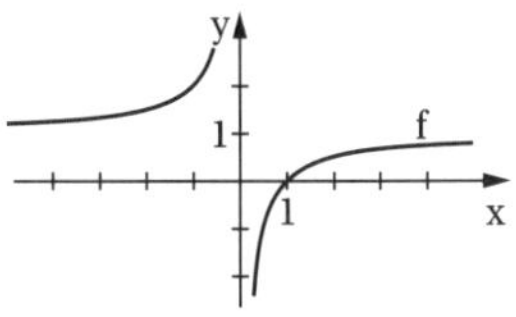

b)

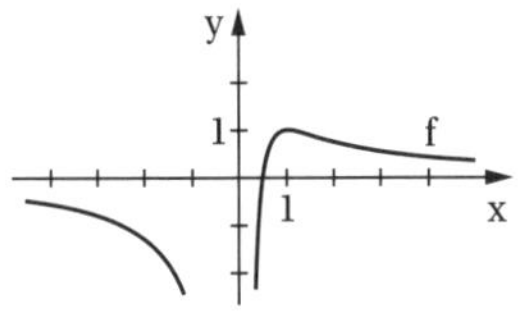

c)

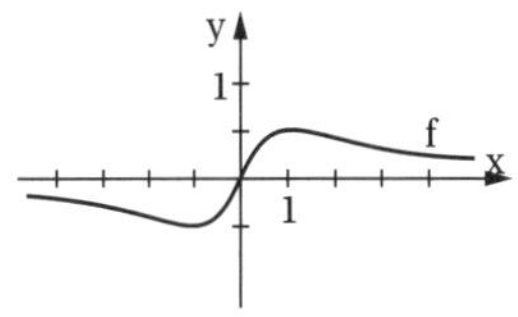

d)

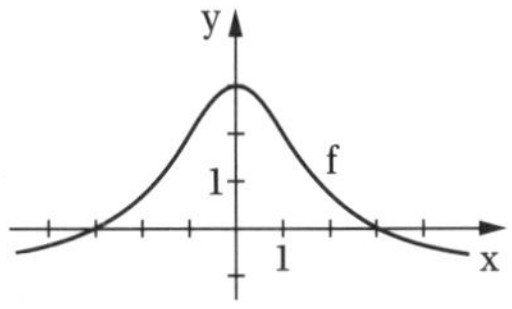

e)

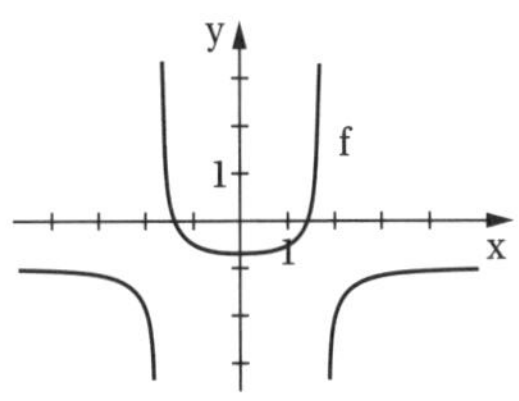

f)

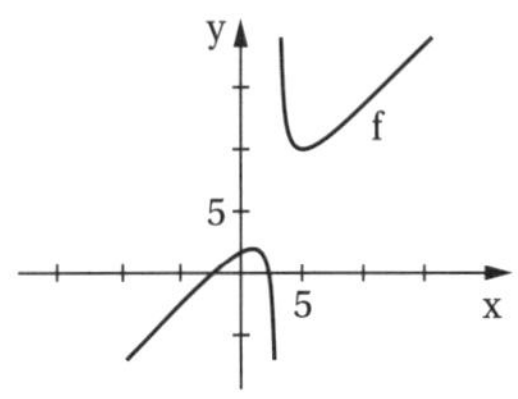

g)

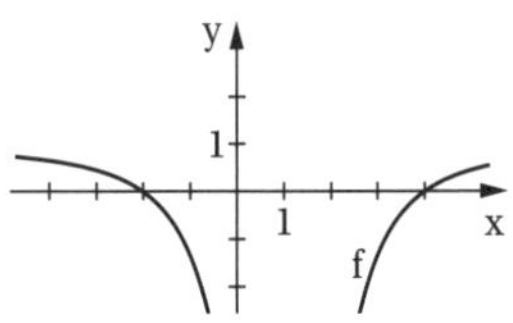

h)

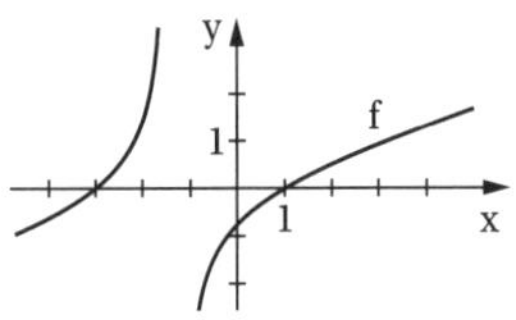

i)

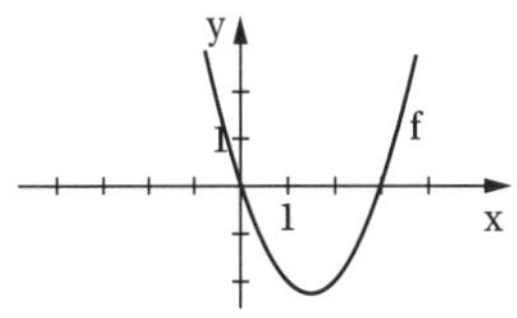

37. $f'(x) = \frac{2(2-x)}{e^x}$ $f''(x) = \frac{2(x-3)}{e^x}$ $f'''(x) = \frac{2(4-x)}{e^x}$

$D_f = \mathbb{R}$; keine Definitionslücken, keine Symmetrie

$\lim\limits_{x \to \infty} f(x) = 0$ $\lim\limits_{x \to -\infty} f(x) = -\infty$

Nullstelle: $x_0 = 1$; $S_y(0; -2)$; $P_{Max}\left(2; \frac{2}{e^2}\right)$; $W\left(3; \frac{4}{e^3}\right)$

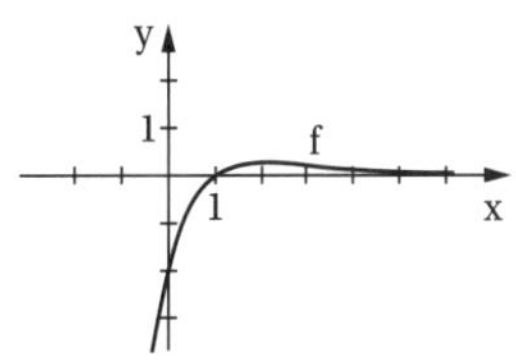

38.	Nullstellen	Extrempunkte	Wendepunkte
a)	$x_{0_1} = 2,\ x_{0_2} = 5$	$P_{Max}(4; 2)$	–
b)	$x_{0_1} = 0,\ x_{0_2} = -2$	$P_{Min}\left(-\frac{4}{3}; -\frac{4}{3}\sqrt{\frac{2}{3}}\right)$	–
c)	$x_{0_1} = 0,\ x_{0_2} = 2$	$P_{Max}(-\sqrt{2}; 1{,}2)$; $P_{Min}(\sqrt{2}; -3{,}4)$	$W_1(0{,}73; -1{,}93)$; $W_2(-2{,}73; 0{,}84)$
d)	$x_0 = 4$	$P_{Min}(3; -e^3)$	$W(2; -2e^2)$
e)	$x_0 = e^2$	$P_{Max}(e; e)$	–
f)	$x_0 = 1$	$P_{Min}(1; 0)$	$W(e; 1)$
g)	$x_0 = 0$	$P_{Min}(0; 0)$; $P_{Max}\left(2; \frac{4}{e^2}\right)$	$W_1(0{,}586; 0{,}191)$; $W_2(3{,}414; 0{,}384)$
h)	$x_0 = 1$	$P_{Min}\left(\frac{1}{e}; -\frac{1}{e}\right)$	–
i)	keine	$P_{Min}(e; e)$	$W\left(e^2; \frac{1}{2}e^2\right)$
j)	$x_{0_1} = -\sqrt{8},\ x_{0_2} = \sqrt{8},\ x_{0_3} = 0$	$P_{Min}(-2; -4)$; $P_{Max}(2; 4)$	$W(0; 0)$
k)	$x_{0_1} = 1,\ x_{0_2} = \frac{5}{2}$	$P_{Min}\left(-\frac{1}{2}; 9e^{-\frac{1}{2}}\right)$; $P_{Max}(2; -e^2)$	$W_1(-1{,}85; 3{,}90)$; $W_2(1{,}35; -3{,}11)$
l)	$x_0 = 0$	$P_{Min}(0; 0)$	$W_1\left(-\frac{1}{2}\sqrt{2}; 1 - \frac{1}{\sqrt{e}}\right)$; $W_2\left(\frac{1}{2}\sqrt{2}; 1 - \frac{1}{\sqrt{e}}\right)$

39. a) $x_N = \{0; \pi; 2\pi\}$; $P_{Max}\left(\frac{\pi}{3}; \frac{3}{2}\sqrt{3}\right)$; $P_{Min}\left(\frac{5}{3}\pi; -\frac{3}{2}\sqrt{3}\right)$; $W_1(0; 0)$; $W_2(\pi; 0)$; $W_3(1{,}82; 1{,}46)$; $W_4(4{,}46; -1{,}46)$

b) $x_N = \left\{\frac{1}{3}\pi; \frac{2}{3}\pi; \frac{4}{3}\pi; \frac{5}{3}\pi\right\}$; $P_{Max}\left(\pi; \frac{3}{4}\right)$; $P_{Min_1}\left(\frac{1}{2}\pi; -\frac{1}{4}\right)$; $P_{Min_2}\left(\frac{3}{2}\pi; -\frac{1}{4}\right)$; $W_1\left(\frac{1}{4}\pi; \frac{1}{4}\right)$; $W_2\left(\frac{3}{4}\pi; \frac{1}{4}\right)$; $W_3\left(\frac{5}{4}\pi; \frac{1}{4}\right)$; $W_4\left(\frac{7}{4}\pi; \frac{1}{4}\right)$

c) $x_N = \left\{\frac{1}{2}\pi; \frac{3}{2}\pi\right\}$; $P_{Max}\left(\frac{1}{6}\pi; \frac{3}{2}\sqrt{3}\right)$; $P_{Min}\left(\frac{5}{6}\pi; -\frac{3}{2}\sqrt{3}\right)$; $W_1\left(\frac{1}{2}\pi; 0\right)$; $W_2\left(\frac{3}{2}\pi; 0\right)$; $W_3(3{,}4; -1{,}5)$; $W_4(6; 1{,}5)$

d) $x_N = \{0; \pi; 2\pi\}$; $P_{Max}\left(\frac{\pi}{2}; 1\right)$; $P_{Min}\left(\frac{3}{2}\pi; -1\right)$

$W_1(0{,}95; 0{,}54)$; $W_2(5{,}3; -0{,}54)$; $W_3(2{,}2; 0{,}54)$; $W_4(4{,}1; -0{,}54)$; $W_5(0; 0)$; $W_6(\pi; 0)$; $W_7(2\pi; 0)$

40. a)

a	-1	$-\frac{1}{2}$	$-\frac{1}{4}$	$\frac{1}{4}$	$\frac{1}{2}$	11
x_0	0; 1	0; 2	0; 4	0; −4	0; −2	0; −1
P_{Min}	–	–	–	(−2; −1)	$\left(-1; -\frac{1}{2}\right)$	$\left(-\frac{1}{2}; -\frac{1}{4}\right)$
P_{Max}	$\left(\frac{1}{2}; \frac{1}{4}\right)$	$\left(1; \frac{1}{2}\right)$	(2; 1)	–	–	–

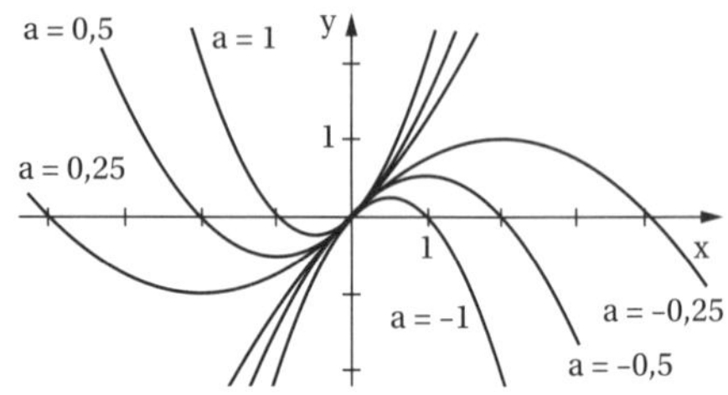

b) $f_a'(x) = 2ax + 1$ und $f_a''(x) = 2a \neq 0 \Rightarrow$ lokale Extrema existieren für $x = -\frac{1}{2a}$; $P_E\left(-\frac{1}{2a}; -\frac{1}{4a}\right)$

Die Elimination des Parameters a ergibt $a = -\frac{1}{2x}$ bzw. $y = -\frac{1}{4\cdot\left(-\frac{1}{2x}\right)} = \frac{1}{2}x$, also eine Geradengleichung.

c) Für die Nullstellen $x_1 = 0$ und $x_2 = -\frac{1}{a}$ folgt $f_a'(0) = 1 = \tan\alpha_1$, also $\alpha_1 = 45°$, sowie $f_a'\left(-\frac{1}{a}\right) = 2a\left(-\frac{1}{a}\right) + 1 = -1 = \tan\alpha_2$, also $\alpha_1 = 135°$, d. h., der Schnittwinkel ist unabhängig vom Parameter a

d) Einsetzen der Koordinaten von P(3; −15) in die Funktionsgleichung ergibt $-15 = a\cdot 3^2 + 3$ und somit $a = -2$.

e) Mit $m_t = 5$ und $P_0(x_0; y_0)$ als Berührpunkt gilt $f_a'(x_0) = 2ax_0 + 1 = m_t = 5$. Auflösen nach x_0 ergibt $x_0 = \frac{2}{a}$ und Einsetzen in die Funktionsgleichung bringt $y_0 = a\cdot\left(\frac{2}{a}\right)^2 + \frac{2}{a} = \frac{6}{a}$.

Einsetzen von x_0 und y_0 in die Tangentengleichung liefert $\frac{6}{a} = \frac{10}{a} - 2$, also $a = 2$.

41. a: Verschiebung längs der x-Achse (für $a > 0$ in positive Richtung, für $a < 0$ in negative Richtung)

b: Verschiebung längs der y-Achse (für $b > 0$ in positive Richtung, für $b < 0$ in negative Richtung)

c: $|c| > 1$ Streckung; $0 < |c| < 1$ Stauchung; $c < 0$ Spiegelung

42. $y = f(x) = \frac{2}{3}x^2$

43.

	f'	f''	f'''	P_x	x_P	Extrempunkte	Wendepunkte
$f_1(x)$	$2x - \frac{1}{x^2}$	$2 + \frac{2}{x^3}$	$-\frac{6}{x^4}$	(−1; 0)	0	$P_{Min}\left(\frac{1}{\sqrt[3]{2}}; \frac{3}{2}\sqrt[3]{2}\right)$	$P_W(-1; 0)$
$f_{-1}(x)$	$-2x - \frac{1}{x^2}$	$-2 + \frac{2}{x^3}$	$-\frac{6}{x^4}$	(1; 0)	0	$P_{Max}\left(-\frac{1}{\sqrt[3]{2}}; -\frac{3}{2}\sqrt[3]{2}\right)$	$P_W(1; 0)$

b) $f_t'(x) = \frac{2}{t}x - \frac{t^2}{x^2} \Rightarrow$ lokale Extrema für $x = \frac{t}{\sqrt[3]{2}}$ möglich; da $f_t''\left(\frac{t}{\sqrt[3]{2}}\right) = \frac{6}{t}$, existiert für $t > 0$ ein lokales Minimum und für $t < 0$ ein lokales Maximum mit $P_E\left(\frac{t}{\sqrt[3]{2}}; \frac{3}{2}\sqrt[3]{2}\,t\right)$; Eliminierung des Parameters t führt zu $y = \frac{3}{2}\sqrt[3]{4}\,x$; die Extrempunkte liegen also auf einer Geraden durch den Ursprung mit dem Anstieg $\frac{3}{2}\sqrt[3]{4}$.

44. $f_k(x) = x\cdot e^{kx}$ hat nur die Nullstelle $x_N = 0$, denn für alle $x \in \mathbb{R}$ gilt $e^{kx} \neq 0$

$f_k'(x) = e^{kx}(1 + kx)$; $f_k''(x) = ke^{kx}(2 + kx)$; $f_k'''(x) = k^2e^{kx}(3 + kx)$

$P_{Max}\left(-\frac{1}{k}; -\frac{1}{ek}\right)$ ist Maximumpunkt, denn $f_k'(x) = 0$, falls $x = -\frac{1}{k}$, und $f_k''\left(-\frac{1}{k}\right) = ke^{-1} < 0$, weil $k < 0$.

$P_W\left(-\frac{2}{k}; -\frac{1}{ke^2}\right)$ ist Wendepunkt, denn $f_k''(x) = 0$, falls $x = -\frac{2}{k}$ und $f_k'''\left(-\frac{2}{k}\right)k^2e^{-2} \neq 0$

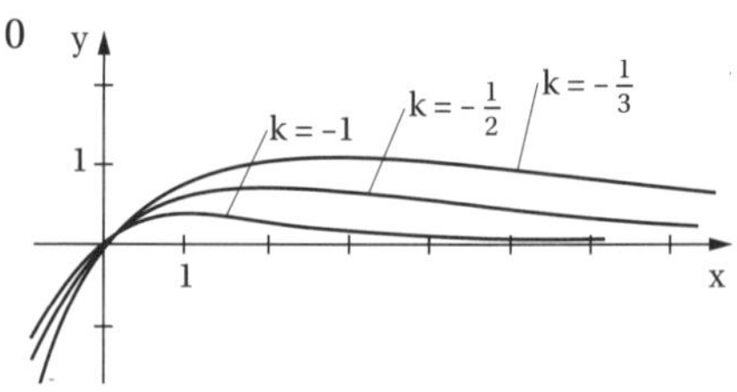

Für die Extrempunkte der Schar gilt $y = \frac{1}{e}x$ und für die Wendepunkte gilt $y = \frac{1}{e^2}x$.

45. $g(x) = -\frac{6}{x}(1 - \ln(ax))$; $g'(x) = \frac{6}{x^2}(2 - \ln(ax))$; aus $g'(1) = 0$ folgt $a = e^2 \Rightarrow g_1(x) = -\frac{6}{x}(1 - \ln(e^2x)) = \frac{6}{x}(1 + \ln x)$

5.2 Extremwertprobleme

46. geg.: $A = 450\ m^2$ Skizze:

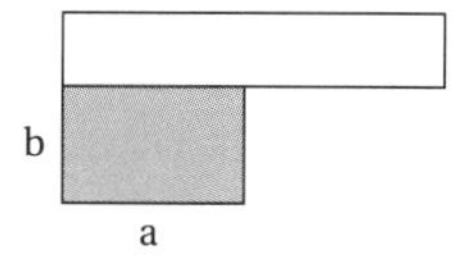

ges.: Zaunlänge l für den Fall eines minimalen Umfangs des Rechtecks

Zielfunktion: $l(a,b) = a + 2b$ Nebenbedingungen: $a \cdot b = 450$ bzw. $a = \frac{450}{b}$

$l(b) = \frac{450}{b} + 2b$: Definitionsbereich: D_l: $0 < b < 450$

$l'(b) = -\frac{450}{b^2} + 2$ $l''(b) = \frac{900}{b^3}$

$0 = -\frac{450}{b^2} + 2$; $b_1 = 15$; $b_2 = -15$ entfällt wegen D_l; $l''(15) = \frac{4}{15} > 0 \Rightarrow$ lok. Minimum für $b = 15$

$b = 15$ ist globales Minimum im D_f, da die Zielfunktion stetig ist und nur ein lokales Minimum im D_f existiert, das gleichzeitig globales Minimum ist.

$a = \frac{450}{15} = 30\ (m)$; $l = 30 + 2 \cdot 15 = 60\ (m)$

47.

	Zielfunktion mit mehreren Variablen	Nebenbedingung	Zielfunktion mit einer Variablen	Ableitung der Zielfunktion	Lösung
a)	$A = a \cdot b$	$l = 2a + 2b$	$A(a) = a\left(\frac{l}{2} - a\right)$	$A'(a) = \frac{l}{2} - 2a$	$a = b = 10\ m$
b)	$A = 2(ab + ac + bc)$	$b = \frac{a}{2}$ $abc = 12$	$A(a) = a^2 + \frac{72}{a}$	$A'(a) = 2a - \frac{72}{a^2}$	$a \approx 3{,}30\ m$ $b \approx 1{,}05\ m$ $c \approx 2{,}20\ m$
c)	$A = a \cdot b$	$a = 100 - x$ $b = \frac{4}{5}x$	$A(x) = 80x - \frac{4}{5}x^2$	$A'(x) = 80 - \frac{8}{5}x$	$x = 50$ $a = 50\ m$; $b = 40\ m$
d)	$A = x \cdot y$	$\frac{20}{30} = \frac{y - 80}{150 - x}$	$A(x) = 180x - \frac{2}{3}x^2$	$A'(x) = 180 - \frac{4}{3}x$	$x = 135\ cm$; $y = 90\ cm$
e)	$A = a \cdot b + \frac{1}{2}\pi r^2$	$b = 2r$ $18 = 2a + b + \pi r$	$A(r) = 18r - 2r^2 - \frac{1}{2}\pi r$	$A'(r) = 18 - 4r - \pi r$	$r = \frac{18}{4 + \pi} \approx 2{,}52\ m$
f)	$u = 2r + b$	$100 = \frac{1}{2}br$	$u(r) = 2r + \frac{200}{r}$	$u'(r) = 2 - \frac{200}{r^2}$	$r = 10\ cm$; $b = 20\ cm$
g)	$V = (a - 2x)^2$	$0 < x < \frac{1}{2}a$		$V'(x) = 12x^2 - 8ax + a$	$x_E = \frac{1}{6}a$

48. a) $K = 250 \cdot |\overline{TF}| = 250 \cdot \sqrt{2\,000^2 + 1\,200^2} = 250 \cdot 100\sqrt{544} = 250 \cdot 400\sqrt{34} \approx 583\,095{,}19$ (€)

b) $K = 150 \cdot |\overline{TA}| + 250 \cdot |\overline{AF}| = 150 \cdot 2\,000 + 250 \cdot 1\,200 = 600\,000$ (€)

$K(x, y) = 150(2\,000 - x) + 250y$, wobei $y = \sqrt{x^2 + 1\,200^2} \Rightarrow K(x) = 150(2\,000 - x) + 250\sqrt{x^2 + 1\,200^2}$

$K'(x) = -150 \frac{250x}{\sqrt{x^2 + 1\,200^2}}$ $\Rightarrow x_E = 900$, d. h. Verlassen der Straße nach 2 000 m − 900 m = 1 100 m

$K_{min} = 150 \cdot 1\,100 + 250 \cdot \sqrt{900^2 + 1\,200^2} = 150 \cdot 1\,100 + 250 \cdot 1\,500 = 540\,000$ (€)

49. $A(a, b) = a \cdot b$, wobei $a = 180 - 2b$ (Strahlensatz); also $A(b) = 180b - 2b^2$, $0 < b < 90$;

$A'(b) = 180 - 4b$; $A''(b) = -4 < 0$; damit ist $b_E = 45$ (cm) Maximumstelle und $a = 90$ (cm)

50. $V(x, y) = \pi x^2 y$; mit dem Strahlensatz gilt $h : \frac{d}{2} = (h - y) : x$ bzw. $y = h - \frac{2h}{d}x$

also gilt $V(x) = \pi x^2\left(h - \frac{2h}{d}x\right) = \pi h x^2 - \frac{2\pi h}{d}x^3$; $0 < x < d$

$V'(x) = 2\pi h x - \frac{6\pi h}{d}x^2$; $V''(x) = 2\pi h - \frac{12\pi h}{d}x \Rightarrow x_E = \frac{d}{3}$; $y_E = \frac{h}{3}$; $V_{Max} = \frac{1}{27}\pi d^2 h$

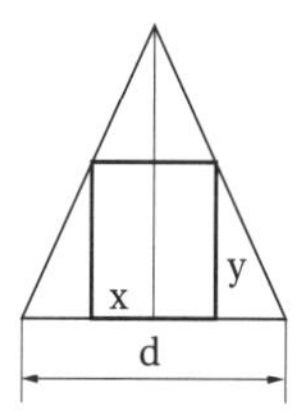

51. Kreis 1: Radius a; Kreis 2: Radius b

$A(a, b) = a^2\pi + b^2\pi$; mit $2a\pi + 2b\pi = 24\pi$ bzw. $a = 12 - b$: $A(b) = 2\pi b^2 - 24\pi b + 144\pi$; D_A: $0 < b < 12$

$A'(b) = 4\pi b - 24\pi$; $A''(b) = 4\pi$; $b = 6$ (cm) und damit auch $a = 6$ (cm); $A_{Min} \approx 226{,}2\ (cm^2)$

52. $A(d, a) = a^2 + \pi d^2$; Nebenbedingung $s = \pi d + 4a$ bzw. $a = \frac{1}{4}(s - \pi d)$

$A(d) = \frac{1}{16}(s - \pi d)^2 + \pi d^2$; $0 < d < s$; $A'(d) = \frac{1}{16}(-2\pi s + 2\pi^2 d + 8\pi d)$

$A''(s) = \frac{1}{16}(2\pi^2 + 8\pi) > 0$ ergibt sich Minimum für $d_E = \frac{s}{\pi + 4}$,

damit gilt $a_E = \frac{s}{\pi + 4}$; $d_E : a_E = 1 : 1$

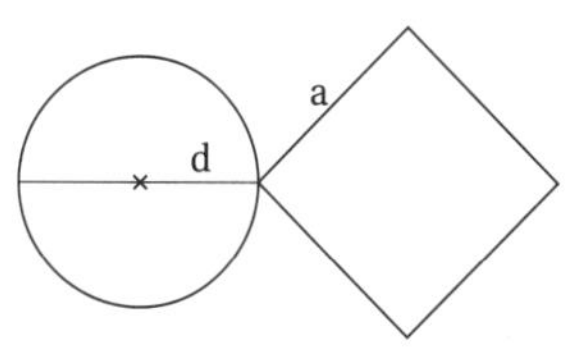

53. $A(h, x) = h(b + x)$; mit $h = b\sin\alpha$ und $x = b\cos\alpha$ gilt

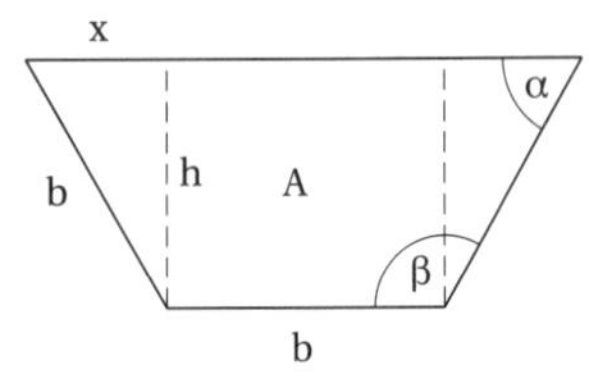

$A(\alpha) = (b + b\cos\alpha) \cdot b\sin\alpha;\ 0° < \alpha < 90°$

$A'(\alpha) = b^2(\cos\alpha + \cos^2\alpha - \sin^2\alpha);\quad A''(\alpha) = -b^2(\sin\alpha + 2\sin^2\alpha);$

$\cos\alpha_1 = -1,\ \cos\alpha_2 = 0{,}5$

$\Rightarrow \alpha_2 = 60°$ ist Lösung $\Rightarrow \beta = 120°;\ h = \frac{1}{2}\sqrt{3}\,b;\ x = \frac{1}{2}b;\ A = \frac{3\sqrt{3}}{4}b^2$

54. Berechnung von x

$A(h, x) = (6{,}8 + x)h$; mit $h = \sqrt{16 - x^2}$ folgt $A(x) = (6{,}8 + x)\sqrt{16 - x^2}$, wobei $D_A\colon 0 < x < 4$

$A'(x) = \frac{-2x^2 - 6{,}8x + 16}{\sqrt{16 - x^2}};\ A''(x) = \frac{2x^3 - 50x - 108{,}8}{(16 - x^2)\sqrt{16 - x^2}} \Rightarrow x_1 = 1{,}6;\ x_2 = -5\ (\notin D_A) \Rightarrow A_{Max} = 30{,}8\ dm^2$

Berechnung von α

$x = 4\cos\alpha,\ h = 4\sin\alpha \Rightarrow A(\alpha) = (6{,}8 + 4\cos\alpha) \cdot 4\sin\alpha$, wobei $0° < \alpha < 90°$;

$A'(\alpha) = 27{,}2\cos\alpha + 16(\cos^2\alpha - \sin^2\alpha);\ A''(\alpha) = -27{,}2\sin\alpha - 64 \cdot \sin\alpha \cdot \cos\alpha \Rightarrow \alpha_E \approx 66{,}4°;\ A_{Max} = 30{,}8\ dm^2$

55. $A(x_P) = \frac{1}{2}x_P \cdot f(x_P) = \frac{3}{2}x_P\sqrt{x_P} - \frac{1}{2}{x_P}^2$, wobei $D_A\colon\ 0 < x_P < 9$

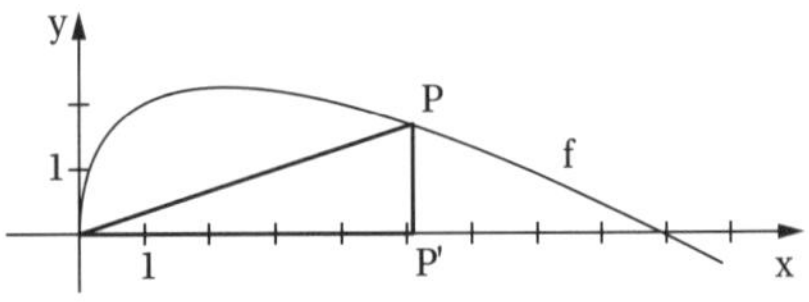

$A'(x_P) = \frac{9}{4}\sqrt{x_P} - x_P;\ A''(x_P) = \frac{9}{8\sqrt{x_P}} - 1$

$x_{P_1} = \frac{81}{16};\quad x_{P_2} = 0 \notin D_A$, wegen

$A''\left(\frac{81}{16}\right) = -\frac{1}{2} < 0$ ist bei $x_{P_1} = \frac{81}{16}$ lokales Maximum: $P_{Max}\left(\frac{81}{16}; \frac{27}{16}\right)$

56. Ermittlung der Funktionsgleichung der Parabel: $f(x) = ax^2 + 80$ und wegen $f(16\sqrt{5}) = 0$ gilt $f(x) = -\frac{1}{16}x^2 + 80$

Für die Oberfläche gilt $A_O(r, h) = 2\pi r^2 - 2\pi rh$ und mit $h = f(r)$ gilt $A_O(r) = 2\pi r^2 - \frac{\pi}{8}r^3 + 160\pi r;\ 0 < r < 16\sqrt{5}$

$A_O'(r) = 4\pi r - \frac{3}{8}\pi r^2 + 160\pi;\ A_O''(r) = 4\pi - \frac{3}{4}\pi r + 160 \Rightarrow r_1 = \frac{80}{3},\ r_2 = -\frac{48}{3} < 0 \Rightarrow r = \frac{80}{3}\ (LE);\ h = \frac{320}{9}\ (LE)$

5.3 Bestimmen von Funktionsgleichungen

57. a) $x = 2;\ y = 1$ b) $x = 7;\ y = -1$ c) $x = \frac{32}{3};\ y = -3$

58. a) $x = 4;\ y = -3;\ z = 5$ b) nicht lösbar c) $x = 3;\ y = 5;\ z = 7$

59. a) $y = 2x^3 + 3x - 1$ b) $y = -\frac{1}{2}x^2 - 2x + \frac{1}{4}$

60. a) $y = x^3 - 2x^2 + 3x + 1$ b) $y = \frac{1}{2}x^3 + x^2 - 2$

61. a) $y = -2x^2 + 3x + 3$ b) $y = \frac{2}{3}x^3 - x^2 + \frac{4}{3}x + 2$

62. $y = -\frac{4}{15}x^2 + \frac{19}{15}x$

63. $y = -\frac{3}{\pi^2}x^2 + \frac{7}{2\pi}x$

64. 2) a) $f'(2) = 0$ I) $12a + 4b + c = 0$

b) $f(3) = 8$ II) $27a + 9b + 3c + d = 8$

$f''(3) = 0$ III) $18a + 2b = 0$

c) $f'(0) = 24$ IV) $c = 24$

3) I) $3a + b = -6$

II) $27a + 9b + d = -64$

III) $9a + b = 0$

V) (III – I) $6a = 6 \Rightarrow a = 1$

III) $b = -9$

VI) (II – 3III) $-54 + d = -64 \Rightarrow d = -10$

Lösungen: $a = 1;\ b = -9;\ c = 24;\ d = -10$

4) $f''(2) = 12 - 18 = -6 \neq 0;\ x = 2$ ist lokale Extremstelle $f'''(3) = 6 \neq 0;\ x = 3$ ist Wendestelle

5) Funktionsterm: $y = x^3 - 9x^2 + 24x - 10$

65. 2) a) $f'(0) = 0$ I) $d = 0$

$f''(0) = 0$ II) $2c = 0 \Rightarrow c = 0$

b) $f'(2) = 0$ III) $32a + 12b + 4c + d = 0$

c) $f(1) = -0{,}5$ IV) $a + b + c + d + e = -0{,}5$

$f'(1) = -6$ V) $4a + 3b + 2c + d = -6$

3) III) $8a + 3b = 0$

IV) $a + b + e = -0{,}5$

V) $4a + 3b = -6$

VI) (III – 3IV) $5a - 3e = 1{,}5$

VII) (III – V) $4a = 6$

Lösungen: $a = 1{,}5;\ b = -4;$ $c = 0;\ d = 0;\ e = 2;$

4) $f''(2) = 72 - 48 = 24 \neq 0;\ x_1 = 2$ ist lokale Extremstelle $f''(0) = 0;\ f'''(0) = -24 \neq 0;\ x_2 = 0$ ist Terrassenstelle

5) Funktionsterm: $y = 1{,}5x^4 - 4x^3 + 2$

66. a) Aus $f(0)=1;\ f(1)=0;\ f(-1)=-4;\ f(2)=-1$ folgt $y=x^3-3x^2+x+1$.
b) Aus $f(1)=5;\ f'(1)=0;\ f(-1)=1;\ f'(-1)=0$ folgt $y=-x^3+3x+3$.
c) Aus $f(0)=0;\ f''(0)=0;\ f'(0)=-0{,}9;\ f(3)=0$ folgt $y=0{,}1x^3-0{,}9x$.
d) Aus $f(3)=-10;\ f''(3)=0;\ f'(5)=0;\ f(5)=-26$ folgt $y=x^3-9x^2+15x-1$.
e) Aus $f(1)=1;\ f'(1)=0;\ f(-1)=1;\ f'(-1)=0;\ f(0)=2$ folgt $y=x^4-2x^2+2$.
f) Aus $f(0)=1;\ f'(0)=0;\ f''(0)=0;\ f(-2)=-5;\ f'(-2)=0$ folgt $y=\frac{9}{8}x^4+3x^3+1$.
g) Aus $f(1)=-3;\ f'(1)=0;\ f(-1)=3;\ f'(-1)=0$ folgt $y=1{,}5x^3-4{,}5x$.
h) Aus $f(2)=6;\ f'(2)=19;\ f(-2)=-6;\ f'(-2)=19$ folgt $y=2x^3-5x$.
i) Aus $f(1)=1;\ f'(1)=0;\ f'(-2)=0;\ f(0)=5;\ f'(0)=-4$ folgt $y=x^4+2x^3-3x^2-4x$.
j) Aus $f'(0)=0;\ f'(-1)=0;\ f''(-1)=0\ f(-2)=1;\ f'(-2)=-24$ folgt $y=3x^4+8x^3+6x^2-7$.

5.4 Modellieren von Wachstumsprozessen

67. a) Wachstumsart: exponentielles Wachstum
Mögliche Interpretation: Verzinsung eines Anfangskapitals von 5 000 € über 8 Jahre mit einem Zinssatz von 4 %.
Es gilt: $f(t)=5000\left(1+\frac{4}{100}\right)^t$ oder $f(t)=5000\cdot e^{kt}$ mit $k=\ln\left(1+\frac{4}{100}\right)$

b) Wachstumsart: exponentieller Zerfall
Mögliche Interpretation: Ein Bestand an Geld, beliebigen Vorräten, radioaktiven Substanzen usw. verringert sich in einem bestimmten Zeitraum (monatlich, jährlich, ...) um 3 %.
Es gilt: $f(t)=500\left(1-\frac{3}{100}\right)^t$ oder $f(t)=500\cdot e^{kt}$ mit $k=\ln\left(1-\frac{3}{100}\right)$

c) Wachstumsart: Logisches Wachstum
Mögliche Interpretation: Ausbreitung einer Infektion, eines Gerüchts, ..., reales Wachstum einer Population mit $N_0=4$, $G=200$, $k\approx 0{,}002$.

68. Wachstumsart: a), b_2) exponentiell; b_1), d) linear; c) beschränkt (fallend); b_3), e) logistisch
Wachstumsfunktion und -verlauf entsprechen der Übersicht auf Seite 50.

5.5 Numerische Verfahren zum Lösen von Gleichungen

69. $x_0\approx 0{,}739$ $(x_1=0{,}5$ und $x_2=1)$

70. a) $x_{0_1}=1{,}429$ $(x_1=1{,}5$ und $x_2=2)$ $x_{0_2}=8{,}613$ $(x_1=8{,}5$ und $x_2=9)$
b) $x_0=-1{,}740000$ $(x_1=-1$ und $x_2=-2)$

71. Zur Bestimmung der Maximumstelle von $f(x)=2e^{0{,}5x}-4\sin x$ bestimme die Nullstelle der Funktion $f'(x)=e^{0{,}5x}-4\cos x$.
$y=e^{0{,}5x}-4\cos x$; $y'=0{,}5e^{0{,}5x}+4\sin x$; Iterationsschritt: $x_{i+1}=x_i-\frac{e^{0{,}5x}-4\cos x}{0{,}5e^{0{,}5x}+4\sin x}$;
Startwerte: $x_1=-2$ oder $x_1=-1$

i	x_i	$f(x_i)$
1	−2,00000000	2,0324668
2	−1,4114336	−0,1410015
3	−1,4495171	0,0005128
4	−1,4493795	0,0000000

i	x_i	$f(x_i)$
1	−1,0000000	−1,5546786
2	−1,5076305	0,2180724
3	−1,4495822	0,0007555
4	−1,4493795	0,0000000

Nullstelle (gerundet auf 6 Stellen): −1,449380

72. Die Schnittstellen sind Nullstellen von $f(x)=e^x-3x$: $x_1=0{,}619061$ und $x_2=1{,}512135$.

73. $V=\frac{1}{3}\pi\cdot h^2(3r-h)$; Umformung: $3\cdot 500=\pi\cdot h^2(30-h)$ bzw. $\frac{1500}{\pi}=30h^2-h^3 \Rightarrow f(h)=h^3-30h^2+477{,}5$
$h_{i+1}=h_i-\frac{h^3-30h^2+\frac{1500}{\pi}}{3h^2-60h}$ $(h_1=4{,}5;\ h_2=4{,}31$ und $h_3=4{,}311 \Rightarrow$ Die Flüssigkeit steht etwa 43,1 cm hoch.

B Integralrechnung

1 Das bestimmte Integral

1.1 Berechnungen mithilfe der Integraldefinition

1. a), b) $\frac{14}{3}$

d)

Nr. der Zerlegung	Anzahl der Intervalle	Intervall-grenzen	Intervall-breite	Minimum im Intervall	Maximum im Intervall	Unter-summe	Ober-summe
0	1	[0; 2]	2	1	5	2	10
1	2	[0; 1]	1	1	2	3	7
		[1; 2]	1	2	5		
2	4	[0; 0,5]	0,5	1	1,25	3,75	5,75
		[0,5; 1]	0,5	1,25	2		
		[1; 1,5]	0,5	2	3,25		
		[1,5; 2]	0,5	3,25	5		

2. a), b) $\frac{16}{3}$

d)

Nr. der Zerlegung	Anzahl der Intervalle	Intervall-grenzen	Intervall-breite	Minimum im Intervall	Maximum im Intervall	Unter-summe	Ober-summe
0	1	[0; 2]	2	0	4	0	8
1	2	[0; 1]	1	3	4	3	7
		[1; 2]	1	0	3		
2	4	[0; 0,5]	0,5	3,75	4	4,25	6,25
		[0,5; 1]	0,5	3	3,75		
		[1; 1,5]	0,5	1,75	3		
		[1,5; 2]	0,5	0	1,75		

1.2 Eigenschaften des bestimmten Integrals

3. a) 0 b) $-\int_a^b f(x)\,dx$ c) $\int_a^c f(x)\,dx + \int_c^b f(x)\,dx$

4.

a)	b)	c)	d)	e)	f)	g)	h)
0	0	$\int_0^1 (x^2+1)\,dx$	$\int_{-2}^2 x^2\,dx$	$\int_1^4 a\,da$	0	$\int_{-3}^{-2} e^x\,dx$	$\int_{-\pi}^0 \sin x\,dx$

5.

a)	b)	c)	d)	e)	f)
$\int_1^2 8\,dx$	0	$\int_0^3 2\,dt$	$\int_{-1}^2 8\,dx$	$\int_a^b \frac{3}{x^4}\,dx$	$\int_a^b \left(-4x^2+\frac{1}{3}x\right)dx$

6. a) $\int_{-2}^2 (-x^2+2)\,dx$ b) $\int_{-3}^0 \sqrt{x+3}\,dx$ c) $\int_0^4 (-2x+8)\,dx$

2 Rechnen mit Integralen

2.1 Stammfunktionen

1. a) $F(x) = -2x^2 - 5$ b) $F(a) = 0{,}2a^2 - 1{,}5$ c) $F(a) = -5ab$
d) $F(x) = 2x^2 + x + 1$ e) $F(b) = -3b^2 + 18b - d$ f) $F(x) = \frac{1}{3}x^3 - x + 5$
g) $F(k) = \frac{3}{2}k^2 + xk$ h) $F(x) = \sqrt{x} + 1$ i) $F(z) = \left(\frac{z^3}{3} - z\right)x$
j) $F(x) = \frac{x^5}{5} - \frac{ax^3}{3}$ k) $F(x) = \frac{1}{3}x^3 - x + \frac{1}{x} + 5$ l) $F(r) = \frac{1}{2}ar^2 + a^2r + b$
m) $V(t) = \frac{1}{2}g \cdot t^2 + 1$ n) $A(t) = g \cdot t$ o) $F(x) = \frac{\sqrt{2}}{n+1}x^{n+1}$
p) $F(a) = \frac{1}{2}a^2 - 2\sqrt{a} + 2a$ q) $F(x) = \frac{1}{3-k}x^{3-k} + kx$ r) $F(t) = \frac{2}{x^3}t + \frac{8}{3}\sqrt{t}$

2. a) $f(x) = x^4 - 2 + \frac{1}{x^4}$ b) $f(a) = -x$ c) $f(t) = 5t + 4 - \frac{2}{t^3}$
d) $f(x) = a + b + 2x$ e) $f(s) = 1 - x$ f) $f(y) = xy^4 + x^2y$
g) $f(x) = \frac{1}{x^7} + \frac{1}{x^4}$ h) $f(x) = \frac{2}{2x+1}$ i) $f(x) = -\sin\left(3x - \frac{\pi}{2}\right)$

3.

	a)	b)	c)	d)	e)	f)
F(x) mit $C \in \mathbb{R}$	$x^3 + 5x + C$	$\frac{2}{5}x^2\sqrt{x} + C$	$-\frac{2}{x} + C$	$e^x + C$	$-\cos x + C$	$\frac{1}{2}x^2 + \ln\lvert x\rvert + C$

4. a) $F'(x) = 3x^5 - x^2 + 2x = f(x)$ b) $F'(x) = \frac{1}{4\sqrt{x}} + 7 = f(x)$ c) $F'(x) = x^2 - x - 12 = f(x)$
d) $F'(t) = \frac{x^2 - 5}{x - 3} = f(t)$ e) $F'(x) = \frac{x^2 - 2}{3x^2} = f(x)$ f) $F'(x) = \frac{-x - 4}{3x^3} = f(x)$
g) $F'(t) = 2(\sin t + \cos x) \cdot \cos t = f(t)$ h) $F'(x) = 6e^{2x+4} \neq f(x)$

5. a) $F_1(x) = x^2 - 3x + 1$ $F_2(x) = x^2 - 3x - 3$ $F_3(x) = x^2 - 3x$
b) $F_1(x) = -x^3$ $F_2(x) = -x^3 - 1$ $F_3(x) = -x^3 + 2$
c) $F_3(x) = 4x - 5$ $F_2(x) = 4x + 3$ $F_3(x) = 4x + 1$

6. $F_1'(x) = 3x + 4 = f(x)$; $F_2'(x) = 3x + 4 = f(x)$ $F_3'(x) = 3x^2 - 9 = f(x)$; $F_4'(x) = 3x^2 - 9 = f(x)$

7. $F_1(x) = x^3$; $F_2(x) = x^3 - 2$; $F_3(x) = x^3 + 5$ $F(x) = x^3 + C$; $F(2) = 8 + C = 5$; $C = -3$; $F(x) = x^3 - 3$

8.

	a)	b)	c)	d)	e)	f)	g)
$F_1(x)$	$\frac{1}{2}x^2 + x + 1$	$x^3 + \frac{1}{4}x^2 + x$	$2x\sqrt{x} - 1$	$\sqrt{x} + 2$	$2e^x + e$	$\frac{1}{3}e^{3x} + \frac{2}{3}e^2$	$\ln\lvert x\rvert + 2$

9. Begründung über Einfluss der Konstanten C und jeweils gleicher Ableitung an jeder Stelle von D_f.

2.2 Regeln für das Ermitteln unbestimmter Integrale

10. a) $\frac{1}{3}x^3 - x + C$ b) $\frac{1}{2}at^2 + C$ c) $\frac{1}{3}x^3 + \frac{3}{2}x^2 + x + C$
d) $\frac{1}{12}x^6 + C$ e) $\frac{1}{2}x^2 - \frac{1}{x} - \frac{1}{2x^2} + C$ f) $\frac{1}{3}x^3 - 4x + C$
g) $\frac{3}{5}x^5 - x^3 + C$ h) $\frac{1}{2}ab^2 + \frac{1}{5}b^5 + C$ i) $\frac{1}{3}t^3 - 2t^2 + 4t + C$

11. a) $\frac{2}{3}x^{\frac{3}{2}} + C = \frac{2}{3}\sqrt{x^3} + C = \frac{2}{3}x\sqrt{x} + C$ b) $\frac{3}{8}x^{\frac{8}{3}} + C = \frac{3}{8}\sqrt[3]{x^8} + C = \frac{3}{8}x^2\sqrt[3]{x^2} + C$

12.

	$\int 2\sqrt[3]{x}\,dx$	$\int \sqrt{x^5}\,dx$	$\int \sqrt{3x}\,dx$	$\int \frac{1}{\sqrt{x}}\,dx$	$\int \left(\frac{2}{\sqrt{x}} - \sqrt{5}x\right)dx$	$\int \frac{x^2 + \sqrt{x}}{x}\,dx$
Umformung	$\int 2x^{\frac{1}{3}}\,dx$	$\int x^{\frac{5}{2}}\,dx$	$\int \sqrt{3} \cdot \sqrt{x}\,dx$	$\int x^{-\frac{1}{2}}\,dx$	$\int \left(2x^{-\frac{1}{2}} - \sqrt{5}x\right)dx$	$\int \left(x + x^{-\frac{1}{2}}\right)dx$
Integral	$\frac{3}{2}x\sqrt[3]{x} + C$	$\frac{2}{7}x^3\sqrt{x} + C$	$\frac{2\sqrt{3}}{3}x\sqrt{x} + C$	$2\sqrt{x} + C$	$4\sqrt{x} - \frac{\sqrt{5}}{2}x^2 + C$	$\frac{1}{2}x^2 + 2\sqrt{x} + C$

13. a) $\frac{5}{2}\ln|x| + C$ b) $2e^x + C$ c) $-\frac{1}{2}\cos x + C$ d) $2x\sqrt{x} - \frac{1}{2}\left(\frac{x^3}{3} + \frac{x^2}{2}\right) + C$

14.

a)	b)	c)	d)	e)	f)	g)
$\frac{4}{3}x\sqrt{x} + 2\ln\|x\| + C$	$\frac{a^2}{2} + \ln\|a\| + C$	$e^x(e^3 + 1) + C$	$e^x + e^2x + C$	$\frac{2}{3}x\sqrt{x} + \sqrt{2}x + C$	$5x - \ln\|x\| + C$	$\frac{1}{x} + \ln\|x\| + C$

h)	i)	j)	k)	l)	m)	n)
$\frac{t^4}{16} + 2e^t + C$	$-\frac{2}{7x^3\sqrt{x}} - \frac{1}{4x^4} + C$	$\frac{2}{3}a\sqrt{a} + a + C$	$x - e^{-x} + C$	$x - \frac{4}{x} + 4\ln\|x\| + C$	$2e^x + e^{-x} + C$	$\frac{5}{2}e^x + x\sqrt{e} + C$

15. a) $2\sin x + C$ b) $-\cos x + C$

16.

a)	b)	c)	d)	e)	f)
$-\cos x + \frac{1}{2}\sqrt{x} + C$	$-\frac{1}{2}\cos\left(x + \frac{\pi}{4}\right) + C$	$\sqrt{2}\sin x + C$	$2\sin x + C$	$\frac{1}{\sqrt{2}}\sin x + C$	$2\ln\|x\| + \cos x + 3e^x + C$

17. a) ① b) ② c) ④

18. keine Nullstelle für $c > 1{,}5$; genau eine Nullstelle für $c = 1{,}5$; zwei Nullstellen für $c < 1{,}5$

2.3 Integration durch lineare Substitution

19.

a)	b)	c)	d)	e)	f)
$\frac{1}{20}(5x + 2)^4 + C$	$\frac{1}{3}(2x + 3)^{\frac{3}{2}} + C$	$\frac{1}{3}\ln\|3x - 1\| + C$	$-\frac{1}{2}e^{-2x} + C$	$4e^{\frac{1}{2}x} + C$	$\frac{2}{3}\sin 3x + C$

20. a) $-\frac{1}{2(2x + 1)} + C$ b) $\frac{2}{15}\sqrt{(5a - 1)^3} + C$ c) $-\frac{5}{4}\left(1 - \frac{1}{5}x\right)^4 + C$

d) $-\frac{4}{5}\sqrt{(1 - x)^5} + C$ e) $\frac{1}{6}(2x + 1)^3 + C$ f) $-\frac{1}{e^x} + x + C$

g) $-\ln|1 - x| + C$ h) $-\frac{1}{2}\cos\left(2x - \frac{\pi}{4}\right) + C$ i) $\frac{1}{2}\sin 2x + 3x + C$

2.4 Der Hauptsatz der Differenzial- und Integralrechnung

21. a) $\Phi(x) = \frac{x^2}{3}$ b) $\Phi(a) = \frac{a^4}{2}$

22.

a)	b)	c)	d)	e)	f)	g)	h)	i)	j)
a	$-3x$	$\frac{1}{3}at^3 + \frac{1}{2}bt^2 + Ct$	$-\frac{k}{4c^4}$	$\frac{1}{2}a^2 - a - \frac{4}{a}$	$\frac{1}{3}x^3 - x$	$-\frac{2}{x^3} + \frac{3}{4x^4} - \frac{1}{5x^5}$	$-\frac{w^4}{a}$	$\frac{x^2}{20}$	$\frac{1}{n+1}a^{n+1}$

23.

	a)	b)	c)	d)	e)	f)	g)
$F(x)$	$3x + C$	$x^2 - x + C$	$\frac{1}{8}t^3 + \frac{1}{2}t^2 + C$	$-3a^{-1} + \frac{1}{3}a^3 + a + C$	$4\sqrt{x} + C$	$\frac{2}{5}x^{\frac{5}{2}} + C$	$\frac{1}{2}x^2 + x + C$
$[F(x)]_a^b$	9	6	$\frac{27}{8}$	$\frac{29}{6}$	2	$\frac{62}{5}$	-4

24. a) 3 b) -2 c) 1,5 d) $\frac{16}{9}$ e) 60 f) $\frac{1}{4}$ g) $2\frac{1}{3}$ h) $2\sqrt{2} - 5 \approx -2{,}17$ i) $\frac{1}{8}$

25. a) $\frac{351}{15} = \frac{117}{5}$ b) 1 c) $\frac{73}{6}$ d) 18,627 e) $\frac{8}{5}$ f) 9

g) $\frac{1}{3}a^4$ h) a^2b^2 i) $\frac{2}{3}$ j) $\frac{\sqrt[3]{4} - 2\sqrt[3]{2}}{4} \approx -0{,}23$ k) $\frac{17}{15}$ l) 136

26. a) $\pi b - \pi a = \pi(b - a)$ b) $\frac{3}{2}s^2 - 4s - \frac{3}{2}r^2 + 4r$ c) $\frac{a}{3}x^3 - \frac{a}{3} = \frac{a}{3}(x^3 - 1)$

d) $\frac{1}{5}x^5 - x$ e) $2x^4 + 8x^3 + \frac{26}{3}x^2$ f) $2\sqrt{a}$

g) $\frac{1}{2}a^2t\cos\alpha - 2t\cos\alpha$ h) $\frac{335}{3} - \frac{1}{3}a^3 - 2a^2 - 4a$ i) $2a - \frac{a^3}{3}$

27. a) $20\frac{2}{3}$ b) 0,5 c) 405 d) ≈2,3 e) ≈ 78,8 f) $\frac{4}{9}$ g) $\frac{1}{5}\sqrt{7^5} - \sqrt{3^3} \approx 22{,}8$
h) 0 i) $\frac{3}{20}\left(\sqrt[3]{9^5} - 1\right) \approx 5{,}7$ j) 2 k) $\frac{32}{3}$ l) −0,25 m) $\frac{3}{2}\left(\sqrt[3]{9} - \sqrt[3]{4}\right) \approx 0{,}74$
n) $\int_1^2 \sqrt[3]{(4x-3)^5}\,dx = \frac{3}{32}\left(\sqrt[3]{5^8} - 1\right) \approx 6{,}76$ o) $\int_1^8 (\sqrt{6} + \sqrt{16-2x})\,dx = \frac{1}{3}(-2\sqrt{6} + 14\sqrt{14} + 64\sqrt{3}) \approx 52{,}78$

28.

a)	b)	c)	d)	e)	f)	g)	h)	i)	k)	k)	l)
≈ 2,72	≈ 5,19	≈ 1,02	≈ 0,6	≈ 2,58	4	$\frac{(\pi+2)^7}{8}$	$-\frac{1}{18}$	$\frac{3}{2}$	$\frac{1}{80}$	$\frac{1}{6}$	n. d.

29. $\int_0^\pi 2\sin x\,dx = 4$

30. a) 2 b) 1 c) $\frac{\pi}{2} + 1 \approx 2{,}57$ d) ≈ 0,4597 e) −1 f) $\frac{2}{\pi}$

31. a) 2 b) 3 c) $\frac{2}{3}$ d) 4 e) 1 f) −9

32. a) 2 b) 0 c) $\frac{\pi}{4}$ d) 2a e) $\pi \cdot a \cdot \sin x$ f) $\frac{1}{2}\pi^2 \sin x$

33. a) $k = 2$ b) $k = \pi$ c) $k = \frac{\pi}{2}$ d) $k = \pi$ e) $k = 2n$ $(n \in \mathbb{N})$ f) $k_1 = -1$; $k_2 = 1$

34. a) $e^2 - \frac{1}{e}$ b) $\frac{e^2}{2} - \frac{e}{2}$

35.

a)	b)	c)	d)	e)	f)	g)	h)	i)	j)	k)	l)
$e^2 - 1$	$\frac{1}{2}(e^2 - e^{-4})$	$2\left(\sqrt{e} - \frac{1}{\sqrt{e}}\right)$	$2 - e^{-1}$	$\frac{e^2}{2} - \frac{e^{-2}}{2}$	$\frac{2}{3}e^2$	$e \approx 2{,}72$	≈ 0,59	≈ 10,02	≈ 3,69	≈ 1,33	≈ 1,13

36. a) $k = 6$ b) $k = 2$ c) $k = \pm 3$

37. a) $k = -2$ b) $k = -2$ c) $k = 1$ d) $k = \frac{10}{7}$

38. a) $k = \frac{1}{3}$ b) $k = 1$ c) $k = 5$

2.5 Weitere Integrationsverfahren; uneigentliche Integrale

39. a) $5x^4 - 4x^2 + C$ b) $\frac{1316}{3} \approx 438{,}67$ c) $\frac{1758}{7} \approx 251{,}14$ d) $\frac{x^6}{6} + \frac{x^7}{7} + C$ e) $\frac{4x-1}{20}(1+x)^4 + C$

40. a) $2x \cdot \cos x + (x^2 - 2) \cdot \sin x$ b) $\frac{\sin x \cdot \cos x}{2} + \frac{x}{2}$ c) $\frac{1}{2} \cdot e^x(\sin x - \cos x)$
d) $\frac{1}{2} \cdot e^{-x}(-\cos x - \sin x)$ e) $\frac{x^2 \cdot \ln x}{2} - \frac{x^2}{4}$ f) $x^n \cdot \left(\frac{x \cdot \ln x}{n+1} - \frac{x}{(n+1)^2}\right)$

41. a) $-\cos(x^3 + 1) + C$ b) $\frac{x^2 + 5x}{3} + C$ c) $\frac{3}{2} \cdot e^{x^2} + C$
d) $\frac{\sqrt{5} + 1}{3}$ e) $\ln\left(\frac{3}{5}\right) + 2$ f) $\frac{16 \cdot \sqrt{2}}{15} - \frac{2 \cdot \sqrt{5}}{5}$

42. a) $\frac{1}{2}$ b) $\frac{1}{2}$ c) $\lim\limits_{b \to \infty} [-e^{1-x}(x+2)]_1^b = e^2$ d) 2 e) $\lim\limits_{b \to \infty} (2\sqrt{b} - 2)$ existiert nicht f) 1

43. a = 4; Nullstelle von f bei $x_0 = \ln 2 \Rightarrow A = \left|\int_k^{\ln 2} e^x(e^x - 2)\,dx\right| = \left[\frac{1}{2}e^x(e^x - 4)\right]_k^{\ln 2} = 2 + \frac{1}{2}e^k(e^k - 4)$ (FE)
Für $k \to -\infty$ hat $\int_k^{\ln 2} f(x)\,dx$ den Grenzwert 2.

44. Die Graphen schneiden sich bei $x = 1 \Rightarrow A = \int_1^b (f(x) - g(x))\,dx = \left[3\ln x + \frac{3}{x}\right]_1^b = 3\ln b + \frac{3}{b} - 3$ (FE)
Für $b \to -\infty$ existiert kein Grenzwert.

45. a) $\frac{1}{2}$ b) existiert nicht c) 2 d) $\frac{e}{2}$

46. a) $\int_{-1}^{0} \frac{dx}{\sqrt[3]{x^2}} + \int_0^1 \frac{dx}{\sqrt[3]{x^2}} = \lim\limits_{\varepsilon \to 0} \int_{-1}^{-\varepsilon} x^{-\frac{2}{3}}\,dx + \lim\limits_{\delta \to 0} \int_\delta^1 x^{-\frac{2}{3}}\,dx = 6$ b) $\lim\limits_{\varepsilon \to 0} \left[\frac{1}{2}x^2 - 2\sqrt{x}\right]_\varepsilon^1 = -\frac{3}{2}$
c) $\lim\limits_{\varepsilon \to 0} [x\ln x - x]_\varepsilon^1 = -1$ d) $\lim\limits_{\varepsilon \to 0} \left[2\sqrt{x+2}\right]_{-2}^0 = 2\sqrt{2}$

2.6 Numerische Integration

47. Rechteckregel: $\int_1^2 \frac{e^x}{x}\,dx \approx 0{,}2 \cdot 14{,}85 \approx 2{,}97$ Trapezregel: $\int_1^2 \frac{e^x}{x}\,dx \approx 0{,}2 \cdot 15{,}82 \approx 3{,}16$

48. a) 0,6931 b) 0,7854 c) 3,142

Der Vergleich hängt von der konkreten Anzahl der durchgeführten Schritte ab.

49. $\int_0^{\frac{\pi}{2}} \cos x\,dx \approx 0{,}157 \cdot 8{,}048 \approx 1{,}264$ (Obersumme) $\int_0^{\frac{\pi}{2}} \cos x\,dx \approx 0{,}157 \cdot 7{,}048 \approx 1{,}107$ (Untersumme)

50. nach Kepler: 3,061 nach Simpson: 3,060

51.	keplersche Fassregel	simpsonsche Regel	exakter Wert
a)	0,6944	0,6931	$\ln 2 - \ln 1 \approx 0{,}6931$
b)	1,1111	1,0986	$\ln 3 - \ln 1 \approx 1{,}0986$
c)	2,1429	1,9485	$\ln 7 - \ln 1 \approx 1{,}9459$

52. $S_0 = 5{,}189$; $S_1 = 15{,}254$; $S_3 = 12{,}006$; $\Delta x = 0{,}1$; $\int_1^2 f(x)\,dx = \frac{0{,}1}{3}(5{,}189 + 4 \cdot 15{,}254 + 2 \cdot 12{,}006) \approx 3{,}0072$

53.	Trapezregel	simpsonsche Regel	exakter Wert
a)	3,7617	3,75	3,75
b)	0,5023	0,5004	0,5
c)	393,377	205,649	$\frac{e^6}{2} - \frac{1}{2} \approx 201{,}214$

54. Rechteckmethode: $\int_{-2}^{2} f(x)\,dx \approx 0{,}5 \cdot 40{,}6 \approx 20{,}3$ Nach der Trapezmethode: $\int_{-2}^{2} f(x)\,dx \approx 0{,}5 \cdot \left(\frac{0}{2} + 40{,}6\right) \approx 20{,}3$

3 Anwendungen der Integralrechnung

3.1 Berechnen von Flächeninhalten

1. a)	b)	c)	d)	e)	f)	g)	h)
$\left\lvert -\frac{11}{3} \right\rvert \approx 3{,}67$	28	$\frac{26}{3} \approx 8{,}67$	$\ln 3 \approx 1{,}10$	$\frac{17}{6} \approx 2{,}83$	$\frac{1}{2}(e^2 + 3) \approx 5{,}19$	$e - e^{-1} \approx 2{,}35$	$\pi + 2 \approx 5{,}14$

2. a)

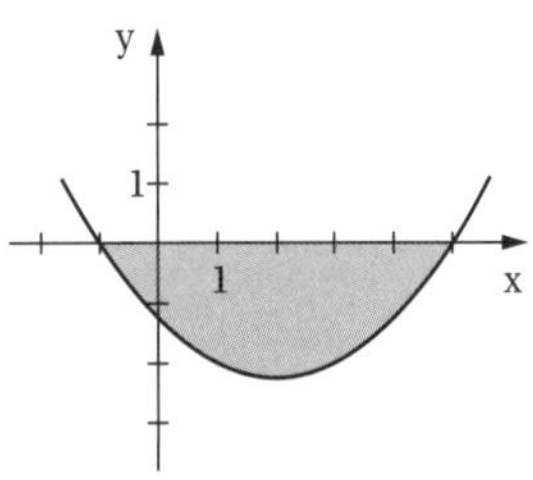

$A = \int_{-1}^{5} \left((0{,}5x - 1)^2 - \frac{9}{4}\right) dx$

$A = 9$ (FE)

Nullstellen:
$x_1 = -1$; $x_2 = 5$

b)

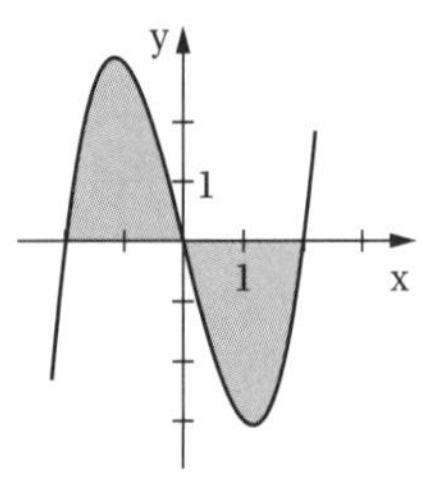

$A = 2\int_0^2 (2x^3 - 8x)\,dx$

$A = 16$ (FE)

Nullstellen:
$x_1 = -2$; $x_2 = 2$; $x_3 = 0$

3. a) 4,5 b) 16 c) 3,08 d) 4 e) 2π

4. a) 10,67 b) 3,46 c) 0,39 d) 1 e) $e^{-2} + 1 \approx 1{,}14$ f) 3

5. a) $A = \int_{-1}^{2} \left(-x^2 + \frac{3}{2}x + 4 - \frac{1}{2}x^2 - 1\right) dx = 6{,}75$ (FE) b) $A = \int_1^3 \left(\frac{1}{6}x^2 + 1 + x^2 - 2x + 1\right) dx = 6\frac{1}{9} \approx 6{,}11$ (FE)

6. a) 8,33 b) 20,83 c) 13,5 d) 0,98 e) 6,98 f) 1,33 g) 21,08 h) 0,09 i) 2,67 j) 2,82

7.

a)	b)	c)	d)	e)	f)	g)	h)	i)
24 (FE)	32,75 (FE)	21,08 (FE)	52,27 (FE)	22,5 (FE)	40,5 (FE)	4,2 (FE)	$89\frac{2}{3}$ (FE)	8 (FE)

8. a) 16 (FE) b) $\frac{4}{3}\sqrt{2}$ (FE) c) $\frac{27}{2}$ (FE) d) 13,5 (FE) e) 2,25 (FE) f) 12 (FE)

9. a) 14,9 (FE) b) 8 (FE) c) 4,8 (FE) d) 4,5 (FE) e) $\approx$ 11,83 (FE) f) $\frac{71}{6}$ (FE)

10. a) 16,5 (FE) b) $\approx$ 22,67 (FE) c) 23,25 (FE) d) $\approx$ 10,73 (FE) e) $\approx$ 15,17 (FE) f) $3{,}7\overline{3}$ (FE)

11. $A = \int_0^1 x\,dx + \int_1^2 dx + \int_2^4 \left(-\frac{x}{2} + 2\right) dx = 2{,}5$ (FE)

12. $x_S = 2{,}5$ $A = \int_{0,5}^{2,5} \sqrt{2x-1}\,dx + \int_{2,5}^{4,5} (-x + 4{,}5)\,dx \approx 2{,}67 + 2 = 4{,}67$ (FE)

13. a) $A = 4\frac{2}{3}$ (FE) b) $A = 4\frac{2}{3}$ (FE)

14.

a)	b)	c)	d)	e)	f)	g)	h)
$e^{-1} - e + 8 \approx 5{,}65$	$\frac{38}{3}$	$\frac{7}{3}$	5	$\frac{118}{3}$	$8\sqrt{2}$	$A_x = \frac{104}{3}$; $A_y = 32$	$\frac{20}{3} - \frac{4}{3}\sqrt{2} \approx 4{,}78$

15. a) $A = \int_{-2}^{2} (-x^2 + 4)\,dx = 10\frac{2}{3}$ (FE) b) Für das Quadrat muss gelten: $f\left(\frac{a}{2}\right) = a \Rightarrow a \approx 2{,}47$; $A_{Qu} = 6{,}11$ (FE)

16. a) 4,5 (FE) b) $\frac{11}{6}$ (FE) c) $\approx$ 1,45 (FE) d) $\approx$ 3,05 (FE)

17. a) $k = 4$ b) $k = 2$ c) $k = 9$

18. a) $a \approx -1{,}68$ b) $a = -2$ c) $a = -1$

19. a) $k = 1$ b) $k = 2$ c) $k = 4$ d) $k = 3$ e) $k_1 = 9$; $k_2 = -9$ f) $k_1 = 4$; $k_2 = -4$

20. Abstand: $d = \sqrt[3]{16} \approx 2{,}52$ (LE)

21. $\int_1^x (2t^2 + 4t + 1)\,dt = \frac{2}{3}x^3 + 2x^2 + x - \frac{11}{3} = 35 \Rightarrow f(x) = 2x^3 + 6x^2 + 3x - 116 \Rightarrow x_2 \approx 2{,}99$

22. a) $k = 3$ b) $k = 2$ c) $k = 1$ d) $k = 4\sqrt{2}$

23. $A = \int_0^m (mx - x^2)\,dx = \frac{4}{3}$ (FE) $\Rightarrow m_1 = 2$; $m_2 = -2$ (Symmetrie)

24. Gleichung der Tangente im Punkt (4; 2): $y = g(x) = 4x - 4 \Rightarrow A = \int_0^1 x^2\,dx + \int_1^2 (x^2 - 4x + 4)\,dx = \frac{1}{3} + \frac{1}{3} = \frac{2}{3}$ (FE)

25. a) $k = 3$ b) $k = 4$ c) $k = 2$ d) $k = -2$

26. $A = \int_{-\sqrt{k}}^{\sqrt{k}} (-x^2 + k)\,dx = 2$ (FE) $\Rightarrow k = \sqrt[3]{\frac{9}{4}} \approx 1{,}31$

27. Funktionsgleichung $f(x) = \frac{1}{2}x^3 - x + 1$; $A = \int_{-2}^{1} \left(\frac{1}{2}x^3 - x + 1\right) dx = 3{,}375$ (FE)

28. b) $A = \int_{-1}^{2} \left(\frac{3}{2}x + \frac{3}{2}\right) dx = 6{,}75$ (FE) c) $k = 2$

29. ②

30. Funktionsgleichung $f(x) = -\frac{3}{4}x^2 - \frac{3}{4}x + 9$

31. Funktionsgleichung $f(x) = x^3 - 3x$; $A = \int_{-\sqrt{3}}^{0} (x^3 - 3x)\,dx + \left|\int_0^{\sqrt{3}} (x^3 - 3x)\,dx\right| = 2 \cdot \frac{9}{4} = \frac{9}{2}$ (FE)

32. $P_1(-2; 0)$, $P_2(2; 0)$, $Q(0; 4) \Rightarrow$ Geradengleichung: $g(x) = -2x + 4$; $A = 2\int_0^2 (-x^2 + 4 + 2x - 4)\,dx = \frac{8}{3}$ (FE)

33. x-Koordinaten der Schnittpunkte der Graphen der Funktionen
1. g und h: $x_1 = 4$ 2. g und f: $x_2 = 2{,}5$ 3. f und h: $x_3 = 5{,}5$

$$\Rightarrow A = \int_{2,5}^{4} (g(x) - f(x))\,dx + \int_{4}^{5,5} (h(x) - f(x))\,dx = 4{,}5 + 4{,}5 = 9 \text{ (FE)}$$

34. $\int_0^{4-m} (-x^2 + 4x - mx)\,dx = \int_{4-m}^{4} (mx + x^2 - 4x)\,dx \Rightarrow m = \frac{4}{3}$

35.

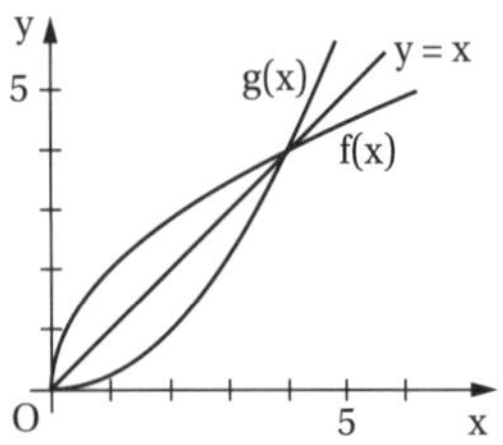

1. Gleichung der Umkehrfunktion $y = g(x) = \frac{1}{4}x^2$.
2. Schnittstellen der Graphen von f und g: $x_1 = 0$ und $x_2 = 4$.
3. $A = \int_0^4 (f(x) - g(x))\,dx = \frac{16}{3}$ (FE)

36. $A_R = 8$ (FE); $A_P = \frac{8}{3}$ (FE) $\Rightarrow$ Verhältnis 3 : 1

37.

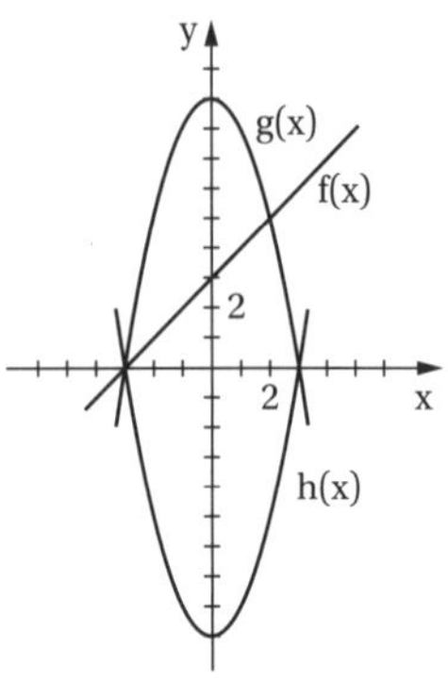

A_1: Fläche zwischen den beiden Parabeln
A_2: Fläche zwischen den Graphen der Funktionen f und g

1. x-Koordinaten der Schnittpunkte der Graphen der Funktionen h und g: $x_1 = -3$ und $x_2 = 3$; g und f: $x_3 = -3$ und $x_4 = 2$
2. $A_1 = \int_{-3}^{3} (g(x) - h(x))\,dx = 72$ (FE)

   $A_2 = \int_{-3}^{2} (g(x) - f(x))\,dx = \frac{125}{6}$ (FE)

$\Rightarrow$ Verhältnis der Teilflächeninhalte: 125 : 307

38. $a_1 = 1$; $a_2 = 3$

39. a) $f(x) = -0{,}12x^2 + 12$ b) $A = \int_{-10}^{10} (-0{,}12x^2 + 12)\,dx = 160\ (m^2)$ c) $V = 4\,800\ m^3$

3.2 Physikalische und technische Probleme

40. a) $x_s = 0$; $y_s = \frac{4}{3\pi}r$ b) $x_s = 0$; $y_s = \frac{8}{5}$

41.

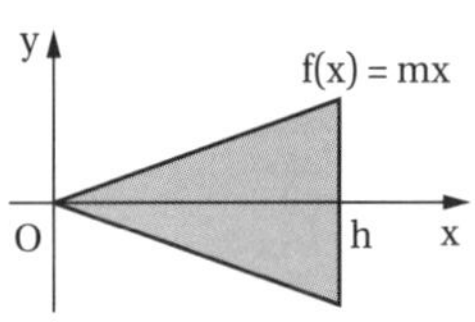

$A = \int_0^h f(x)\,dx = \frac{m}{2}h^2$ $x_s = \int_0^h x \cdot f(x)\,dx = h$

$\int_0^h x \cdot f(x)\,dx = \frac{m}{3}h^3$ $y_s = 0$

42. Sei r der Radius des Viertelkreises im I. Quadranten. Dann gilt: $A = \int_0^r f(x)\,dx = \frac{\pi}{4}r^2$ und weiterhin

$$\int_0^r [f(x)]^2\,dx = \int_0^r (r^2 - x^2)\,dx = \frac{2}{3}r^3 \Rightarrow y_s = \frac{1}{2A}\int_0^r [f(x)]^2\,dx = r;\ x_s = y_s \text{ (Symmetrie zur Geraden } y = x)$$

43. a) $W = 0{,}10$ Nm b) $W = 0{,}2$ Nm c) $W = 0{,}675$ Nm

44. $W = 500$ Nm

45. 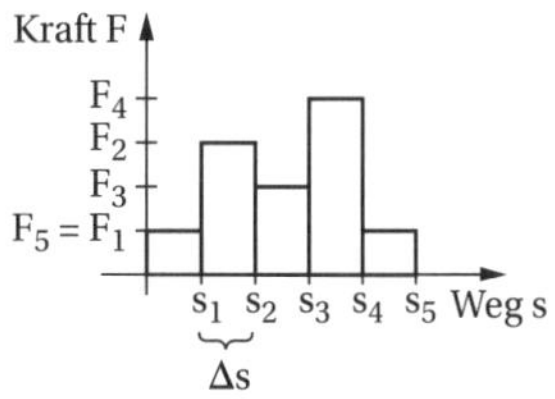

$$W = F_1 \cdot \Delta s + F_2 \cdot \Delta s + F_3 \cdot \Delta s + F_4 \cdot \Delta s + F_5 \cdot \Delta s = \sum_{i=1}^{5} F_i \cdot \Delta s$$

46. $a(t) = k \cdot t;\; k = 2\,\text{ms}^{-3};\quad v(t) = v_0 + \int_0^t k \cdot u\,du = v_0 + 0{,}5kt^2 = 4\text{ms}^{-1} + 1\text{ms}^{-3}t^2$

$s(t) = \int_0^t (v_0 + 0{,}5ku^2)\,du = v_0 t + \frac{1}{6}kt^3;\quad s(3) = 4\,\text{ms}^{-1} \cdot 3\text{s} + \frac{1}{6}(2\,\text{ms}^{-3}) \cdot 27\,\text{s}^3 = 21\,(\text{m})$

47. a) 2,4 (A) b) $Q_5 \approx 5{,}19$ (As) $Q_2 \approx 1{,}33$ (As)

3.3 Rotationskörper und Bogenlänge

48. a)

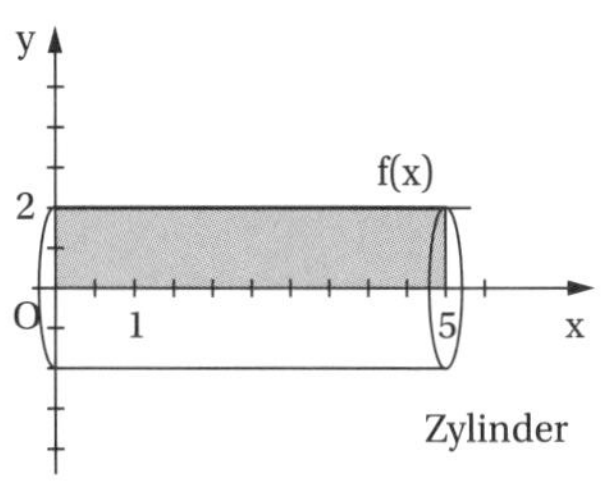

$V = 20\pi \approx 62{,}8$ (VE)

b)

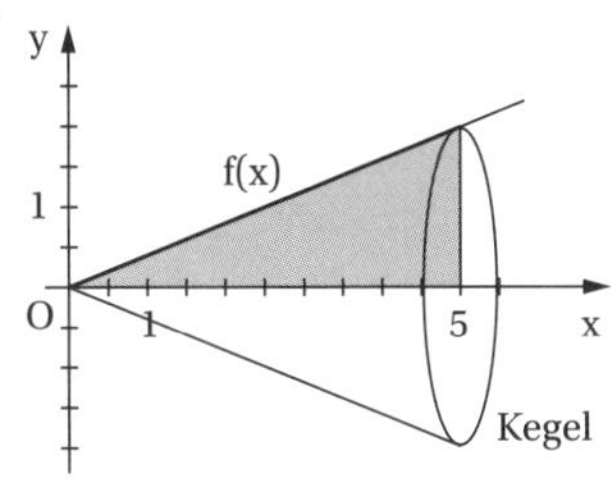

$V = \frac{20}{3}\pi \approx 20{,}9$ (VE)

c)

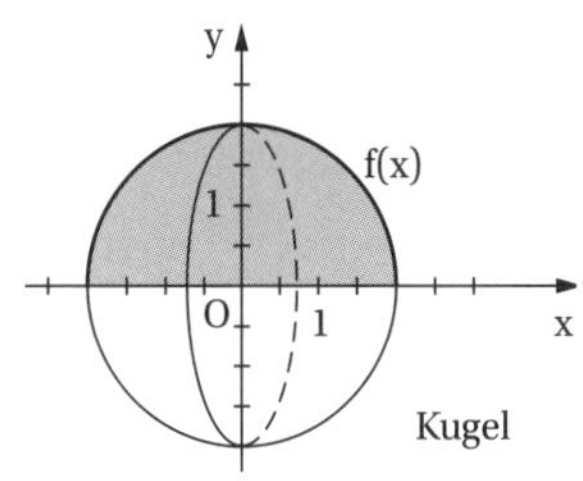

$V = \frac{32}{3}\pi \approx 33{,}5$ (VE)

d)

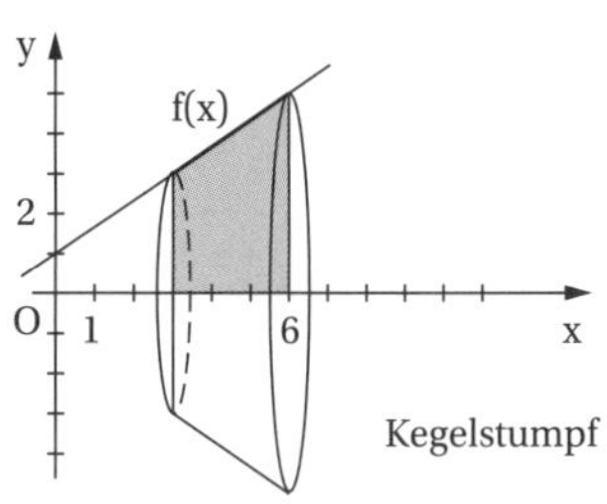

$V \approx 176{,}4$ (VE)

e)

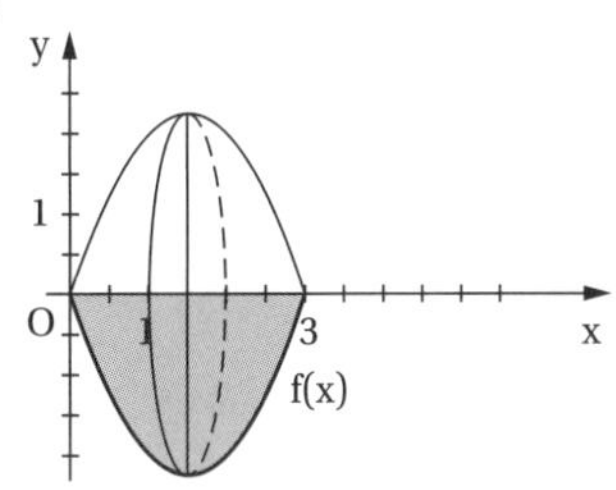

$V = \frac{81}{10}\pi \approx 25{,}4$ (VE)

f)

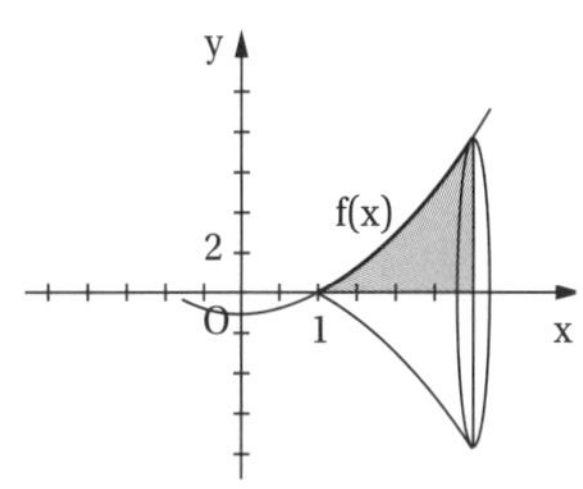

$V \approx 104$ (VE)

g)

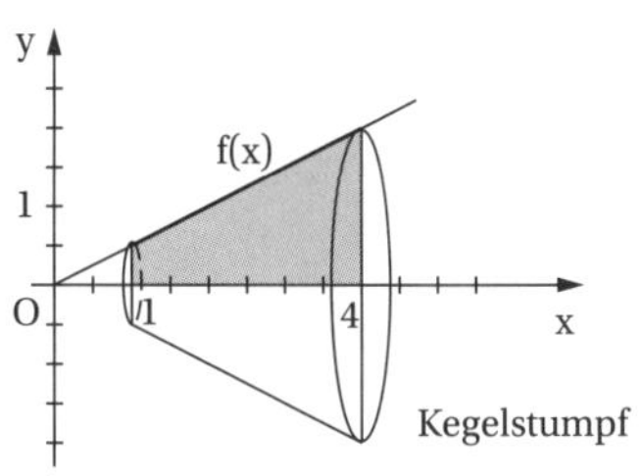

$V = \frac{63}{12}\pi \approx 16{,}5$ (VE)

h)

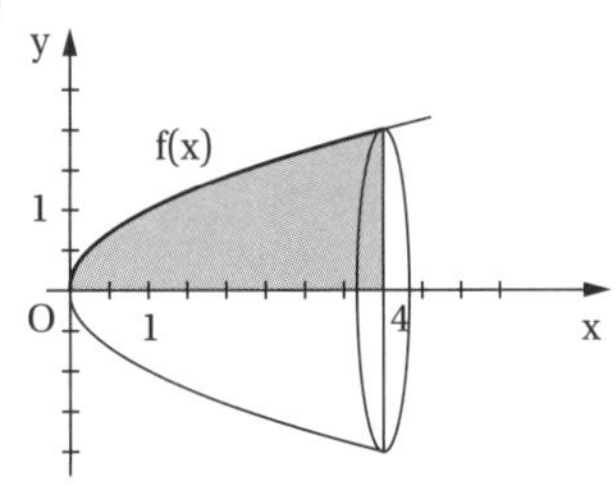

$V = 8\pi \approx 25{,}1$ (VE)

i)

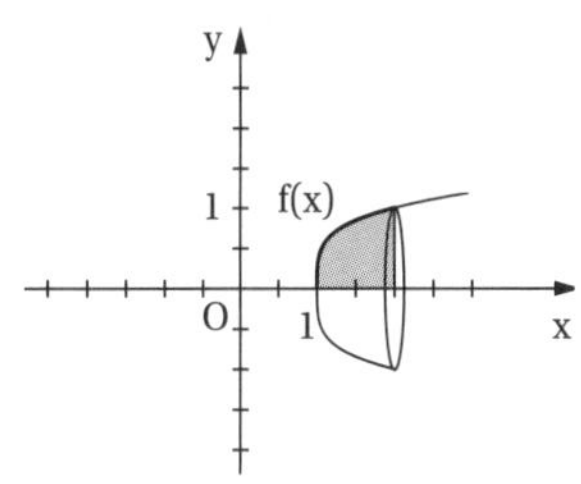

$V = \frac{2}{3}\pi \approx 2{,}1$ (VE)

49. a) Gleichung der Funktion g: $g(x) = mx = \frac{r}{h}\,x \Rightarrow V = \pi \int_0^h \frac{r^2}{h^2} \cdot x^2\,dx = \pi \frac{r^2 \cdot h}{3} = \frac{1}{3}\pi r^2 h$

b) $f(x) = mx + n$, also $n = r_1$ und $m = \frac{r_2 - r_1}{h}$

$V = \pi \int_0^h (mx+n)^2\,dx = \pi \left[\frac{m^2}{3}x^3 + mnx^2 + n^2x\right]_0^h = \frac{\pi}{3}h[(r_2 - r_1)^2 + 3r_1(r_2 - r_1) + 3r_1{}^2] = \frac{\pi}{3}h(r_2{}^2 + r_2 r_1 + r_1{}^2)$

c) Mittelpunktsgleichung des Kreises: $x^2 + y^2 = r^2 \Rightarrow V = \pi \int_{-r}^{r} (r^2 - x^2)\,dx = \pi \left[r^2x - \frac{1}{3}x^3\right]_{-r}^{r}$ $V = \frac{4}{3}\pi r^3$

50. $V = \pi \int_{-5}^{5} (25 - x^2)\,dx = \pi \left[25x - \frac{x^3}{3}\right]_{-5}^{5} = \frac{500}{3}\pi$ (VE) (= Volumen einer Kugel mit Radius r = 5, da a = b = 5)

51. a) $V = 15\pi \approx 47$ (VE) b) $V = 10\pi \approx 31$ (VE) c) $V \approx 6{,}2$ (VE) d) $V \approx 60$ (VE)

52. b) $V = \pi\int_0^h \left(\frac{3}{4}x\right)^2 dx = 12\pi \approx 37{,}7$ (VE) c) $r = 2$ (LE) und $h = \frac{4}{3}$ (LE)

53. a) Schnittstellen von f_1 und g_1: $x_1 = -2$ und $x_2 = 1$;
Nullstelle von f_1: $x_{0_1} = 0$, Nullstelle von g_1: $x_{0_2} = 2$

$\Rightarrow V = \pi\int_0^1 [f_1(x)]^2 dx + \pi\int_1^2 [g_1(x)]^2 dx = \pi\left[\frac{x^5}{5}\right]_0^1 + \pi\left[\frac{x^3}{3} - 2x^2 + 4x\right]_1^2 = \frac{8}{15}\pi$ (VE)

b) Schnittstellen: $x_1 = -3$ und $x_2 = 2$; Nullstellen hat f_2 bei $x_{0_1} = 0$, g_2 bei $x_{0_2} = 6$

$\Rightarrow V = \pi\int_0^2 [f_2(x)]^2 dx + \pi\int_2^6 [g_2(x)]^2 dx = \pi\left[\frac{x^5}{20}\right]_0^2 + \pi\left[\frac{x^3}{12} - \frac{3}{2}x^2 + 9x\right]_2^6 = \frac{104}{15}\pi$ (VE)

54. a) Die Graphen von f_1 und g_1 schneiden einander bei $x_1 = 0$ und $x_2 = 4$.

$\Rightarrow V = \pi\int_0^4 [g_1(x)]^2 dx - \pi\int_0^4 [f_1(x)]^2 dx = \pi\left[\frac{x^2}{2}\right]_0^4 - \pi\left[\frac{x^3}{12}\right]_0^4 = \frac{8}{3}\pi$ (VE)

b) Die Graphen von f_2 und g_2 schneiden sich bei $x_1 = -2$, $x_2 = 0$ und $x_3 = 2$. Wegen der Symmetrie gilt:

$V = 2\cdot\left[\pi\int_0^2 [g_2(x)]^2 dx - \pi\int_0^2 [f_2(x)]^2 dx\right] = 2\pi\left(\left[\frac{16}{3}x^3\right]_0^2 - \left[\frac{x^7}{7}\right]_0^2\right) = \frac{1024}{21}\pi \approx 48{,}8\pi$ (VE)

55. a) $g(x) = \frac{2}{15}x^2$ b) $V = \pi\int_0^{30} \frac{15}{2}y\,dy = 3375\pi \approx 10602{,}8\ (cm^3) \approx 10{,}6\ (dm^3) \approx 10{,}6\ (l)$

56. a) $V = \pi\int_0^4 x\,dx = 8\pi\ (dm^3) \approx 25{,}1\ (dm^3)$ b) $\pi\int_0^a x\,dx = 4\pi \Rightarrow a = \sqrt{8} \approx 2{,}83$ (dm)

57. $V \approx 0{,}303$

58. $f(x) = \sqrt{2x}$; $f'(x) = \frac{1}{\sqrt{2x}}$; $[f'(x)]^2 = \frac{1}{2x} \Rightarrow A_M = 2\pi\int_0^2 \sqrt{2x}\cdot\sqrt{1 + \frac{1}{2x}}\,dx = \frac{2\pi}{3}(5\sqrt{5} - 1) \approx 21{,}32$ (FE)

59. $A_M = 2\pi\int_0^h mx\sqrt{1 + m^2}\,dx = 2\pi\left[\frac{mx^2}{2}\sqrt{1 + m^2}\right]_0^h = \frac{2\pi rh^2}{2h}\sqrt{\frac{h^2 + r^2}{h^2}} = \frac{\pi rhs}{h} = \pi rs$ (FE)

60. $A_M = 2\pi\int_0^h (mx + n)\sqrt{1 + m^2}\,dx = 2\pi\left[\frac{mx^2}{2}\sqrt{1 + m^2} + nx\sqrt{1 + m^2}\right]_0^h = 2\pi\left(\frac{(r_2 - r_1)h^2 s}{2hh} + r_1 h\frac{s}{h}\right) = \pi s(r_2 + r_1)$ (FE)

Für $f(x) = -x + 5$ folgt $A_M = 2\pi\int_0^4 (-\sqrt{2}x + 5\sqrt{2})\,dx = 24\pi\sqrt{2} \approx 106{,}63$ (FE)

61. $f(x) = \frac{1}{2}(e^x + e^{-x})$; $\sqrt{1 + [f'(x)]^2} = \frac{1}{2}(e^x + e^{-x}) \Rightarrow A_M = 2\pi\int_{-1}^1 \left[\frac{1}{2}(e^x + e^{-x})\right]^2 dx = \frac{\pi}{2}(e^2 + 4 - e^{-2}) \approx 17{,}7$ (FE)

62. $s = e^2 - e^{-2} \approx 7{,}25$

63. $f(x) = \sqrt{x^3}$; $f'(x) = \frac{3}{2}\sqrt{x}$ $[f'(x)]^2 = \frac{9}{4}x$ $s = \int_0^b \sqrt{1 + \frac{3}{4}x}\,dx = \frac{8}{27}\left(1 + \frac{9}{4}b\right)^{\frac{3}{2}} - \frac{8}{27}$ (LE)

64. $s = 2\cdot\int_0^3 \sqrt{1 + f'(x)^2}\,dx = 4\sqrt{3} \approx 6{,}93$

65. $f(x) = \frac{3}{2}(x - 1)^{\frac{3}{2}}$; $f'(x) = \sqrt{x - 1}$; $[f'(x)]^2 = x - 1$ $s = \int_1^4 \sqrt{1 + (x - 1)}\,dx = \int_1^4 \sqrt{x}\,dx = \frac{14}{3} \approx 4{,}67$ (LE)

66. $f(x) = 3x + 1$; $f'(x) = 3$ $[f'(x)]^2 = 9$ $s = \int_0^3 \sqrt{1 + 9}\,dx = [\sqrt{10}\,x]_0^3 = 3\sqrt{10} \approx 9{,}49$ (LE)